Solutions Manual to Accompany

PHYSICS
Modeling Nature

John D. Mays

Austin, Texas
2015

© 2015, 2017 Novare Science & Math LLC

Third printing

All rights reserved. Except as noted below, no part of this book may be reproduced or transmitted in any form or by any means, electronic or mechanical, including photocopying, recording, or by information storage and retrieval systems, without the written permission of the publisher.

Published by

Novare Science & Math
novarescienceandmath.com

Printed in the United States of America

ISBN: 978-0-9863529-4-2

Novare Science & Math is an imprint of Novare Science & Math LLC.

For the complete catalog of textbooks and resources available from Novare Science & Math, visit novarescienceandmath.com.

Contents

Acknowledgement	ii
Preface	iii
Chapter 1	1
Chapter 2	12
Chapter 3	38
Chapter 4	66
Chapter 5	81
Chapter 6	102
Chapter 7	116
Chapter 8	134
Chapter 9	154
Chapter 10	170
Chapter 11	185
Chapter 12	199
Chapter 13	222
Chapter 14	240
Chapter 15	258
Chapter 16	265

Acknowledgement

We are very grateful to Chris Corley, Math-Science Department Chair at Regents School of Austin, for providing corrections to solutions in Chapters 1–14 of *Physics: Modeling Nature*. His sedulous labor in solving hundreds of physics problems is the gift of a true teacher and a valuable friend.

Preface

This solutions manual contains fully detailed solutions for all the computational problems contained in my text *Physics: Modeling Nature*. Teachers and students using that text should find this manual to be a valuable resource.

Explanations for the number of significant digits shown in results are included for representative problems. Throughout this manual, significant digits are referred to as "sig digs."

When comparing your results to the results shown here and to those in the text, keep in mind that the last digit is always uncertain because of the way significant digits in measurements are defined. When two results match except for a slight difference in the most precise digit, we say that the results match. Because of rounding in calculators, it will not be uncommon for your result to differ slightly in the most precise digit from the answer key in the text or the result shown here.

I have checked and double checked the solutions to make them as accurate as possible. However, in any manual of this kind it is inevitable that errors remain. If you find an error—or even a typo—we would be much obliged if you would inform us of it by sending an email to info@novarescienceandmath.com.

Chapter 1

4. a.

$$35.4 \text{ mm} \cdot \frac{1 \text{ m}}{1000 \text{ mm}} = 0.0354 \text{ m}$$

4. b.

$$76.991 \text{ mL} \cdot \frac{1 \text{ L}}{1000 \text{ mL}} \cdot \frac{10^6 \text{ μL}}{1 \text{ L}} = 776{,}991 \text{ μL}$$

4. c.

$$34.44 \text{ cm}^3 \cdot \frac{1 \text{ mL}}{1 \text{ cm}^3} \cdot \frac{1 \text{ L}}{1000 \text{ mL}} = 0.03444 \text{ L}$$

4. d.

$$6.33 \frac{\text{g}}{\text{cm}^2} \cdot \frac{1 \text{ kg}}{1000 \text{ g}} \cdot \frac{100 \text{ cm}}{1 \text{ m}} \cdot \frac{100 \text{ cm}}{1 \text{ m}} = 63.3 \frac{\text{kg}}{\text{m}^2}$$

4. e.

$$9.35 \frac{\text{m}}{\text{s}^2} \cdot \frac{1000 \text{ mm}}{1 \text{ m}} \cdot \frac{1 \text{ s}}{1000 \text{ ms}} \cdot \frac{1 \text{ s}}{1000 \text{ ms}} = 0.00935 \frac{\text{mm}}{\text{ms}^2}$$

4. f.

$$542.2 \frac{\text{mJ}}{\text{s}} \cdot \frac{1 \text{ J}}{1000 \text{ mJ}} = 0.5422 \frac{\text{J}}{\text{s}}$$

4. g.

$$56.6 \text{ μs} \cdot \frac{1 \text{ s}}{10^6 \text{ μs}} \cdot \frac{10^3 \text{ ms}}{1 \text{ s}} = 0.0566 \text{ ms}$$

4. h.

$$44.19 \text{ mL} \cdot \frac{1 \text{ cm}^3}{1 \text{ mL}} = 44.19 \text{ cm}^3$$

4. i.

$$532 \text{ nm} \cdot \frac{1 \text{ m}}{10^9 \text{ nm}} \cdot \frac{10^6 \text{ μm}}{1 \text{ m}} = 0.532 \text{ μm}$$

4. j.

$$96{,}963{,}000 \frac{\text{mL}}{\text{ms}} \cdot \frac{1 \text{ L}}{1000 \text{ mL}} \cdot \frac{1 \text{ m}^3}{1000 \text{ L}} \cdot \frac{1000 \text{ ms}}{1 \text{ s}} = 96{,}963 \frac{\text{m}^3}{\text{s}}$$

4. k.

$$295.6 \text{ cL} \cdot \frac{1 \text{ L}}{100 \text{ cL}} \cdot \frac{10^6 \text{ μL}}{\text{L}} = 2{,}956{,}000 \text{ μL}$$

4. l.

$$0.007873 \text{ m}^3 \cdot \frac{100 \text{ cm}}{1 \text{ m}} \cdot \frac{100 \text{ cm}}{1 \text{ m}} \cdot \frac{100 \text{ cm}}{1 \text{ m}} \cdot \frac{1 \text{ mL}}{1 \text{ cm}^3} = 7873 \text{ mL}$$

4. m.

$$8750 \text{ mm}^2 \cdot \frac{1 \text{ m}}{1000 \text{ mm}} \cdot \frac{1 \text{ m}}{1000 \text{ mm}} = 0.00875 \text{ m}^2$$

4. n.

$$87.1 \frac{\text{cm}}{\text{s}^2} \cdot \frac{1 \text{ m}}{100 \text{ cm}} = 0.871 \frac{\text{m}}{\text{s}^2}$$

4. o.

$$15.75 \frac{\text{kg}}{\text{m}^3} \cdot \frac{1000 \text{ g}}{1 \text{ kg}} \cdot \frac{1 \text{ m}}{100 \text{ cm}} \cdot \frac{1 \text{ m}}{100 \text{ cm}} \cdot \frac{1 \text{ m}}{100 \text{ cm}} = 0.01575 \frac{\text{g}}{\text{cm}^3}$$

4. p.

$$0.875 \text{ km} \cdot \frac{1000 \text{ m}}{1 \text{ km}} = 875 \text{ m}$$

4. q.

$$16{,}056 \text{ MPa} \cdot \frac{10^6 \text{ Pa}}{1 \text{ MPa}} \cdot \frac{1 \text{ kPa}}{10^3 \text{ Pa}} = 16{,}056{,}000 \text{ kPa}$$

4. r.

$$7845 \text{ μA} \cdot \frac{1 \text{ A}}{10^6 \text{ μA}} \cdot \frac{1000 \text{ mA}}{1 \text{ A}} = 7.845 \text{ mA}$$

16.

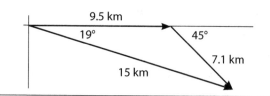

magnitude = 15 km, direction, −19°

17.

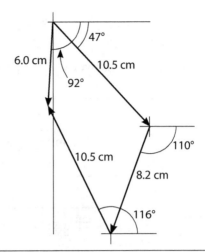

magnitude = 6.0 cm, direction, −92°

18.

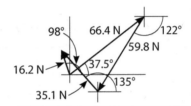

magnitude = 16.2 N, direction, 98°

19.

magnitude = 278 km/hr, bearing, 267°

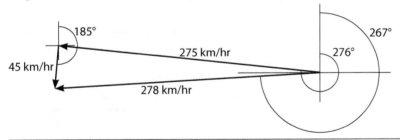

20. a.

$(4.31 \times 10^{-26} \text{ kg}) \cdot (2.994 \times 10^6 \text{ m/s}) = 1.29 \times 10^{-19} \text{ kg} \cdot \text{m/s}$

$p = 1.29 \times 10^{-19}$ kg·m/s, $\theta_p = 23°$

20. b.

$-(2.25 \times 10^{-6} \text{ C}) \cdot (19.95 \text{ V/m}) = -4.49 \times 10^{-5} \text{ N}$

$F = -4.49 \times 10^{-5}$ N, $\theta_F = 161°$

Re-expressing to include the negative sign with the angle, $\theta_F = 161° - 180° = -19°$

$F = 4.49 \times 10^{-5}$ N, $\theta_F = -19°$

20. c.

$-(15.5 \text{ xg}) \cdot (57.9 \text{ jd}) = -897 \text{ xg·jd}$

$R = -897 \text{ xg·jd}, \theta_R = -135°$

Re-expressing to include the negative sign with the angle, $\theta_R = -135° + 180° = 45°$

$R = 897 \text{ xg·jd}, \theta_R = 45°$

21. a.

$$|\mathbf{v}| = \sqrt{(v_{1x})^2 + (v_{1y})^2} = \sqrt{\left(25 \frac{\text{m}}{\text{s}}\right)^2 + \left(14 \frac{\text{m}}{\text{s}}\right)^2} = 29 \frac{\text{m}}{\text{s}}$$

21. b.

$$|\mathbf{v}_f| = \sqrt{(v_{fx})^2 + (v_{fy})^2} = \sqrt{\left(-24.765 \frac{\text{cm}}{\text{s}}\right)^2 + \left(-67.001 \frac{\text{cm}}{\text{s}}\right)^2} = 71.431 \frac{\text{cm}}{\text{s}}$$

21. c.

$$|\mathbf{d}| = \sqrt{(d_x)^2 + (d_y)^2} = \sqrt{\left(-1.00 \times 10^{-3} \text{ cm}\right)^2 + \left(-6.77 \times 10^{-4} \text{ cm}\right)^2} = 0.00121 \text{ cm}$$

21. d.

$$|\mathbf{F}_1| = \sqrt{(F_{1x})^2 + (F_{1y})^2} = \sqrt{(-355 \text{ N})^2 + (865 \text{ N})^2} = 935 \text{ N}$$

21. e.

$$|\mathbf{a}| = \sqrt{(a_x)^2 + (a_y)^2} = \sqrt{\left(-2.124 \frac{\text{m}}{\text{s}^2}\right)^2 + \left(3.910 \frac{\text{m}}{\text{s}^2}\right)^2} = 4.450 \frac{\text{m}}{\text{s}^2}$$

21. f.

$$|\mathbf{E}| = \sqrt{(E_x)^2 + (E_y)^2} = \sqrt{\left(-0.0091 \frac{\text{V}}{\text{m}}\right)^2 + \left(-0.0104 \frac{\text{V}}{\text{m}}\right)^2} = 0.0138 \frac{\text{V}}{\text{m}}$$

22. a.

$$\theta_{v1} = \tan^{-1} \frac{v_{1y}}{v_{1x}} = \tan^{-1} \left(\frac{14 \frac{\text{m}}{\text{s}}}{25 \frac{\text{m}}{\text{s}}} \right) = 29°$$

22. b.

$$\theta_{vf} = \tan^{-1} \frac{v_{fy}}{v_{fx}} - 180° = \tan^{-1} \left(\frac{-67.001 \frac{\text{cm}}{\text{s}}}{-24.765 \frac{\text{cm}}{\text{s}}} \right) - 180° = -110.29°$$

Chapter 1

22. c.

$$\theta_d = \tan^{-1}\frac{d_y}{d_x} - 180° = \tan^{-1}\left(\frac{-6.77\times 10^{-4}\text{ cm}}{-1.00\times 10^{-3}\text{ cm}}\right) - 180° = -34.1°$$

22. d.

$$\theta_{F1} = \tan^{-1}\frac{F_{1y}}{F_{1x}} + 180° = \tan^{-1}\left(\frac{865\text{ N}}{-355\text{ N}}\right) + 180 = 112.3°$$

Note that prior to adding 180°, the result should have 3 sig digs. By adding 180 we gain a digit of precision.

22. e.

$$\theta_a = \tan^{-1}\frac{a_y}{a_x} + 180° = \tan^{-1}\left(\frac{3.910\,\frac{\text{m}}{\text{s}^2}}{-2.124\,\frac{\text{m}}{\text{s}^2}}\right) + 180 = 118.51°$$

22. f.

$$\theta_E = \tan^{-1}\frac{E_y}{E_x} - 180° = \tan^{-1}\left(\frac{-0.0104\,\frac{\text{V}}{\text{m}}}{-0.0091\,\frac{\text{V}}{\text{m}}}\right) - 180 = -131°$$

23.

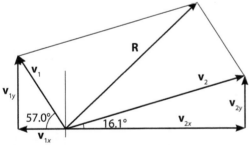

$v_{1x} = -(45.6\text{ cm/s}) \cdot \cos 57.0° = -24.84\text{ cm/s}$ $\qquad v_{1y} = (45.6\text{ cm/s}) \cdot \sin 57.0° = 38.24\text{ cm/s}$

$v_{2x} = (98.1\text{ cm/s}) \cdot \cos 16.1° = 94.25\text{ cm/s}$ $\qquad v_{2y} = (98.1\text{ cm/s}) \cdot \sin 16.1° = 27.20\text{ cm/s}$

$R_x = v_{1x} + v_{2x} = -24.84\text{ cm/s} + 94.25\text{ cm/s} = 69.41\text{ cm/s}$

$R_y = v_{1y} + v_{2y} = 38.24\text{ cm/s} + 27.20\text{ cm/s} = 65.44\text{ cm/s}$

$$R = \sqrt{R_x^2 + R_y^2} = \sqrt{\left(69.41\,\frac{\text{cm}}{\text{s}}\right)^2 + \left(65.44\,\frac{\text{cm}}{\text{s}}\right)^2} = 95.4\text{ cm/s}$$

$$\theta_R = \tan^{-1}\frac{R_y}{R_x} = \tan^{-1}\left(\frac{65.44}{69.41}\right) = 43.3°$$

24.

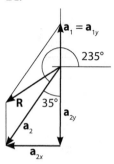

$a_{1x} = 0 \quad a_{1y} = 45.0 \text{ m/s}^2$

$a_{2x} = -(100.7 \text{ m/s}^2) \cdot \sin 35° = -57.76 \text{ m/s}^2 \quad a_{2y} = -(100.7 \text{ m/s}^2) \cdot \cos 35° = -82.49 \text{ m/s}^2$

$R_x = a_{1x} + a_{2x} = 0 - 57.76 \text{ m/s}^2 = -57.76 \text{ m/s}^2$

$R_y = a_{1y} + a_{2y} = 45.0 - 82.49 \text{ m/s}^2 = -37.49 \text{ m/s}^2$

$R = \sqrt{R_x^2 + R_y^2} = \sqrt{\left(-57.76 \frac{m}{s^2}\right)^2 + \left(-37.49 \frac{m}{s^2}\right)^2} = 68.9 \text{ m/s}^2$

$\theta_R = \tan^{-1} \frac{R_y}{R_x} + 180° = \tan^{-1}\left(\frac{37.49}{57.76}\right) + 180° = 213°$

25.

Let Austin to Atlanta vector = A, St. Louis to Atlanta vector = B, Austin to St. Louis vector = C

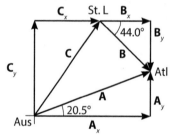

$C + B = A$, thus $C = A - B$

$A_x = 1319 \text{ km} \cdot \cos 20.5° = 1235 \text{ km}$ $\qquad A_y = 1319 \text{ km} \cdot \sin 20.5° = 462 \text{ km}$

$B_x = 753 \text{ km} \cdot \cos 44.0° = 542 \text{ km}$ $\qquad B_y = -753 \text{ km} \cdot \sin 44.0° = -523 \text{ km}$

$C_x = A_x - B_x = 1235 \text{ km} - 542 \text{ km} = 693 \text{ km}$

$C_y = A_y - B_y = 462 \text{ km} - (-523 \text{ km}) = 985 \text{ km}$

$C = \sqrt{C_x^2 + C_y^2} = \sqrt{(693 \text{ km})^2 + (985 \text{ km})^2} = 1204 \text{ km}$

$\theta_C = \tan^{-1} \frac{C_y}{C_x} = \tan^{-1}\left(\frac{693}{985}\right) = 35.1°$

Note that when calculating C, the sum under the radical has four sig digs, allowing us to keep four digits in the magnitude of C.

26.

Let vector from 1 to 2 = **A**, from 2 to 3 = **B**, and from 3 to 4 = **C**

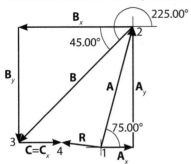

$A_x = 13.00 \text{ cm} \cdot \cos 75.00° = 3.3646 \text{ cm}$ $\qquad$ $A_y = 13.00 \text{ cm} \cdot \sin 75.00° = 12.557 \text{ cm}$

$B_x = -17.00 \text{ cm} \cdot \cos 45.00° = -12.021 \text{ cm}$ $\qquad$ $B_y = -17.00 \text{ cm} \cdot \sin 45.00° = -12.021 \text{ cm}$

$C_x = 4.50 \text{ cm}$ $\qquad$ $C_y = 0$

$R_x = A_x + B_x + C_x = 3.3646 \text{ cm} - 12.021 \text{ cm} + 4.50 \text{ cm} = -4.156 \text{ cm}$

$R_y = A_y + B_y = 12.557 \text{ cm} - 12.021 \text{ cm} = 0.536 \text{ cm}$

$R = \sqrt{R_x^2 + R_y^2} = \sqrt{(-4.156 \text{ cm})^2 + (0.536 \text{ cm})^2} = 4.19 \text{ cm}$

$\theta_R = \tan^{-1}\frac{R_y}{R_x} + 180° = \tan^{-1}\left(-\frac{0.536}{4.156}\right) + 180° = -7.35° + 180° = 172.7°$

Note that the −7.35° still carries an extra digit of precision. With two digits, it has one decimal place, and so when added to 180° (which is exact), results in an angle with one decimal place.

27.

The *x*-components are:

-3.4×10^{-6} N

-3.2×10^{-6} N $\cdot \cos 59° = -1.65 \times 10^{-6}$ N

1.2×10^{-6} N $\cdot \cos 67° = 4.69 \times 10^{-7}$ N

Thus, $R_x = -3.4 \times 10^{-6}$ N $- 1.65 \times 10^{-6}$ N $+ 4.69 \times 10^{-7}$ N $= -4.58 \times 10^{-6}$ N

The *y*-components are:

0

3.2×10^{-6} N $\cdot \sin 59° = 2.74 \times 10^{-6}$ N

1.2×10^{-6} N $\cdot \sin 67° = 1.11 \times 10^{-6}$ N

Thus, $R_y = 2.74 \times 10^{-6}$ N $+ 1.11 \times 10^{-6}$ N $= 3.85 \times 10^{-6}$ N

$R = \sqrt{R_x^2 + R_y^2} = \sqrt{(-4.58 \times 10^{-6} \text{ N})^2 + (3.85 \times 10^{-6} \text{ N})^2} = 6.0 \times 10^{-6}$ N

$\theta_R = \tan^{-1}\frac{R_y}{R_x} + 180° = \tan^{-1}\left(-\frac{3.85}{4.8}\right) + 180° = -40.0° + 180° = 1.40 \times 10^2$ degrees

28.

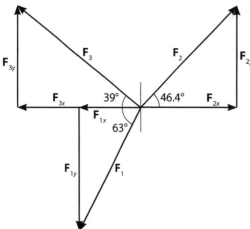

The *x*-components are:

$F_{1x} = -72.1 \text{ N} \cdot \cos 63° = -32.73 \text{ N}$

$F_{2x} = 73.0 \text{ N} \cdot \cos 46.4° = 50.34 \text{ N}$

$F_{3x} = -84.2 \text{ N} \cdot \cos 39° = -65.44 \text{ N}$

Thus, $R_x = -32.73 \text{ N} + 50.34 \text{ N} - 65.44 \text{ N} = -47.83 \text{ N}$

The *y*-components are:

$F_{1y} = -72.1 \text{ N} \cdot \sin 63° = -64.24 \text{ N}$

$F_{2y} = 73.0 \text{ N} \cdot \sin 46.4° = 52.86 \text{ N}$

$F_{3y} = 84.2 \text{ N} \cdot \sin 39° = 52.99 \text{ N}$

Thus, $R_y = -64.24 \text{ N} + 52.86 \text{ N} + 52.99 \text{ N} = 41.61 \text{ N}$

$R = \sqrt{R_x^2 + R_y^2} = \sqrt{(-47.83 \text{ N})^2 + (41.61 \text{ N})^2} = 63.4 \text{ N}$

$\theta_R = \tan^{-1}\dfrac{R_y}{R_x} + 180° = \tan^{-1}\left(-\dfrac{41.61}{47.83}\right) + 180° = -41.0° + 180° = 139°$

29.

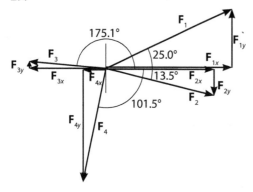

The *x*-components are:

$F_{1x} = 2450 \text{ N} \cdot \cos 25.0° = 2220.5 \text{ N}$

$F_{2x} = 1965 \text{ N} \cdot \cos(-13.5°) = 1910.7 \text{ N}$

$F_{3x} = 1370 \text{ N} \cdot \cos 175.1° = -1365.0 \text{ N}$

$F_{4x} = 2009 \text{ N} \cdot \cos(-101.5°) = -400.5 \text{ N}$

Thus, $R_x = 2220.5 \text{ N} + 1910.7 \text{ N} - 1365.0 \text{ N} - 400.5 \text{ N} = 2365.7 \text{ N}$

The y-components are:

$F_{1y} = 2450 \text{ N} \cdot \sin 25.0° = 1035.4 \text{ N}$

$F_{2y} = 1965 \text{ N} \cdot \sin(-13.5°) = -458.7 \text{ N}$

$F_{3y} = 1370 \text{ N} \cdot \sin 175.1° = 117.0 \text{ N}$

$F_{4y} = 2009 \text{ N} \cdot \sin(-101.5°) = -1968.7 \text{ N}$

Thus, $R_y = 1035.4 \text{ N} - 458.7 \text{ N} + 117.0 \text{ N} - 1968.7 \text{ N} = -1275.0 \text{ N}$

$R = \sqrt{R_x^2 + R_y^2} = \sqrt{(2365.7 \text{ N})^2 + (-1275.0 \text{ N})^2} = 2690 \text{ N}$

$\theta_R = \tan^{-1}\frac{R_y}{R_x} = \tan^{-1}\left(-\frac{1275.0 \text{ N}}{2365.7 \text{ N}}\right) = -28.3°$

30. a.

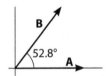

$\mathbf{A} \cdot \mathbf{B} = AB\cos\theta = (14.6 \text{ N})(16.0 \text{ m})\cos 52.8° = 141 \text{ N} \cdot \text{m}$

30. b.

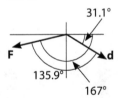

$W = \mathbf{F} \cdot \mathbf{d} = Fd\cos\theta = (9.21 \times 10^4 \text{ N})(4.021 \times 10^{-5} \text{ m})\cos 135.9° = -2.66 \text{ N} \cdot \text{m}$

30. c.

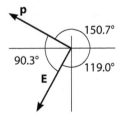

$U = -\mathbf{p} \cdot \mathbf{E} = -pE\cos\theta = -(0.0258 \text{ m} \cdot \text{C})(6.02 \times 10^4 \text{ N/C})\cos 90.3° = 8.13 \text{ m} \cdot \text{N}$

(I wrote the units as they would appear they should be written from the problem statement. But actually, more advanced physics students might recognize that this is an actual equation in which the variable U represents potential energy, which has units of $N \cdot m$ or J.)

31. a.

$|\mathbf{A} \times \mathbf{B}| = AB \sin \theta = (53.2 \text{ m})(16.0 \text{ N}) \sin 73.3° = 815 \text{ m} \cdot \text{N}$

The direction of $\mathbf{A} \times \mathbf{B}$ is into the page.

31. b.

Since these are the same vectors as in 31. a.

$|\mathbf{B} \times \mathbf{A}| = |\mathbf{A} \times \mathbf{B}| = 815 \text{ m} \cdot \text{N}$

The direction of $|\mathbf{B} \times \mathbf{A}|$ is out of the page.

31. c.

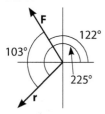

$\tau = |\mathbf{r} \times \mathbf{F}| = rF \sin \theta = (0.0234 \text{ m})(6.18 \times 10^{-5} \text{ N}) \sin 103° = 1.41 \times 10^{-6} \text{ m} \cdot \text{N}$

The direction of τ is into the page.

31. d.

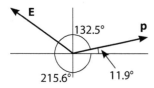

$\tau = |\mathbf{p} \times \mathbf{E}| = pE \sin \theta = (1.75 \times 10^{-3} \text{ m} \cdot \text{C})(4.96 \times 10^5 \text{ N/C}) \sin 132.5° = 6.40 \times 10^2 \text{ m} \cdot \text{N}$

The result is written in scientific notation because three sig digs are required. The direction of τ is out of the page.

32.

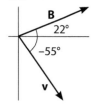

For a proton, $q = +1.60 \times 10^{-19}$ C. Thus,

$|\mathbf{F}| = q(|\mathbf{v} \times \mathbf{B}|) = qvB\sin\theta = (1.60 \times 10^{-19}\text{ C})(750\text{ m/s})(0.15\text{ T})\sin 77° = 1.8 \times 10^{-17}\text{ N}$

The direction of **F** is out of the page.

For an electron, $q = -1.60 \times 10^{-19}$ C. The negative sign reverses the direction of **F**, so the magnitude of **F** is the same, but the direction is into the page.

Chapter 2

2.

$d = 541$ mi

$t = 7$ hr 52 min $= 7.87$ hr

$v = ?$

$d = vt$

$v = \dfrac{d}{t} = \dfrac{541 \text{ mi}}{7.87 \text{ hr}} = 68.7$ mi/hr

---

3.

$d = 36.55 \text{ cm} \cdot \dfrac{1 \text{ m}}{100 \text{ cm}} = 0.3655$ m

$v = 2.9979 \times 10^8 \; \dfrac{\text{m}}{\text{s}}$

$t = ?$

$d = vt$

$t = \dfrac{d}{v} = \dfrac{0.3655 \text{ m}}{2.9979 \times 10^8 \; \dfrac{\text{m}}{\text{s}}} = 1.219 \times 10^{-9} \text{ s} \cdot \dfrac{10^9 \text{ ns}}{1 \text{ s}} = 1.219$ ns

---

4.

$d = 8.2$ cm $+ 6.4$ cm $= 14.6$ cm

$t = 4.5$ s

$d = vt$

$v = \dfrac{d}{t} = \dfrac{14.6 \text{ cm}}{4.5 \text{ s}} = 3.2$ cm/s

The displacement vector has a magnitude of 10.4 cm at an angle of 38° above the negative *x*-axis.

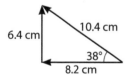

From Equation (2.1) and comments after Equation (2.3),

$\bar{v} = \dfrac{\Delta d}{t}$

Thus the magnitude of the average velocity is 10.4 cm/4.5 s = 2.3 cm/s. The direction is the same as the direction of the displacement vector, 38° above the negative *x*-axis.

Chapter 2

5.

a. $\bar{v} = \dfrac{\Delta d}{\Delta t} = \dfrac{10.0\text{ cm} - 4.0\text{ cm}}{6.0\text{ s} - 3.0\text{ s}} = 2.0\text{ cm/s}$

b. $\bar{v} = \dfrac{\Delta d}{\Delta t} = \dfrac{10.0\text{ cm} - 10.0\text{ cm}}{9.0\text{ s} - 6.0\text{ s}} = 0.0\text{ cm/s}$

c. $\bar{v} = \dfrac{\Delta d}{\Delta t} = \dfrac{6.0\text{ cm} - 0.0\text{ cm}}{10.0\text{ s} - 0.0\text{ s}} = 0.60\text{ cm/s}$

d. $\bar{v} = \dfrac{\Delta d}{\Delta t} = \dfrac{10.0\text{ cm} - 4.0\text{ cm}}{6.0\text{ s} - 5.0\text{ s}} = 6.0\text{ cm/s}$

8.

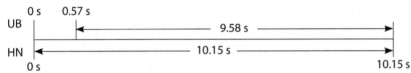

Neal needs a 0.57 s head start.

9.

Instantaneous velocity is equal to slope of a *d* vs. *t* graph. Velocities are:

A: –80 m/2 min = –40 m/min

B: 0

C: 40 m/1 min = 40 m/min

Overall: Magnitude of displacement is 0 m, so average velocity is d/t = 0 m/11 min = 0 m/min.

10.

Instantaneous velocity is equal to slope of a line tangent to the *d* vs. *t* graph.

A: 15.0 m/1.0 s = 15 m/s

B: $\dfrac{17.5\text{ m} - 7.5\text{ m}}{8.0\text{ s} - 4.0\text{ s}} = 2.5\text{ m/s}$

Average velocity is displacement over time: 5.0 m/8.0 s = 0.625 m/s (or 0.63 m/s with two sig digs).

11.

a) Acceleration is equal to slope on a **v** vs. *t* graph.

First interval: 0 m/s²

Second interval: $v = \dfrac{\Delta d}{\Delta t} = \dfrac{10.0\text{ m/s} - 15.0\text{ m/s}}{4.0\text{ s} - 2.0\text{ s}} = -2.5\text{ m/s}^2$

Third interval: 0 m/s²

Fourth interval: $v = \dfrac{\Delta d}{\Delta t} = \dfrac{20.0\text{ m/s} - 10.0\text{ m/s}}{10.0\text{ s} - 7.0\text{ s}} = 3.3\text{ m/s}^2$

b) $v_{av} = \dfrac{10\,\frac{m}{s} + 20\,\frac{m}{s}}{2} = 15\,\dfrac{m}{s}$

13

c) At $t = 2$ s, $v = 15.0$ m/s. At $t = 8.5$ s, $v = 15.0$ m/s.

12.

Orienting the coordinate system so that down is positive:

$a = g = 9.80 \; \dfrac{m}{s^2}$

$t = 0.42$ s

$v_0 = 0$

$d = ?$

$v_f = ?$

$v_f = v_0 + at = 0 + 9.80 \; \dfrac{m}{s^2} \cdot 0.42 \; s = 4.12 \; \dfrac{m}{s}$

$\boxed{v_f = 4.1 \; \dfrac{m}{s}}$

$d = \cancel{v_0 t} + \tfrac{1}{2}at^2 = \tfrac{1}{2} \cdot 9.80 \; \dfrac{m}{s^2} \cdot (0.42 \; s)^2 = 0.86 \; m$

13.

$v_0 = 15 \; \dfrac{km}{hr} \cdot \dfrac{1000 \; m}{1 \; km} \cdot \dfrac{1 \; hr}{3600 \; s} = 4.17 \; \dfrac{m}{s}$

$v_f = 24.5 \; \dfrac{km}{hr} \cdot \dfrac{1000 \; m}{1 \; km} \cdot \dfrac{1 \; hr}{3600 \; s} = 6.81 \; \dfrac{m}{s}$

$t = 37.5$ s

$a = ?$

$v_f = v_0 + at$

$a = \dfrac{v_f - v_0}{t} = \dfrac{6.81 \; \dfrac{m}{s} - 4.17 \; \dfrac{m}{s}}{37.5 \; s} = 0.070 \; m/s^2$

Chapter 2

14.

$v_0 = 351.1 \dfrac{\text{m}}{\text{s}}$

$v_f = 0$

$t = 227.9 \ \mu\text{s} \cdot \dfrac{1 \text{ s}}{10^6 \ \mu\text{s}} = 2.279 \times 10^{-4} \text{ s}$

$a = ?$

$d = ?$

$v_f = v_0 + at$

$a = \dfrac{v_f - v_0}{t} = \dfrac{-351.1 \ \tfrac{\text{m}}{\text{s}}}{2.279 \times 10^{-4} \text{ s}} = -1.541 \times 10^6 \ \dfrac{\text{m}}{\text{s}^2}$

$d = v_0 t + \tfrac{1}{2} a t^2 = 351.1 \ \dfrac{\text{m}}{\text{s}} \cdot 2.279 \times 10^{-4} \text{ s} - \tfrac{1}{2} \cdot 1.541 \times 10^6 \ \dfrac{\text{m}}{\text{s}^2} \cdot \left(2.279 \times 10^{-4} \text{ s} \right)^2 = 0.039997 \text{ m}$

$d = 4.000 \text{ cm}$

15.

Orienting the coordinate system so that up is positive:

$v_0 = 67.01 \ \dfrac{\text{m}}{\text{s}}$

$a = -g = -9.80 \ \dfrac{\text{m}}{\text{s}^2}$

$v_f = 0$

$d = ?$

$t = ?$

$v_f^2 = v_0^2 + 2ad$

$d = \dfrac{v_f^2 - v_0^2}{2a} = \dfrac{-\left(67.01 \ \tfrac{\text{m}}{\text{s}} \right)^2}{2 \left(-9.80 \ \tfrac{\text{m}}{\text{s}^2} \right)} = 229 \text{ m}$

$v_f = v_0 + at$

$t = \dfrac{v_f - v_0}{a} = \dfrac{-67.01 \ \tfrac{\text{m}}{\text{s}}}{-9.80 \ \tfrac{\text{m}}{\text{s}^2}} = 6.84 \text{ s}$

16.

Parts a and b:

$d = 300.0$ m
$t = 3.70$ s
$v_0 = 0$
$a = ?$
$v_f = ?$
$d = \cancel{v_0 t} + \tfrac{1}{2}at^2$
$$a = \frac{2d}{t^2} = \frac{2 \cdot 300.0 \text{ m}}{(3.70 \text{ s})^2} = 43.83 \; \frac{\text{m}}{\text{s}^2}$$

$\boxed{a = 43.8 \; \dfrac{\text{m}}{\text{s}^2}}$

$v_f = \cancel{v_0} + at = 43.83 \; \dfrac{\text{m}}{\text{s}^2} \cdot 3.70 \text{ s} = 162 \; \dfrac{\text{m}}{\text{s}}$

Part c:
$t = 10.0$ s
$a = 43.83 \; \dfrac{\text{m}}{\text{s}^2}$

$v_f = \cancel{v_0} + at = 43.83 \; \dfrac{\text{m}}{\text{s}^2} \cdot 10.0 \text{ s} = 438 \; \dfrac{\text{m}}{\text{s}}$

17.

$a = 15{,}300{,}000 \; \dfrac{\text{m}}{\text{s}^2}$

$t = 75 \; \mu\text{s} \cdot \dfrac{1 \text{ s}}{10^6 \; \mu\text{s}} = 7.5 \times 10^{-5}$ s

$v_0 = 0$
$v_f = ?$

$v_f = \cancel{v_0} + at = 15{,}300{,}000 \; \dfrac{\text{m}}{\text{s}^2} \cdot 7.5 \times 10^{-5} \text{ s} = 1100 \; \dfrac{\text{m}}{\text{s}}$

18.

$v_0 = 0$

$v_f = 0.610 \cdot 2.9979 \times 10^8 \ \frac{m}{s} = 1.829 \times 10^8 \ \frac{m}{s}$

$d = 26.33 \ \text{cm} \cdot \frac{1 \ \text{m}}{100 \ \text{cm}} = 0.2633 \ \text{m}$

$a = ?$

$t = ?$

$v_f^2 = v_0^2 + 2ad$

$a = \frac{v_f^2 - v_0^2}{2d} = \frac{\left(1.829 \times 10^8 \ \frac{m}{s}\right)^2}{2 \cdot 0.2633 \ \text{m}} = 6.353 \times 10^{16} \ \frac{m}{s^2}$

$\boxed{a = 6.35 \times 10^{16} \ \frac{m}{s^2}}$

$v_f = v_0 + at$

$t = \frac{v_f - v_0}{a} = \frac{1.829 \times 10^8 \ \frac{m}{s}}{6.353 \times 10^{16} \ \frac{m}{s^2}} = 2.88 \times 10^{-9} \ \text{s} \cdot \frac{10^9 \ \text{ns}}{1 \ \text{s}} = 2.88 \ \text{ns}$

19.

$d = 16.5 \ \text{m}$

$a = g = 9.80 \ \frac{m}{s^2}$

$v_0 = 12.85 \ \frac{m}{s}$

$t = ?$

$v_f = ?$

$v_f^2 = v_0^2 + 2ad$

$v_f = \sqrt{v_0^2 + 2ad} = \sqrt{\left(12.85 \ \frac{m}{s}\right)^2 + 2 \cdot 9.80 \ \frac{m}{s^2} \cdot 16.5 \ \text{m}} = 22.10 \ \frac{m}{s}$

$\boxed{v_f = 22.1 \ \frac{m}{s}}$

$v_f = v_0 + at$

$t = \frac{v_f - v_0}{a} = \frac{22.10 \ \frac{m}{s} - 12.85 \ \frac{m}{s}}{9.80 \ \frac{m}{s^2}} = 0.944 \ \text{s}$

20.

First, solve for the height using half the total time:

$t = 3.6$ s

$v_f = 0$

$a = -g = -9.80 \; \dfrac{m}{s^2}$

$d = ?$

$v_f = v_0 + at$

$v_0 = \cancel{v_f} - at = -\left(-9.80 \; \dfrac{m}{s^2}\right) \cdot 3.6 \text{ s} = 35.3 \; \dfrac{m}{s}$

$d = v_0 t + \tfrac{1}{2} a t^2 = 35.3 \; \dfrac{m}{s} \cdot 3.6 \text{ s} - \tfrac{1}{2}\left(9.80 \; \dfrac{m}{s^2}\right)(3.6 \text{ s})^2 = 64 \text{ m}$

Using symmetry, the velocity when the catcher catches the ball has the same magnitude as the initial velocity, thus $v_f = -35$ m/s.

21.

Parts a and b:

$d = -6.25$ m

$a = -g = -9.80 \; \dfrac{m}{s^2}$

$v_0 = 19.05 \; \dfrac{m}{s}$

$v_f = ?$

$t = ?$

$v_f^2 = v_0^2 + 2ad$

$v_f = \sqrt{v_0^2 + 2ad} = \sqrt{\left(19.05 \; \dfrac{m}{s}\right)^2 + 2\left(-9.80 \; \dfrac{m}{s^2}\right)(-6.25 \text{ m})} = -22.03 \; \dfrac{m}{s}$

Note: There are always $+/-$ roots to a radical. Since the ball is going down when it hits the ground, we know to take the negative root for v_f.

$\boxed{v_f = -22.0 \; \dfrac{m}{s}}$

$v_f = v_0 + at$

$t = \dfrac{v_f - v_0}{a} = \dfrac{-22.03 \; \dfrac{m}{s} - 19.05 \; \dfrac{m}{s}}{-9.80 \; \dfrac{m}{s^2}} = 4.19$ s

Part c:

For this part, use v_0 and set $\mathbf{v}_f = 0$.

$a = -g = -9.80 \; \frac{m}{s^2}$

$v_0 = 19.05 \; \frac{m}{s}$

$v_f = 0$

$d = ?$

$v_f^2 = v_0^2 + 2ad$

$d = \dfrac{v_f^2 - v_0^2}{2a} = \dfrac{-\left(19.05 \; \frac{m}{s}\right)^2}{2\left(-9.80 \; \frac{m}{s^2}\right)} = 18.5 \; m$

This is the height above where the boy throws the ball. The maximum height above the ground is this value plus his height:

18.5 m + 6.25 m = 24.8 m

22.

$v_0 = 68.5 \; \dfrac{mi}{hr} \cdot \dfrac{1609 \; m}{mi} \cdot \dfrac{1 \; hr}{3600 \; s} = 30.62 \; \dfrac{m}{s}$

$d = 37.2 \; m$

$v_f = 47.7 \; \dfrac{mi}{hr} \cdot \dfrac{1609 \; m}{mi} \cdot \dfrac{1 \; hr}{3600 \; s} = 21.32 \; \dfrac{m}{s}$

$a = ?$

$t = ?$

$v_f^2 = v_0^2 + 2ad$

$a = \dfrac{v_f^2 - v_0^2}{2d} = \dfrac{\left(21.32 \; \frac{m}{s}\right)^2 - \left(30.62 \; \frac{m}{s}\right)^2}{2 \cdot 37.2 \; m} = -6.493 \; \dfrac{m}{s^2}$

$\boxed{a = -6.49 \; \dfrac{m}{s^2}}$

$v_f = v_0 + at$

$t = \dfrac{v_f - v_0}{a} = \dfrac{21.32 \; \frac{m}{s} - 30.62 \; \frac{m}{s}}{-6.493 \; \frac{m}{s^2}} = 1.43 \; s$

23.

For the first ball $t = 3.25$ s. For the second ball, $t = 3.25$ s – 1.10 s = 2.15 s. Each falls freely during the corresponding time, and the heights they are released from are the distances fallen.

Ball 1 (down is positive)

$v_0 = 0$

$a = g = 9.80 \, \frac{m}{s^2}$

$t = 3.25 \, s$

$d = ?$

$d = \cancel{v_0 t} + \frac{1}{2}at^2 = \frac{1}{2} \cdot 9.80 \, \frac{m}{s^2} \cdot (3.25 \, s)^2 = 51.8 \, m$

Ball 2 (down is positive)

$v_0 = 0$

$a = g = 9.80 \, \frac{m}{s^2}$

$t = 2.15 \, s$

$d = ?$

$d = \cancel{v_0 t} + \frac{1}{2}at^2 = \frac{1}{2} \cdot 9.80 \, \frac{m}{s^2} \cdot (2.15 \, s)^2 = 22.7 \, m$

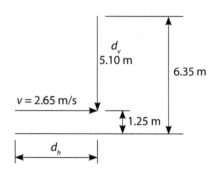

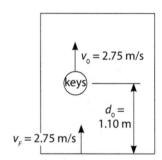

24.

We calculate the time required for the water balloon to fall 5.10 m, then use this time and the speed of the running brother to determine where he started from. We will set downward to be the positive direction for the fall.

Vertical Fall

$v_0 = 0$

$a = g = 9.80 \ \dfrac{m}{s^2}$

$d_v = 5.10 \ m$

$t = ?$

$d = \cancel{v_0 t} + \tfrac{1}{2} a t^2$

$t = \sqrt{\dfrac{2d}{a}} = \sqrt{\dfrac{2 \cdot 5.10 \ m}{9.80 \ \dfrac{m}{s^2}}} = 1.020 \ s$

Horizontal Run

$t = 1.020 \ s$

$v = 2.65 \ \dfrac{m}{s}$

$d_h = ?$

$d_h = vt = 2.65 \ \dfrac{m}{s} \cdot 1.020 \ s = 2.70 \ m$

25.

The floor travels up at a constant speed while the keys accelerate. At impact with the floor, the floor and the keys are at the same displacement from 0 at the same time. The amount of time taken for the keys to move to where the floor is at the time of impact is the same as the time taken for the floor to rise to the point of impact. We will choose up to be positive and the position of the elevator floor at $t = 0$ to be $d = 0$ for both objects. We must use this convention consistently for the motion of both objects. This means the displacement for the keys, d_K, is equal to the starting displacement of $d_0 = 1.10 \ m$ plus the additional displacement during the fall. (Note that the keys may not actually ever "fall" downward, since they start out with the same upward velocity that the elevator floor has.) At impact, the displacement for the floor, d_F, is equal to the total displacement for the keys, d_K ($d_K = d_F$). The solution strategy is to use the simpler motion (the constant velocity floor) to solve for time in terms of known quantities and variables in the keys' motion. Then use this time in the keys' motion to solve for the displacement of the keys during the motion, d_K. After that, the time can be computed.

Solutions Manual to Accompany Physics: Modeling Nature

We note that d_K is measured from the location of the floor at $t = 0$.
So d_K is equal to its starting position, d_0, plus the additional displacement acquired during the motion. When the keys kit the floor, $d_K = d_F$.

$d_0 = 1.10$ m
$d_K = d_F$

Floor:
$d_F = v_F t$

Keys:
$v_0 = v_F = 2.75 \ \frac{m}{s}$

$a = -g = -9.80 \ \frac{m}{s^2}$

$d_K = ?$

$d_K = d_0 + v_0 t + \frac{1}{2} a t^2$
$d_K = d_F = v_F t$
$v_F t = d_0 + v_0 t - \frac{1}{2} g t^2$
$v_0 t = d_0 + v_0 t - \frac{1}{2} g t^2$
$\frac{1}{2} g t^2 = d_0$

$t = \sqrt{\frac{2 d_0}{g}} = \sqrt{\frac{2 \cdot 1.10 \text{ m}}{9.80 \ \frac{m}{s^2}}} = 0.474$ s

Note: This result is exactly the same as the time required when dropping the keys from a height of 1.10 m while standing on the ground, which can be calculated in one step from $d = 1/2 \, a t^2$. This is because the elevator is moving at a constant speed, so it is what Einstein called an inertial (i.e., non-accelerating) frame of reference.

26.

Vertical

$d_v = -73.66$ cm $= -0.7366$ m

$a = -g = -9.80 \ \frac{m}{s^2}$

$v_0 = 0$

$t = ?$

$d_v = \cancel{v_0 t} + \frac{1}{2} a t^2$

$t = \sqrt{\frac{2 d_v}{a}} = \sqrt{\frac{2(-0.7366 \text{ m})}{-9.80 \ \frac{m}{s^2}}} = 0.3877$ s

Horizontal

$v_h = 15.6 \ \frac{cm}{s} = 0.156 \ \frac{m}{s}$

$t = 0.3877$ s

$d_h = ?$

$d_h = v_h t = 0.156 \ \frac{m}{s} \cdot 0.3877 \text{ s} = 0.0605$ m

22

Chapter 2

27.

Vertical	Horizontal
$v_0 = 0$	$d_h = 125.0 \text{ m}$
$a = -g = -9.80 \, \dfrac{\text{m}}{\text{s}^2}$	$v_h = 1895 \, \dfrac{\text{m}}{\text{s}}$
	$d_h = v_h t$
$t = 0.065963 \text{ s}$	$t = \dfrac{d_h}{v_h} = \dfrac{125.0 \text{ m}}{1895 \, \dfrac{\text{m}}{\text{s}}} = 0.065963 \text{ s}$
$d_v = ?$	

$d_v = \cancel{v_0 t} + \tfrac{1}{2}at^2 = \tfrac{1}{2}\left(-9.80 \, \dfrac{\text{m}}{\text{s}^2}\right)(0.065963 \text{ s})^2 = 0.0213 \text{ m}$

28.

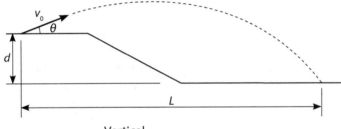

Vertical	Horizontal
$v_{0v} = v_0 \sin\theta$	$v_h = v_0 \cos\theta$
$a = -g$	$d_h = L$
$d_v = -d$	$d_h = v_h t$
	$L = v_0 \cos\theta \cdot t$
$t = \dfrac{L}{v_0 \cos\theta}$	$t = \dfrac{L}{v_0 \cos\theta}$

$d_v = v_{0v} t + \tfrac{1}{2} a t^2$

$-d = v_0 \sin\theta \cdot \dfrac{L}{v_0 \cos\theta} - \dfrac{g}{2}\left(\dfrac{L}{v_0 \cos\theta}\right)^2$

$-d = L\tan\theta - \dfrac{gL^2}{2v_0^2 \cos^2\theta}$

$d + L\tan\theta = \dfrac{gL^2}{2v_0^2 \cos^2\theta}$

$v_0^2 = \dfrac{gL^2}{2\cos^2\theta (d + L\tan\theta)}$

$v_0 = \sqrt{\dfrac{gL^2}{2\cos^2\theta (d + L\tan\theta)}}$

29.

$v_0 = 24.6$ m/s
$\theta = 50.0°$

Vertical	Horizontal
$v_{0v} = v_0 \sin\theta$	
$a = -g = -9.80 \dfrac{m}{s^2}$	
$d_v = 0$	
$t = ?$	
$d_v = v_{0v}t + \frac{1}{2}at^2$	
$v_0 \sin\theta \cdot t = \dfrac{g}{2}t^2$	$v_h = v_0 \cos\theta$
$t = \dfrac{2v_0 \sin\theta}{g}$	$t = \dfrac{2v_0 \sin\theta}{g}$
	$d_h = ?$
	$d_h = v_h t = v_0 \cos\theta \cdot \dfrac{2v_0 \sin\theta}{g} = \dfrac{2v_0^2 \sin\theta \cos\theta}{g}$
	$d_h = \dfrac{2\left(24.6 \dfrac{m}{s}\right)^2 \sin 50.0° \cos 50.0°}{9.80 \dfrac{m}{s^2}} = 60.8$ m

---

30.

Vertical	Horizontal
$d_v = -30.5 \text{ in} \cdot \dfrac{2.54 \text{ cm}}{\text{in}} \cdot \dfrac{1 \text{ m}}{100 \text{ cm}} = -0.7747$ m	$d_h = 57.9 \text{ in} \cdot \dfrac{2.54 \text{ cm}}{\text{in}} \cdot \dfrac{1 \text{ m}}{100 \text{ cm}} = 1.471$ m
$v_{0v} = 0$	
$a = -g = -9.80 \dfrac{m}{s^2}$	
$t = ?$	
$d_v = \cancel{v_{0v}t} + \frac{1}{2}at^2$	
$t = \sqrt{\dfrac{2d_v}{-g}} = \sqrt{\dfrac{2 \cdot 0.7747 \text{ m}}{9.80 \dfrac{m}{s^2}}} = 0.3976$ s	$t = 0.3976$ s
	$d_h = v_h t$
	$v_h = \dfrac{d_h}{t} = \dfrac{1.471 \text{ m}}{0.3976 \text{ s}} = 3.700 \dfrac{m}{s}$
	$\boxed{v_h = 3.70 \dfrac{m}{s}}$

Now we go back to the vertical side to find v_{fv} so we can determine v_f.

$v_{fv} = \cancel{v_{0v}} + at = -9.80 \dfrac{m}{s^2} \cdot 0.3976 \text{ s} = -3.896 \dfrac{m}{s}$

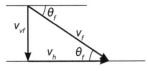

$$v_f = \sqrt{v_h^2 + v_{fv}^2} = \sqrt{\left(3.700 \, \frac{m}{s}\right)^2 + \left(-3.896 \, \frac{m}{s}\right)^2} = 5.37 \, \frac{m}{s}$$

$$\theta_f = \tan^{-1}\frac{v_{fv}}{v_h} = \tan^{-1}\frac{-3.896 \, \frac{m}{s}}{3.700 \, \frac{m}{s}} = -46.5°$$

31.

$\theta = 33.0°$

$t = 3.27 \, s$

Vertical

$d_v = 0$

$a = -g = -9.80 \, \frac{m}{s^2}$

$v_{0v} = v_0 \sin\theta$

$d_v = v_{0v}t + \tfrac{1}{2}at^2 = v_0 \sin\theta \cdot t - \tfrac{g}{2}t^2$

$v_0 \sin\theta = \tfrac{g}{2}t$

$$v_0 = \frac{gt}{2\sin\theta} = \frac{9.80 \, \frac{m}{s^2} \cdot 3.27 \, s}{2\sin 33.0°} = 29.4 \, \frac{m}{s}$$

32.

From the solution to Problem 29, maximum horizontal distance occurs when the product $\sin\theta \cos\theta$ is at a maximum. Note that

$2\sin\theta\cos\theta = \sin 2\theta$

This has a maximum at $2\theta = 90°$, or $\theta = 45°$.

33.

Initial thoughts suggest that the motorcycle trajectory should peak at the edge of the platform, but since the angle is given along with both the horizontal and vertical distances, this situation is over-specified. All these criteria cannot be met simultaneously unless there just happens to be a parabola that fits this exact description, an unlikely possibility we can ignore.

Thus, the peak must occur before the platform and the parabolic arc must intersect with the edge of the platform. In this way, the motorcycle barely makes it and any additional velocity would simply make the motorcycle go higher and land further down the platform.

Thus the strategy is as follows: Develop expressions for time in both vertical and horizontal directions. Since v_0 is unknown, both expressions will contain v_0. Then set these two expressions for time equal to one another. If we are lucky, the expression we get will be soluble for v_0. This is indeed what happens, although there is a bit more algebra involved than usual.

Vertical | Horizontal

$v_{0v} = v_0 \sin\theta$ $v_h = v_0 \cos\theta$

$d_v = 2.35$ m $d_h = 16.1$ m

$a = -g = -9.80 \frac{m}{s^2}$ $d_h = v_h t$

$t = ?$ $t = \dfrac{d_h}{v_h} = \dfrac{d_h}{v_0 \cos\theta}$

$d_v = v_{0v} t + \tfrac{1}{2} a t^2$

$\tfrac{1}{2} a t^2 + v_{0v} t - d_v = 0$

$\dfrac{g}{2} t^2 - v_0 \sin\theta \cdot t + d_v = 0$

$t = \dfrac{v_0 \sin\theta \pm \sqrt{v_0^2 \sin^2\theta - 2 g d_v}}{g}$

Now set these two expressions equal to each other and solve for v_0.

$\dfrac{d_h}{v_0 \cos\theta} = \dfrac{v_0 \sin\theta \pm \sqrt{v_0^2 \sin^2\theta - 2 g d_v}}{g}$

$g d_h = v_0^2 \sin\theta \cos\theta \pm v_0 \cos\theta \sqrt{v_0^2 \sin^2\theta - 2 g d_v}$

$g d_h - v_0^2 \sin\theta \cos\theta = \pm v_0 \cos\theta \sqrt{v_0^2 \sin^2\theta - 2 g d_v}$

$g^2 d_h^2 - 2 g d_h v_0^2 \sin\theta \cos\theta + v_0^4 \sin^2\theta \cos^2\theta = v_0^2 \cos^2\theta \left(v_0^2 \sin^2\theta - 2 g d_v \right)$

$g^2 d_h^2 - 2 g d_h v_0^2 \sin\theta \cos\theta + v_0^4 \sin^2\theta \cos^2\theta = v_0^4 \sin^2\theta \cos^2\theta - 2 g d_v v_0^2 \cos^2\theta$

$g d_h^2 - 2 d_h v_0^2 \sin\theta \cos\theta = -2 d_v v_0^2 \cos^2\theta$

$v_0^2 \left(2 d_h \sin\theta \cos\theta - 2 d_v \cos^2\theta \right) = g d_h^2$

$v_0^2 = \dfrac{g d_h^2}{2 d_h \sin\theta \cos\theta - 2 d_v \cos^2\theta} = \dfrac{9.80 \frac{m}{s^2} (16.1 \text{ m})^2}{2 \left(16.1 \text{ m} \cdot \sin 24.0° \cos 24.0° - 2.35 \text{m} \cdot \cos^2 24.0° \right)} = 315.9 \dfrac{m^2}{s^2}$

$v_0 = 17.8 \dfrac{m}{s}$

34.

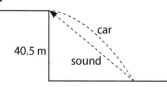

The given height allows us to calculate the length of time the car falls. Subtracting this from the time it takes to hear the splash, we can use this time difference and the speed of sound to work out the right triangle whose base is the distance we seek.

Vertical	Horizontal

$v_{0v} = 0$

$d_v = -40.5 \text{ m}$

$a = -g = -9.80 \, \dfrac{\text{m}}{\text{s}^2}$

$t = ?$

$d_v = \cancel{v_{0v}t} + \tfrac{1}{2}at^2$

$t = \sqrt{\dfrac{2d_v}{a}} = \sqrt{\dfrac{2 \cdot (-40.5 \text{ m})}{-9.80 \, \dfrac{\text{m}}{\text{s}^2}}} = 2.875 \text{ s}$

The sound of the splash starts when the car hits the river 2.875 s after the car leaves the cliff, so the time to travel to where the criminals hear it is 0.133 s. Traveling at the speed of sound, the distance traveled by the sound, which is the dashed arrow in the figure, is

$d = vt = 342 \text{ m/s} \cdot 0.133 \text{ s} = 45.49 \text{ m}$

$d_h = \sqrt{(45.49 \text{ m})^2 - (40.5 \text{ m})^2} = 20.7 \text{ m}$

The car travels this horizontal distance in 2.875 s. Thus its horizontal velocity is

$v = 20.7 \text{ m}/(2.875 \text{ s}) = 7.20 \text{ m/s}$

35.

$v_0 = 128.9$ m/s
$\theta = 38.5°$

<table>
<tr><td>Vertical</td><td>Horizontal</td></tr>
</table>

Vertical:

$v_{0v} = v_0 \sin\theta$
$d_v = -13.5$ m
$a = -g = -9.80 \, \dfrac{m}{s^2}$
$d_v = v_{0v} t + \tfrac{1}{2} a t^2$
$\tfrac{1}{2} a t^2 + v_{0v} t - d_v = 0$
$\dfrac{g}{2} t^2 - v_0 \sin\theta \cdot t + d_v = 0$
$t = \dfrac{v_0 \sin\theta \pm \sqrt{v_0^2 \sin^2\theta - 2gd_v}}{g}$

$t = \dfrac{128.9 \, \dfrac{m}{s} \cdot \sin 38.5° \pm \sqrt{\left(128.9 \, \dfrac{m}{s}\right)^2 \sin^2 38.5° - 2 \cdot 9.80 \, \dfrac{m}{s^2} \cdot (-13.5 \, m)}}{9.80 \, \dfrac{m}{s^2}}$

$t = 8.188 \pm 8.355$ s
$t = 16.54$ s

Horizontal:

$v_h = v_0 \cos\theta$
$d_h = v_h t$

$t = 16.54$ s
$d_h = v_h t = v_0 \cos\theta \cdot t$
$d_h = 128.9 \, \dfrac{m}{s} \cdot \cos 38.5° \cdot 16.54 \, s$
$d_h = 1670$ m

36.

We can assume that the window is at the peak of the water's trajectory, so $v_{fv} = 0$.

Vertical	Horizontal
$v_{0v} = v_0 \sin\theta$	$v_h = v_0 \cos\theta$
$v_{fv} = 0$	$d_h = v_h t$
$a = -g = -9.80 \; \frac{m}{s^2}$	$d_h = v_0 \cos\theta \cdot t$
$d_v = 11.7$ m	
$v_{0v} = ?$	
$t = ?$	

$v_{fv}^2 = v_{0v}^2 + 2ad_v$

$v_{0v}^2 = 2gd_v$ (Note: This means $v_0^2 \sin^2\theta - 2gd_v = 0$, a fact we use below.)

$v_{0v} = \sqrt{2gd_v} = \sqrt{2 \cdot 9.80 \; \frac{m}{s^2} \cdot 11.7 \; m} = 15.14 \; \frac{m}{s}$

$v_0 = \dfrac{v_{0v}}{\sin\theta} = \dfrac{15.14 \; \frac{m}{s}}{\sin 45°} = 21.41 \; \frac{m}{s}$

$d_v = v_{0v}t + \tfrac{1}{2}at^2$

$\tfrac{1}{2}at^2 + v_{0v}t - d_v = 0$

$\dfrac{g}{2}t^2 - v_0 \sin\theta \cdot t + d_v = 0$

$t = \dfrac{v_0 \sin\theta \pm \sqrt{v_0^2 \sin^2\theta - 2gd_v}}{g}$

From the note above, $v_0^2 \sin^2\theta - 2gd_v = 0$. Thus,

$t = \dfrac{v_0 \sin\theta}{g} = \dfrac{v_{0v}}{g} = \dfrac{15.14 \; \frac{m}{s}}{9.80 \; \frac{m}{s^2}} = 1.545 \; s$

$d_h = 21.41 \; \frac{m}{s} \cdot \cos 45° \cdot 1.545 \; s$

$d_h = 23.4 \; m$

37.

$v_0 = 3.6$ m/s
$\theta = -22°$
$d_v = -3.5$ m

Vertical	Horizontal
$v_{0v} = v_0 \sin\theta = 3.6 \frac{m}{s} \cdot \sin(-22°) = -1.35 \frac{m}{s}$	$v_h = v_0 \cos\theta = 3.6 \frac{m}{s} \cos(-22°) = 3.34 \frac{m}{s}$
$d_v = -3.5$ m	$d_h = v_h t$
$a = -g$	
$t = ?$	

$d_v = v_{0v} t + \tfrac{1}{2} a t^2$

$-\tfrac{1}{2} g t^2 + v_{0v} t - d_v = 0$

$g t^2 - 2 v_{0v} t + 2 d_v = 0$

$t = \dfrac{2 v_{0v} \pm \sqrt{4 v_{0v}^2 - 8 g d_v}}{2g} = \dfrac{v_{0v} \pm \sqrt{v_{0v}^2 - 2 g d_v}}{g}$

$t = \dfrac{-1.35 \frac{m}{s} \pm \sqrt{\left(-1.35 \frac{m}{s}\right)^2 - 2 \cdot 9.80 \frac{m}{s^2} \cdot (-3.5 \text{ m})}}{9.80 \frac{m}{s^2}}$

$t = -0.138 \pm 0.856$ s

$t = 0.718$ s

$t = 0.718$ s

$d_h = v_h t = 3.34 \frac{m}{s} \cdot 0.718 \text{ s} = 2.4$ m

---

38.

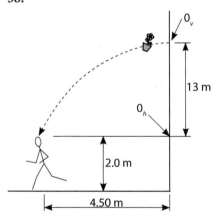

For the pot to hit the thief on the head, the pot and the thief's head must be in the same place at the same time. We will use the point marked 0_h in the figure as the origin for horizontal motion and the point marked 0_v as the origin for the vertical motion.

Chapter 2

Vertical	Horizontal
$v_{ov} = 0$	
$d_v = -13$ m	
$a = -g = -9.80 \frac{m}{s^2}$	
$t = ?$	
$d_v = \cancel{v_{ov}t} + \frac{1}{2}at^2$	
	$d_h = 4.50$ m
$t = \sqrt{\frac{2d_v}{a}} = \sqrt{\frac{2(-13 \text{ m})}{-9.80 \frac{m}{s^2}}} = 1.63$ s	$t = 1.63$ s
	$v_h = ?$
	$d_h = v_h t$
	$v_h = \frac{d_h}{t} = \frac{4.50 \text{ m}}{1.63 \text{ s}} = 2.8 \frac{m}{s}$

39.

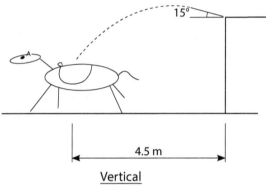

Vertical	Horizontal
	$d_h = 4.5$ m
	$t = 1.00$ s
	$d_h = v_h t$
	$v_h = \frac{d_h}{t} = \frac{4.5 \text{ m}}{1.00 \text{ s}} = 4.5 \frac{m}{s}$

With this information, we calculate the magnitude v_0, and from there the vertical displacement.

$\theta = 15°$

$$v_0 = \frac{v_h}{\cos\theta} = \frac{4.5 \frac{m}{s}}{\cos 15°} = 4.66 \frac{m}{s}$$

$$\boxed{v_0 = 4.7 \frac{m}{s}}$$

31

Vertical

$v_{0v} = v_0 \sin\theta = 4.66 \frac{m}{s} \cdot \sin 15° = 1.21 \frac{m}{s}$

$t = 1.00 \text{ s}$

$a = -g = -9.80 \frac{m}{s^2}$

$d_v = ?$

$d_v = v_{0v}t + \frac{1}{2}at^2 = 1.21 \frac{m}{s} \cdot 1.00 \text{ s} - \frac{9.80 \frac{m}{s^2} \cdot (1.00 \text{ s})^2}{2} = -3.7 \text{ m}$

To calculate the maximum height reached, we just do another vertical calculation, while setting $v_{fv} = 0$.

Vertical

$v_{0v} = 1.21 \frac{m}{s}$

$v_{fv} = 0$

$a = -g = -9.80 \frac{m}{s^2}$

$d_v = ?$

$v_{fv}^2 = v_{0v}^2 + 2ad_v$

$d_v = \frac{-v_{0v}^2}{2a} = \frac{\left(1.21 \frac{m}{s}\right)^2}{2 \cdot 9.80 \frac{m}{s^2}} = 0.075 \text{ m}$

40.

$v_0 = 358.8 \text{ m/s}$

Vertical	Horizontal
$d_v = 0$	$d_h = 11.29 \text{ km} = 11,290 \text{ m}$
$a = -g = -9.80 \frac{m}{s^2}$	$v_h = v_0 \cos\theta$
$v_{0v} = v_0 \sin\theta$	$d_h = v_h t$
$d_v = v_{0v}t + \frac{1}{2}at^2$	$t = \frac{d_h}{v_h} = \frac{d_h}{v_0 \cos\theta}$
$-v_{0v} = \frac{1}{2}at$	
$t = \frac{-2v_{0v}}{a} = \frac{2v_0 \sin\theta}{g}$	

Now set the two expressions for time equal to each other and solve for θ. The solution requires a common trigonometric identity.

$$\frac{2v_0 \sin\theta}{g} = \frac{d_h}{v_0 \cos\theta}$$

$$2\sin\theta\cos\theta = \frac{gd_h}{v_0^2}$$

$$\sin 2\theta = \frac{gd_h}{v_0^2}$$

$$2\theta = \sin^{-1}\left(\frac{gd_h}{v_0^2}\right) = \sin^{-1}\left(\frac{9.80\ \frac{m}{s^2} \cdot 11{,}290\ m}{\left(358.8\ \frac{m}{s}\right)^2}\right) = 59.25°$$

$$\theta = 29.6°$$

41.

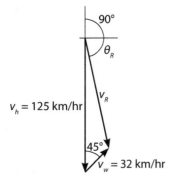

h = helicopter, w = wind, R = the resultant, which is the velocity of the helicopter relative to the ground

x-components:

$v_{hx} = 0$

$v_{wx} = 32\ \text{km/hr} \cdot \cos 45° = 22.6\ \text{km/hr}$

y-components:

$v_{hy} = v_h = -125\ \text{km/hr}$

$v_{wy} = 32\ \text{km/hr} \cdot \sin 45° = 22.6\ \text{km/hr}$

$v_{Rx} = v_{hx} + v_{wx} = 22.6\ \text{km/hr}$

$v_{Ry} = v_{hy} + v_{wy} = -125\ \text{km/hr} + 22.6\ \text{km/hr} = 102\ \text{km/hr}$

$v_R = \sqrt{\left(22.6\ \frac{\text{km}}{\text{hr}}\right)^2 + \left(-102\ \frac{\text{km}}{\text{hr}}\right)^2} = 104\ \frac{\text{km}}{\text{hr}}$

$\boxed{v_R = 1.0 \times 10^2\ \frac{\text{km}}{\text{hr}}}$

$\theta_R = \tan^{-1}\frac{R_y}{R_x} = \tan^{-1} -\frac{102}{22.6} = -78°$, or a heading of 168°

At 104 km/hr, in 0.25 hr the helicopter will travel 26 km.

42.

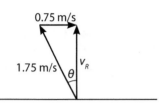

v_R = resultant velocity

$$v_R^2 + \left(0.75 \frac{m}{s}\right)^2 = \left(1.75 \frac{m}{s}\right)^2$$

$$v_R = \sqrt{\left(1.75 \frac{m}{s}\right)^2 - \left(0.75 \frac{m}{s}\right)^2} = 1.58 \frac{m}{s}$$

$$\theta = \tan^{-1} \frac{0.75 \frac{m}{s}}{v_R} = \tan^{-1} \frac{0.75 \frac{m}{s}}{1.58 \frac{m}{s}} = 25°$$

$d = vt$

$$t = \frac{d}{v} = \frac{78 \text{ m}}{1.58 \frac{m}{s}} = 49 \text{ s}$$

43.

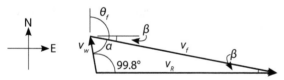

ferry = v_f = 2.808 m/s   water = v_w = 0.5100 m/s   resultant = v_R

$$\frac{v_f}{\sin 99.8°} = \frac{v_w}{\sin \beta}$$

$$\sin \beta = \frac{v_w}{v_f} \sin 99.8°$$

$$\beta = \sin^{-1}\left(\frac{0.5100}{2.808} \cdot \sin 99.8°\right) = 10.310°$$

$$\theta_f = 10.3° + 90° = \boxed{100.3°}$$

$$\alpha = 180° - 10.310° - 99.8° = 69.89°$$

$$\frac{v_R}{\sin \alpha} = \frac{v_f}{\sin 99.8°}$$

$$v_R = v_f \frac{\sin \alpha}{\sin 99.8°} = 2.808 \frac{m}{s} \cdot \frac{\sin 69.89°}{\sin 99.8°} = 2.676 \frac{m}{s}$$

$$d = vt$$

$$t = \frac{d}{v} = \frac{3870 \text{ m}}{2.676 \frac{m}{s}} = 1446 \text{ s} = 24.10 \text{ min}$$

$$0.10 \text{ min} \cdot \frac{60 \text{ s}}{1 \text{ min}} = 6 \text{ s}$$

$$t = 24 \text{ min}, 6 \text{ s}$$

44.

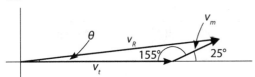

train = v_t mouse = v_m = 0.350 m/s   resultant = v_R = 1.75 m/s

$$\frac{v_R}{\sin 155°} = \frac{v_m}{\sin \theta}$$

$$\sin \theta = \sin 155° \cdot \frac{v_m}{v_R}$$

$$\theta = \sin^{-1}\left(\sin 155° \cdot \frac{v_m}{v_R}\right) = \sin^{-1}\left(\sin 155° \cdot \frac{0.350 \frac{m}{s}}{1.75 \frac{m}{s}}\right) = 4.849°$$

$$v_{Rx} = v_R \cos \theta = 1.75 \frac{m}{s} \cdot \cos 4.849° = 1.744 \frac{m}{s}$$

$$v_{mx} = v_m \cos 25° = 0.350 \frac{m}{s} \cdot \cos 25° = 0.317 \frac{m}{s}$$

$$v_t = v_{Rx} - v_{mx} = 1.744 \frac{m}{s} - 0.317 \frac{m}{s} = 1.43 \frac{m}{s}$$

We end up with three sig digs because the last two values that are subtracted each have one extra digit of precision and are precise to the hundredths place. This gives us a result precise to the hundredths place.

45.

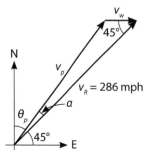

The information in the problem allows us to calculate the magnitude of the resultant velocity, v_R.

$d = 358$ mi

$t = 75.0$ min $= 1.25$ hr

$d = v_R t$

$v_R = \dfrac{d}{t} = \dfrac{358 \text{ mi}}{1.25 \text{ hr}} = 286.4$ mph

The quickest way to get required speed of the plane, v_p, is with the law of cosines. Then we can use the law of sines to get the angle α.

$v_p^2 = v_w^2 + v_R^2 - 2v_w v_R \cos 45°$

$v_p = \sqrt{v_w^2 + v_R^2 - 2v_w v_R \cos 45°} = \sqrt{(25.0 \text{ mph})^2 + (286.4 \text{ mph})^2 - 2(25.0 \text{ mph})(286.4 \text{ mph})\cos 45°}$

$v_p = 269.3$ mph

$\boxed{v_p = 269 \text{ mph}}$

$\dfrac{v_p}{\sin 45°} = \dfrac{v_w}{\sin \alpha}$

$\sin \alpha = \sin 45° \cdot \dfrac{v_w}{v_p}$

$\alpha = \sin^{-1}\left(\sin 45° \cdot \dfrac{v_w}{v_p}\right) = \sin^{-1}\left(\sin 45° \cdot \dfrac{25.0 \text{ mph}}{269.3 \text{ mph}}\right) = 3.76°$

The heading the plane must fly is $90° - (\alpha + 45°) = 45° - \alpha = 45° - 3.76° = 41.2°$.

46.

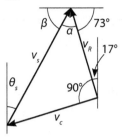

swimmer = v_s = 2.8 mph   current = v_c = 2.0 mph

Since the heading of the desired course is 343°, the resultant points 17° to the left of north.

The triangle of vectors is a right triangle, so we use right-triangle trigonometry to solve for the angles to get the swimmer's heading.

$$\sin\alpha = \frac{v_c}{v_s}$$

$$\alpha = \sin^{-1}\frac{v_c}{v_s} = \sin^{-1}\frac{2.0 \text{ mph}}{2.8 \text{ mph}} = 45.6°$$

$$\beta = 180° - \alpha - 73° = 180° - 45.6° - 73° = 61.4°$$

$$\theta_s = 180° - 90° - \beta = 90° - 61.4° = 29°$$

The Pythagorean relation gives us the magnitude of the resultant.

$$v_s^2 = v_c^2 + v_R^2$$

$$v_R^2 = v_s^2 - v_c^2$$

$$v_R = \sqrt{v_s^2 - v_c^2} = \sqrt{(2.8 \text{ mph})^2 - (2.0 \text{ mph})^2} = 1.96 \text{ mph}$$

$$d = vt$$

$$t = \frac{d}{v} = \frac{25 \text{ mi}}{1.96 \frac{\text{mi}}{\text{hr}}} = 13 \text{ hr}$$

Chapter 3

8. a.

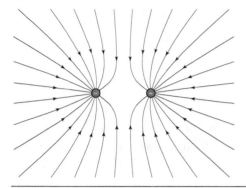

8. b.

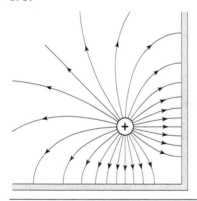

8. c.

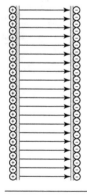

12.

The moon's change in position is communicated to earth at the speed of light. The moon is 384,000 km from earth (Table A.4), so the time this takes is

$$t = \frac{d}{v} = \frac{384{,}000{,}000 \text{ m}}{2.997 \times 10^8 \frac{\text{m}}{\text{s}}} = 1.28 \text{ s}$$

The moon's orbital period is

$$29.5 \text{ dy} \cdot \frac{24 \text{ hr}}{\text{dy}} \cdot \frac{3600 \text{ s}}{\text{hr}} = 2{,}550{,}000 \text{ s}$$

Thus the percentage of the orbit is

$$\frac{1.28 \text{ s}}{2{,}550{,}000 \text{ s}} \cdot 100\% = 0.000050\%$$

15.

$a = 2{,}112{,}000 \; \frac{\text{m}}{\text{s}^2}$

$m = 15.0 \text{ g} = 0.0150 \text{ kg}$

$F = ?$

$F = ma = 0.0150 \text{ kg} \cdot 2{,}112{,}000 \; \frac{\text{m}}{\text{s}^2} = 31{,}700 \text{ N}$

$d = 33.5 \text{ cm} = 0.335 \text{ m}$

$v_0 = 0$

$v_f^2 = \cancel{v_0^2} + 2ad$

$v_f = \sqrt{2ad} = \sqrt{2 \cdot 2{,}112{,}000 \; \frac{\text{m}}{\text{s}^2} \cdot 0.335 \text{ m}} = 1190 \; \frac{\text{m}}{\text{s}}$

16.

a. weight on earth: $F_w = mg = 0.751 \text{ kg} \cdot 9.80 \; \frac{\text{m}}{\text{s}^2} = 7.36 \text{ N}$

b. weight on moon: $F_w = mg = 0.751 \text{ kg} \cdot 1.63 \; \frac{\text{m}}{\text{s}^2} = 1.22 \text{ N}$

c. mass on moon: 751 g

17.

$F_w = 66{,}750$ N

$F_w = mg \Rightarrow m = \dfrac{F_w}{g} = \dfrac{66{,}750 \text{ N}}{9.80 \, \frac{\text{m}}{\text{s}^2}} = 6811$ kg

$v_0 = 65.0 \dfrac{\text{mi}}{\text{hr}} \cdot \dfrac{1609 \text{ m}}{\text{mi}} \cdot \dfrac{1 \text{ hr}}{3600 \text{ s}} = 29.05 \dfrac{\text{m}}{\text{s}}$

$v_f = 42.5 \dfrac{\text{mi}}{\text{hr}} \cdot \dfrac{1609 \text{ m}}{\text{mi}} \cdot \dfrac{1 \text{ hr}}{3600 \text{ s}} = 19.00 \dfrac{\text{m}}{\text{s}}$

$t = 7.5$ s

$a = ?$

$F = ?$

$v_f = v_0 + at$

$a = \dfrac{v_f - v_0}{t} = \dfrac{19.00 \, \frac{\text{m}}{\text{s}} - 29.05 \, \frac{\text{m}}{\text{s}}}{7.5 \text{ s}} = -1.34 \, \dfrac{\text{m}}{\text{s}^2}$

$\boxed{a = -1.3 \, \dfrac{\text{m}}{\text{s}^2}}$

$F = ma = 6811 \text{ kg} \cdot \left(-1.34 \, \dfrac{\text{m}}{\text{s}^2}\right) = -9100$ N

The negative sign on F indicates that the force is in the opposite direction of the direction of motion, since that direction was taken to be positive for the acceleration calculation.

18.

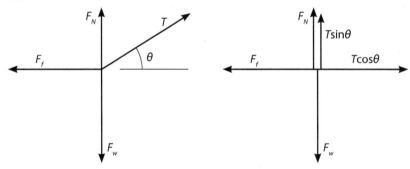

The crate moves at constant speed, so forces in both directions sum to 0.

$T = 2450$ N

$\theta = 31.5°$

$m = 325$ kg

$F_f = ?$

$\Sigma F_h = T\cos\theta - F_f = 0$

$F_f = T\cos\theta = 2450 \text{ N} \cdot \cos 31.5° = 2090$ N

Chapter 3

19. a, b, c.

These are all the same because of Newton's third law of motion.

$$F_w = mg = 14.5 \text{ kg} \cdot 9.80 \frac{\text{m}}{\text{s}^2} = 142 \text{ N}$$

---

19. d.

The acceleration of the TV is 9.80 m/s².

For the acceleration of the earth:

$F = 142$ N

$m = 5.972 \times 10^{24}$ kg

$$a = \frac{F}{m} = \frac{142 \text{ N}}{5.972 \times 10^{24} \text{ kg}} = 2.38 \times 10^{-23} \frac{\text{m}}{\text{s}^2}$$

20.

$$F_w = mg = 87 \text{ kg} \cdot 9.80 \frac{\text{m}}{\text{s}^2} = 853 \text{ N}$$

$$\Sigma F_y = F_{air} - F_w = 0$$

$$F_{air} = F_w = 853 \text{ N}$$

$$\boxed{F_{air} = 850 \text{ N}}$$

21.

$$v_0 = 95 \frac{\text{mi}}{\text{hr}} \cdot \frac{1609 \text{ m}}{\text{mi}} \cdot \frac{1 \text{ hr}}{3600 \text{ s}} = 42.5 \frac{\text{m}}{\text{s}}$$

$v_f = 0$

$d = 2.5$ cm $= 0.025$ m

$a = ?$

$$\cancel{v_f^2} = v_0^2 + 2ad$$

$$a = -\frac{v_0^2}{2d} = -\frac{\left(42.5 \frac{\text{m}}{\text{s}}\right)^2}{2 \cdot 0.025 \text{ m}} = -36{,}125 \frac{\text{m}}{\text{s}^2}$$

$m = 145$ g $= 0.145$ kg

$$F = ma = 0.145 \text{ kg} \cdot \left(-36{,}125 \frac{\text{m}}{\text{s}^2}\right) = 5200 \text{ N}$$

22.

The force to accelerate the shell:

$d = 20.3$ m
$v_0 = 0$
$v_f = 762 \dfrac{\text{m}}{\text{s}}$
$a = ?$
$v_f^2 = \cancel{v_0^2} + 2ad$

$a = \dfrac{v_f^2}{2d} = \dfrac{\left(762 \dfrac{\text{m}}{\text{s}}\right)^2}{2 \cdot 20.3 \text{ m}} = 14{,}302 \dfrac{\text{m}}{\text{s}^2}$

$m = 1225$ kg

$F = ma = 1225 \text{ kg} \cdot 14{,}302 \dfrac{\text{m}}{\text{s}^2} = 17{,}520{,}000$ N

By Newton's third law, the shell exerts an equal and opposite force on the gun, which is connected to the ship. Thus the ship's acceleration is:

$F = 17{,}520{,}000$ N
$m = 40{,}724{,}000$ kg

$a = \dfrac{F}{m} = \dfrac{17{,}520{,}000 \text{ N}}{40{,}724{,}000 \text{ kg}} = 0.430 \dfrac{\text{m}}{\text{s}^2}$

23.

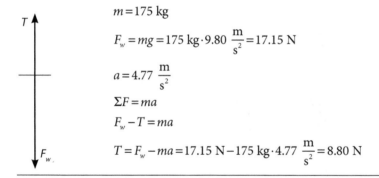

$m = 175$ kg

$F_w = mg = 175 \text{ kg} \cdot 9.80 \dfrac{\text{m}}{\text{s}^2} = 17.15$ N

$a = 4.77 \dfrac{\text{m}}{\text{s}^2}$

$\Sigma F = ma$

$F_w - T = ma$

$T = F_w - ma = 17.15 \text{ N} - 175 \text{ kg} \cdot 4.77 \dfrac{\text{m}}{\text{s}^2} = 8.80$ N

24. a.

$m = 4.5$ kg

$F_w = mg = 4.5 \text{ kg} \cdot 9.80 \dfrac{\text{m}}{\text{s}^2} = 44$ N

$\Sigma F_y = F_N - F_w = 0$

$F_N = F_w = 44$ N

Chapter 3

24. b.

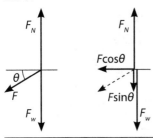

$$\Sigma F_v = F_N - F\sin\theta - F_w = 0$$
$$F_N = F\sin\theta + F_w = 22\text{ N}\cdot\sin 31° + 44\text{ N} = 55\text{ N}$$

24. c.

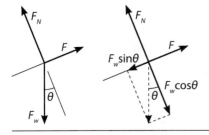

$$\Sigma F_\perp = F_N - F_w\cos\theta = 0$$
$$F_N = F_w\cos\theta = 44\text{ N}\cdot\cos 22° = 41\text{ N}$$

25.

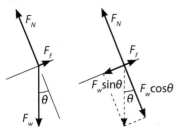

$$F_w = 85.0\text{ N}$$
$$\theta = 28°$$
$$\Sigma F_\| = F_w\sin\theta - F_f = 0$$
$$F_f = F_w\sin\theta = 85.0\text{ N}\cdot\sin 28° = 39.9\text{ N}$$
$$\boxed{F_f = 4.0\times 10^1\text{ N}}$$

Since we need two significant digits in the result, the result is stated in scientific notation.

26.

Since there is no friction, we know the blocks are accelerating together to the right. We first consider them together to determine the acceleration.

$m_1 = 175\text{ g} = 0.175\text{ kg}$
$m_2 = 225\text{ g} = 0.225\text{ kg}$
$m_{total} = m_1 + m_2 = 0.175\text{ kg} + 0.225\text{ kg} = 0.400\text{ kg}$
$F = 6.2\text{ N}$

$$a = \frac{F}{m} = \frac{6.2\text{ N}}{0.400\text{ kg}} = 15.5\ \frac{\text{m}}{\text{s}^2}$$

Now we apply this acceleration to mass m_2 by itself to determine the force that is making m_2 accelerate at this rate.

$$F = ma = 0.225\text{ kg}\cdot 15.5\ \frac{\text{m}}{\text{s}^2} = 3.5\text{ N}$$

27. a.

We begin by determining the velocity the stone has to have to travel this far.

Vertical

$v_{0v} = v_0 \sin\theta$
$d_v = 0$
$a = -g = -9.80 \, \frac{m}{s^2}$
$t = ?$
$d_v = v_{0v} t + \frac{1}{2} a t^2$
$-v_{0v} = -\frac{1}{2} g t$
$t = \frac{2 v_{0v}}{g} = \frac{2 v_0 \sin\theta}{g}$

Horizontal

$v_h = v_0 \cos\theta$
$d_h = 75 \, m$
$d_h = v_h t$
$t = \frac{d_h}{v_h} = \frac{d_h}{v_0 \cos\theta}$

$\frac{2 v_0 \sin\theta}{g} = \frac{d_h}{v_0 \cos\theta}$

$v_0^2 = \frac{d_h g}{2 \sin\theta \cos\theta}$

$v_0 = \sqrt{\frac{d_h g}{2 \sin\theta \cos\theta}} = \sqrt{\frac{75 \, m \cdot 9.80 \, \frac{m}{s^2}}{2 \sin 45° \cos 45°}} = 27.1 \, \frac{m}{s}$

Thus, the velocity with which the stone leaves the machine is 27 m/s.

27. b.

Next, we use kinematics again to determine the acceleration that will produce this launch velocity.

$v_0 = 0$
$v_f = 27.1 \, \frac{m}{s}$
$t = 0.50 \, s$
$a = ?$
$v_f = \cancel{v_0} + a t$

$a = \frac{v_f}{t} = \frac{27.1 \, \frac{m}{s}}{0.50 \, s} = 54.2 \, \frac{m}{s^2}$

Finally, we calculate the force.

$m = 110 \, kg$

$a = 54.2 \, \frac{m}{s^2}$

$F = ma = 110 \, kg \cdot 54.2 \, \frac{m}{s^2} = 5962 \, N$

Chapter 3

Since there are two ropes, each one provides half this force. Rounding the result to two significant digits, we have $F = 3.0 \times 10^3$ N.

28.

The breaking strength of the cord is the weight of the first mass given:

$m = 16.8$ kg

$T_{max} = F_w = mg = 16.8 \text{ kg} \cdot 9.80 \ \dfrac{\text{m}}{\text{s}^2} = 164.6$ N

Using this tension, we calculate the maximum acceleration.

$m_2 = 3.25$ kg

$F_{w2} = m_2 g = 3.25 \text{ kg} \cdot 9.80 \ \dfrac{\text{m}}{\text{s}^2} = 31.9$ N

$\Sigma F_v = T_{max} - F_{w2} = m_2 a$

$a = \dfrac{T_{max} - F_{w2}}{m_2} = \dfrac{164.6 \text{ N} - 31.9 \text{ N}}{3.25 \text{ kg}} = 40.8 \ \dfrac{\text{m}}{\text{s}^2}$

29.

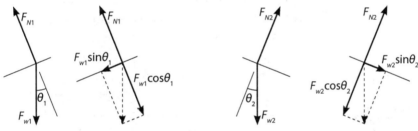

mass 1 mass 2

The only parallel forces on the system are $F_{w1} \sin\theta_1$ and $F_{w2} \sin\theta_2$. We use the technique of "unwrapping the cord" to show a horizontal system with these two forces acting.

$F_{w1} \sin\theta_1 \leftarrow \square \quad \square \rightarrow F_{w2} \sin\theta_2$

Now we calculate the acceleration of this system.

$m_1 = 10.0$ kg

$F_{w1} = m_1 g = 10.0 \text{ kg} \cdot 9.80 \ \dfrac{\text{m}}{\text{s}^2} = 98.0$ N

$m_2 = 15.0$ kg

$F_{w2} = m_2 g = 15.0 \text{ kg} \cdot 9.80 \ \dfrac{\text{m}}{\text{s}^2} = 147$ N

$m_{total} = m_1 + m_2 = 25.0$ kg

$\theta_1 = \theta_2 = 45°$

$\Sigma F_\parallel = F_{w2} \sin\theta_2 - F_{w1} \sin\theta_1 = m_{total} a$

$a = \dfrac{F_{w2} \sin\theta_2 - F_{w1} \sin\theta_1}{m_{total}} = \dfrac{147 \text{ N} \cdot \sin 45° - 98.0 \text{ N} \cdot \sin 45°}{25.0 \text{ kg}} = 1.39 \ \dfrac{\text{m}}{\text{s}^2}$

Solutions Manual to Accompany Physics: Modeling Nature

This value is reported as 1.4 m/s². Now we can select one of the masses and sum the parallel forces on it separately to determine the tension. We will use m_1 since for this mass T points in the direction of motion.

$$\Sigma F_\parallel = T - F_{w1} \sin\theta_1 = m_1 a$$

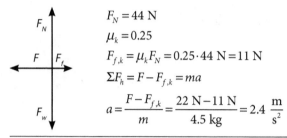

$$T = m_1 a + F_{w1} \sin\theta_1 = 10.0 \text{ kg} \cdot 1.39 \frac{\text{m}}{\text{s}^2} + 98.0 \text{ N} \cdot \sin 45° = 83 \text{ N}$$

30. a.

$F_N = 44$ N

$\mu_k = 0.25$

$F_{f,k} = \mu_k F_N = 0.25 \cdot 44 \text{ N} = 11 \text{ N}$

$\Sigma F_h = F - F_{f,k} = ma$

$$a = \frac{F - F_{f,k}}{m} = \frac{22 \text{ N} - 11 \text{ N}}{4.5 \text{ kg}} = 2.4 \frac{\text{m}}{\text{s}^2}$$

30. b.

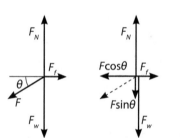

In this case, we cannot tell if the block is accelerating. We begin by assuming that it is and see what we find.

$F_N = 55$ N

$\mu_k = 0.25$

$F_{f,k} = \mu_k F_N = 0.25 \cdot 55 \text{ N} = 13.75 \text{ N}$

$\boxed{F_{f,k} = 14 \text{ N}}$

$\Sigma F_h = F\cos\theta - F_{f,k} = ma$

$$a = \frac{F\cos\theta - F_{f,k}}{m} = \frac{22 \text{ N} \cdot \cos 31° - 13.75 \text{ N}}{4.5 \text{ kg}} = 1.1 \frac{\text{m}}{\text{s}^2}$$

The positive acceleration indicates that the block is in fact accelerating as assumed.

Chapter 3

30. c.

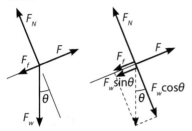

In this case, we cannot tell if the block is accelerating. We also cannot tell whether the friction points up the ramp or down the ramp. We begin by assuming that the block is accelerating up the ramp and see what we find.

$F_N = 41$ N

$\mu_k = 0.25$

$F_{f,k} = \mu_k F_N = 0.25 \cdot 41$ N $= 10.3$ N

$\Sigma F_\parallel = F - F_w \sin\theta - F_{f,k} = ma$

$a = \dfrac{F - F_w \sin\theta - F_{f,k}}{m} = \dfrac{22 \text{ N} - 44 \text{ N} \cdot \sin 22° - 10.3 \text{ N}}{4.5 \text{ kg}} = -1.06 \ \dfrac{\text{m}}{\text{s}^2}$

We assumed acceleration up the ramp, but the acceleration came out negative. This indicates that our assumption about the motion of the block was incorrect. There are two other options: the block is at rest or the block is accelerating down the ramp. The applied force of 22 N is large enough that acceleration down the ramp is unlikely. Thus, we will assume the block is at rest. This means we can only solve for friction by summing forces, not by the friction equation. We just need to make sure that the friction force in this case is less than the maximum possible force of static friction. If it is, then the block is at rest.

$\Sigma F_\parallel = F - F_w \sin\theta - F_{f,k} = 0$

$F_{f,k} = F - F_w \sin\theta = 22 \text{ N} - 44 \text{ N} \cdot \sin 22° = 5.5$ N

The maximum for the force of static friction in this case is $\mu F_N = 0.25 \cdot 41$ N $= 10.3$ N, so this solution appears correct. If the maximum for the force of static friction had turned out to be less than 5.5 N, then we would know that the block is accelerating down the ramp. We would then reverse the direction of the friction force in the FBD and the force equation and do the calculation again.

31.

Since the car must stop as rapidly as possible, the tires will not be sliding and the force of static friction will be as large as possible.

$m = 1650$ kg

$F_w = mg = 1650 \text{ kg} \cdot 9.80 \, \dfrac{m}{s^2} = 16{,}170$ N

$\Sigma F_v = F_N - F_w = 0$

$F_N = F_w$

$\mu_s = 0.7$

$F_{f,s,max} = \mu_s F_N = 0.7 \cdot 16{,}170 \text{ N} = 11{,}320$ N

$\Sigma F_h = F_{f,s,max} = ma$

$a = \dfrac{F_{f,s,max}}{m} = \dfrac{11{,}320 \text{ N}}{1650 \text{ kg}} = 6.86 \, \dfrac{m}{s^2}$

With this acceleration, we use kinematics to compute the stopping distance.

$a = 6.86 \, \dfrac{m}{s^2}$

$v_0 = 45 \, \dfrac{mi}{hr} \cdot \dfrac{1609 \text{ m}}{mi} \cdot \dfrac{1 \text{ hr}}{3600 \text{ s}} = 20.1 \, \dfrac{m}{s}$

$v_f = 0$

$d = ?$

$\cancel{v_f^2} = v_0^2 + 2ad$

$d = \dfrac{-v_0^2}{2a} = \dfrac{-\left(20.1 \, \dfrac{m}{s}\right)^2}{2 \cdot 6.86 \, \dfrac{m}{s^2}} = -29.4$ m

$\boxed{d = 30 \text{ m}}$

The negative sign indicates that the distance traveled is in the opposite direction from the acceleration, which is always the case when an object is slowing down. The final result is rounded to one significant digit because the coefficient of friction has only one significant digit.

32.

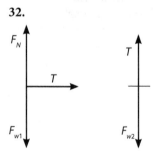

The simplest solution is similar to that of problem 29: solve for the acceleration of the system as a whole first, then use the acceleration with one of the masses to determine the tension. The only force accelerating the system is F_{w2}.

$m_1 = 105 \text{ g} = 0.105 \text{ kg}$

$m_2 = 225 \text{ g} = 0.225 \text{ kg}$

$m_{total} = 0.330 \text{ kg}$

$F_{w2} = m_2 g = 0.225 \text{ kg} \cdot 9.80 \dfrac{\text{m}}{\text{s}^2} = 2.205 \text{ N}$

$\Sigma F = F_{w2} = m_{total} a$

$a = \dfrac{F_{w2}}{m_{total}} = \dfrac{2.205 \text{ N}}{0.330 \text{ kg}} = 6.682 \dfrac{\text{m}}{\text{s}^2}$

$\boxed{a = 6.68 \dfrac{\text{m}}{\text{s}^2}}$

Now summing forces on mass 2 to determine the tension:

$\Sigma F = F_{w2} - T = m_2 a$

$T = F_{w2} - m_2 a = 2.205 \text{ N} - 0.225 \text{ kg} \cdot 6.682 \dfrac{\text{m}}{\text{s}^2} = 0.702 \text{ N}$

33.

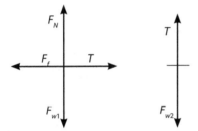

The only force attempting to accelerate the system is F_{w2}. If this is greater than the maximum force of static friction for m_1, the system will accelerate.

$m_1 = 205 \text{ g} = 0.205 \text{ kg}$

$m_2 = 225 \text{ g} = 0.225 \text{ kg}$

$\mu_s = 0.78$

$F_{w1} = m_1 g = 0.205 \text{ kg} \cdot 9.80 \dfrac{\text{m}}{\text{s}^2} = 2.009 \text{ N}$

Block 1:

$\Sigma F_y = F_N - F_{w1} = 0$

$F_N = F_{w1}$

$F_{f,s,max} = \mu_s F_N = 0.78 \cdot 2.009 \text{ N} = 1.567 \text{ N}$

Block 2:

$F_{w2} = m_2 g = 0.225 \text{ kg} \cdot 9.80 \dfrac{\text{m}}{\text{s}^2} = 2.205 \text{ N}$

$F_{w2} > F_{f,s,max}$

Now solve for the system acceleration, as in problem 32. For this, we must use the coefficient of kinetic friction.

$m_{total} = 0.430$ kg
$\mu_k = 0.42$
$F_{f,k} = \mu_k F_N = 0.42 \cdot 2.009$ N $= 0.8438$ N

Note: This numerator is precise to hundredths, giving 3 sig digs in the result.

$\Sigma F = F_{w2} - F_{f,k} = m_{total} a$

$a = \dfrac{F_{w2} - F_{f,k}}{m_{total}} = \dfrac{2.205 \text{ N} - 0.8438 \text{ N}}{0.430 \text{ kg}} = 3.166 \dfrac{\text{m}}{\text{s}^2}$

$\boxed{a = 3.17 \dfrac{\text{m}}{\text{s}^2}}$

Block 2:

$\Sigma F_y = F_{w2} - T = m_2 a$

$T = F_{w2} - m_2 a = 2.205$ N $- 0.225$ kg $\cdot 3.166 \dfrac{\text{m}}{\text{s}^2} = 1.49$ N

34.

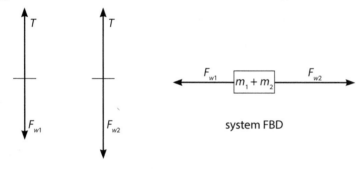

mass 1 FBD   mass 2 FBD   system FBD

Determine the acceleration using the system FBD, then use the acceleration and one FBD to determine the tension. The acceleration can also be used with kinematics to compute the required time.

$m_1 = 755$ g $= 0.755$ kg
$m_2 = 942$ g $= 0.942$ kg
$m_{total} = 1.697$ kg

$F_{w1} = m_1 g = 0.755$ kg $\cdot 9.80 \dfrac{\text{m}}{\text{s}^2} = 7.399$ N

$F_{w2} = m_2 g = 0.942$ kg $\cdot 9.80 \dfrac{\text{m}}{\text{s}^2} = 9.232$ N

$\Sigma F = F_{w2} - F_{w1} = m_{total} a$

$a = \dfrac{F_{w2} - F_{w1}}{m_{total}} = \dfrac{9.232 \text{ N} - 7.399 \text{ N}}{1.697 \text{ kg}} = 1.080 \dfrac{\text{m}}{\text{s}^2}$

We will sum forces on block 2 to compute the tension:

$\Sigma F_y = F_{w2} - T = m_2 a$

$T = F_{w2} - m_2 a = 9.232 \text{ N} - 0.942 \text{ kg} \cdot 1.080 \frac{\text{m}}{\text{s}^2} = 8.21 \text{ N}$

$t = 1.5 \text{ s}$

$a = 1.080 \frac{\text{m}}{\text{s}^2}$

$v_0 = 0$

$d = ?$

$d = \cancel{v_0 t} + \frac{1}{2} a t^2 = \frac{1}{2} \cdot 1.080 \frac{\text{m}}{\text{s}^2} \cdot (1.5 \text{ s})^2 = 1.2 \text{ m}$

35.

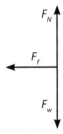

The vertical forces are balanced and the friction between the book and the seat is the force that brings the book to rest. (Without friction, the car may slow but the book will keep on moving, per Newton's first law.) The maximum static friction is the maximum stopping force available.

$m = 1.11 \text{ kg}$

$\mu_s = 0.30$

$F_w = mg = 1.11 \text{ kg} \cdot 9.80 \frac{\text{m}}{\text{s}^2} = 10.88 \text{ N}$

$\Sigma F_y = F_N - F_w = 0$

$F_N = F_w$

$F_{f,s,max} = \mu_s F_N = 0.30 \cdot 10.88 \text{ N} = 3.264 \text{ N}$

The acceleration on the book from this force is

$a = \frac{F}{m} = \frac{3.264 \text{ N}}{1.11 \text{ kg}} = 2.941 \frac{\text{m}}{\text{s}^2}$

Since the book and the car are traveling together, their accelerations will be the same. However, the friction force opposes the direction of motion, so in the kinematics calculation if d is in the direction of motion, the acceleration must be negative.

$a = -2.941 \, \dfrac{m}{s^2}$

$v_0 = 16.5 \, \dfrac{m}{s}$

$v_f = 0$

$d = ?$

$\cancel{v_f^2} = v_0^2 + 2ad$

$d = -\dfrac{v_0^2}{2a} = \dfrac{\left(16.5 \, \dfrac{m}{s}\right)^2}{2 \cdot 2.941 \, \dfrac{m}{s^2}} = 46 \, m$

The result is limited to two sig digs because of the coefficient of friction.

36.

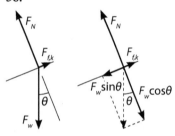

$\theta = 25°$

$a = 2.25 \, \dfrac{m}{s^2}$

$F_w = mg$

$\Sigma F_\perp = F_N - F_w \cos\theta = 0$

$F_N = mg \cos\theta$

$\Sigma F_\parallel = F_w \sin\theta - F_{f,k} = ma$

$F_{f,k} = \mu_k F_N = mg \sin\theta - ma$

$\mu_k mg \cos\theta = mg \sin\theta - ma$

$\mu_k = \dfrac{g \sin\theta - a}{g \cos\theta} = \dfrac{9.80 \, \dfrac{m}{s^2} \cdot \sin 25° - 2.25 \, \dfrac{m}{s^2}}{9.80 \, \dfrac{m}{s^2} \cdot \cos 25°} = 0.21$

37. a.

The FBD is the same as in problem 36. The mass is given, but we don't need it (as in problem 36).

$\theta = 24°$
$\mu_k = 0.25$
$m = 3.0$ kg
$F_w = mg$
$\Sigma F_\perp = F_N - F_w \cos\theta = 0$
$F_N = F_w \cos\theta$
$\Sigma F_\parallel = F_w \sin\theta - F_{f,k} = ma$
$F_{f,k} = \mu_k F_N = mg \sin\theta - ma$
$\mu_k mg \cos\theta = mg \sin\theta - ma$

$a = g(\sin\theta - \mu_k \cos\theta) = 9.80 \, \frac{m}{s^2}(\sin 24° - 0.25 \cdot \cos 24°) = 1.747 \, \frac{m}{s^2}$

$\boxed{a = 1.7 \, \frac{m}{s^2}}$

37. b.

The distance the block slides down the ramp, call it L, is $L = h/\sin\theta$.

$h = 22$ cm $= 0.22$ m

$d_{ramp} = \frac{h}{\sin\theta}$

$v_0 = 0$

$a = 1.75 \, \frac{m}{s^2}$

$v_f = ?$

$v_f^2 = \cancel{v_0^2} + 2ad$

$v_f = \sqrt{2ad} = \sqrt{\frac{2ah}{\sin\theta}} = \sqrt{\frac{2 \cdot 1.75 \, \frac{m}{s^2} \cdot 0.22 \, m}{\sin 24°}} = 1.38 \, \frac{m}{s}$

$\boxed{v_f = 1.4 \, \frac{m}{s}}$

37. c.

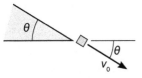

The vertical component of the initial velocity and the vertical distance traveled are both downward, just like the acceleration. We might as well take down to be the positive direction for the vertical part of the problem. The angle for v_0 is the same as the angle of the ramp.

Now we equate these two expressions for time and solve for d.

Vertical	Horizontal
$H = 65 \text{ cm} = 0.65 \text{ m}$	$d_h = v_h t = d$
$\theta = 24°$	$v_h = v_0 \cos\theta$
$d_v = H$	$t = \dfrac{d}{v_0 \cos\theta}$
$a = g$	
$v_{0v} = v_0 \sin\theta$	
$d_v = v_{0v} t + \tfrac{1}{2} a t^2$	
$\tfrac{1}{2} a t^2 + v_{0v} t - d_v = 0$	
$\tfrac{1}{2} g t^2 + v_0 \sin\theta \cdot t - H = 0$	

$$t = \frac{-v_0 \sin\theta \pm \sqrt{v_0^2 \sin^2\theta + 2gH}}{g}$$

$$\frac{-v_0 \sin\theta \pm \sqrt{v_0^2 \sin^2\theta + 2gH}}{g} = \frac{d}{v_0 \cos\theta}$$

$$-v_0 \sin\theta \pm \sqrt{v_0^2 \sin^2\theta + 2gH} = \frac{gd}{v_0 \cos\theta}$$

$$\frac{gd}{v_0 \cos\theta} + v_0 \sin\theta = \pm\sqrt{v_0^2 \sin^2\theta + 2gH}$$

$$\frac{gd + v_0^2 \sin\theta \cos\theta}{v_0 \cos\theta} = \pm\sqrt{v_0^2 \sin^2\theta + 2gH}$$

$$\frac{g^2 d^2 + 2gdv_0^2 \sin\theta\cos\theta + v_0^4 \sin^2\theta \cos^2\theta}{v_0^2 \cos^2\theta} = v_0^2 \sin^2\theta + 2gH$$

$$g^2 d^2 + 2gdv_0^2 \sin\theta\cos\theta + v_0^4 \sin^2\theta \cos^2\theta = v_0^4 \sin^2\theta \cos^2\theta + 2gHv_0^2 \cos^2\theta$$

$$g^2 d^2 + 2gdv_0^2 \sin\theta\cos\theta - 2gHv_0^2 \cos^2\theta = 0$$

$$d = \frac{-2gv_0^2 \sin\theta\cos\theta \pm \sqrt{4g^2 v_0^4 \sin^2\theta\cos^2\theta + 8g^3 H v_0^2 \cos^2\theta}}{2g^2}$$

$$d = \frac{-2 \cdot 9.80 \,\tfrac{m}{s^2} \cdot \left(1.38 \,\tfrac{m}{s}\right)^2 \sin 24° \cos 24° \pm \sqrt{4 \cdot \left(9.80 \,\tfrac{m}{s^2}\right)^2 \cdot \left(1.38 \,\tfrac{m}{s}\right)^4 \sin^2 24° \cos^2 24° + 8\left(9.80 \,\tfrac{m}{s^2}\right)^3 (0.65 \text{ m})\left(1.38 \,\tfrac{m}{s}\right)^2 \cos^2 24°}}{2\left(9.80 \,\tfrac{m}{s^2}\right)^2}$$

$$d = \frac{-13.89 \,\tfrac{m^3}{s^4} \pm 88.20 \,\tfrac{m^3}{s^4}}{192.1 \,\tfrac{m^2}{s^4}} = 0.39 \text{ m}$$

In the last step we take the positive value for the ± operation because d is positive.

38.

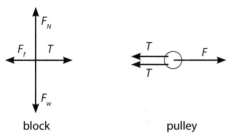

block   pulley

Summing forces on the block:

$\Sigma F_v = F_N - F_w = 0$

$F_N = mg$

$F_{f,k} = \mu_k mg$

$\Sigma F_h = T - F_{f,k} = ma$

$T = ma + F_{f,k}$

Summing forces on the pulley, we note that the pulley is massless, so the sum equals $ma = 0$. In other words, the force F does not have to accelerate a pulley with mass, it only has to maintain the tension. The tension accelerates the block.

$\Sigma F_h = F - 2T = 0$

$T = \dfrac{F}{2}$

$\mu_k = 0.45$

$m = 2.45$ kg

$F = 25$ N

$\dfrac{F}{2} = ma + F_{f,k}$

$a = \dfrac{\dfrac{F}{2} - \mu_k mg}{m} = \dfrac{F}{2m} - \mu_k g = \dfrac{25 \text{ N}}{2 \cdot 2.45 \text{ kg}} - 0.45 \cdot 9.80 \, \dfrac{\text{m}}{\text{s}^2} = 0.69 \, \dfrac{\text{m}}{\text{s}^2}$

39.

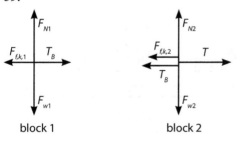

block 1   block 2

We use T_B to designate the tension in the cable between the blocks. For both blocks, the vertical forces sum to zero, so $F_N = mg$ and $F_{f,k} = \mu_k mg$. We first sum the horizontal forces on the system as a whole with a total mass. The tension in the cable does not appear; only the outside horizontal forces acting on the system appear in the force equation:

$m_1 = 3.00$ kg
$m_2 = 5.50$ kg
$\mu_k = 0.36$
$T = 75$ N
$\Sigma F_h = T - \mu_k m_1 g - \mu_k m_2 g = (m_1 + m_2)a$

$a = \dfrac{T - \mu_k g(m_1 + m_2)}{m_1 + m_2} = \dfrac{75 \text{ N} - 0.36 \cdot 9.80 \, \frac{m}{s^2} \cdot 8.50 \text{ kg}}{8.50 \text{ kg}} = 5.30 \, \dfrac{m}{s^2}$

$\boxed{a = 5.3 \, \dfrac{m}{s^2}}$

Now we sum forces on a single block to get the tension in the cable between the blocks.
$\Sigma F_h = T_B - \mu_k m_1 g = m_1 a$

$T_B = m_1 a + \mu_k m_1 g = m_1(a + \mu_k g) = 3.00 \text{ kg} \left(5.30 \, \dfrac{m}{s^2} + 0.36 \cdot 9.80 \, \dfrac{m}{s^2}\right) = 26$ N

---

40. a.

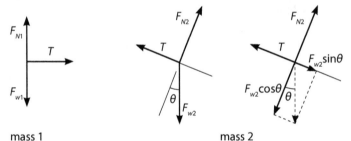

mass 1   mass 2

Without friction, the only external force acting on the system in the direction of any motion is $F_{w2} \sin\theta$. Using this force and the total mass, we find the system acceleration as
$m_1 = 85.0$ g $= 0.085$ kg
$m_2 = 225$ g $= 0.225$ kg
$m_{total} = 0.310$ kg
$\theta = 38.0°$
$F_{w2} = m_2 g$

$a = \dfrac{F_{w2} \sin\theta}{m_{total}} = \dfrac{m_2 g \sin\theta}{m_{total}} = \dfrac{0.225 \text{ kg} \cdot 9.80 \, \frac{m}{s^2} \cdot \sin 38.0°}{0.310 \text{ kg}} = 4.38 \, \dfrac{m}{s^2}$

40. b.

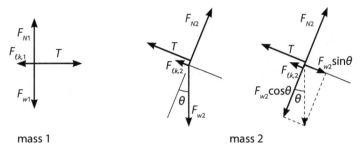

mass 1   mass 2

This situation is the same as in part (a) except there are two friction forces to add to the force equation.

$\mu_{k1}(brass) = 0.44$

$\mu_{k2}(copper) = 0.36$

mass 1:

$F_{N1} = F_{w1} = m_1 g$

$F_{f,k1} = \mu_{k1} m_1 g$

mass 2:

$F_{N2} = F_{w2}\cos\theta = m_2 g\cos\theta$

$F_{f,k2} = \mu_{k2} m_2 g\cos\theta$

$\Sigma F_\parallel = F_{w2}\sin\theta - F_{f,k1} - F_{f,k2} = m_2 g\sin\theta - \mu_{k1} m_1 g - \mu_{k2} m_2 g\cos\theta = m_{total} a$

$a = \dfrac{g(m_2 \sin\theta - \mu_{k1} m_1 - \mu_{k2} m_2 \cos\theta)}{m_{total}}$

$a = \dfrac{9.80\,\frac{m}{s^2}(0.225\,kg\cdot\sin 38.0° - 0.44\cdot 0.0850\,kg - 0.36\cdot 0.225\,kg\cdot\cos 38.0°)}{0.310\,kg} = 1.18\,\frac{m}{s^2}$

$\boxed{a = 1.2\,\dfrac{m}{s^2}}$

41.

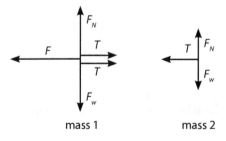

mass 1   mass 2

There is no friction, so only the horizontal forces matter for this calculation. Since we are given a relationship between a_1 and a_2, we will sum forces on each block separately and solve for the tension. Then we will eliminate a_1.

Block 1:
$\Sigma F = F - 2T = m_1 a_1$
$a_2 = 2a_1$
$a_1 = \dfrac{a_2}{2}$
$2T = F - m_1 \dfrac{a_2}{2}$
$T = \dfrac{F}{2} - \dfrac{m_1 a_2}{4}$

Block 2:
$\Sigma F = T = m_2 a_2$

Now we set the expressions for T equal to one another and solve for a_2.

$\dfrac{F}{2} - \dfrac{m_1 a_2}{4} = m_2 a_2$

$a_2 \left(\dfrac{m_1}{4} + m_2 \right) = \dfrac{F}{2}$

$m_1 = 2.75 \text{ kg}$
$m_2 = 1.25 \text{ kg}$
$F = 25 \text{ N}$

$a_2 = \dfrac{2F}{m_1 + 4m_2} = \dfrac{2 \cdot 25 \text{ N}}{2.75 \text{ kg} + 4 \cdot 1.25 \text{ kg}} = 6.45 \; \dfrac{\text{m}}{\text{s}^2}$

$\boxed{a_2 = 6.5 \; \dfrac{\text{m}}{\text{s}^2}}$

Using this and the force equation for block 2 we can solve for T:

$T = m_2 a_2 = 1.25 \text{ kg} \cdot 6.45 \; \dfrac{\text{m}}{\text{s}^2} = 8.1 \text{ N}$

42.

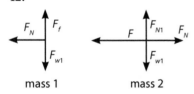

mass 1   mass 2

The force of static friction between the blocks is a force that acts on m_1. This force will be at its maximum. Newton's third law indicates that the normal forces on each block from the other are equal and opposite.

Block 1:

$\Sigma F_v = F_f - F_{w1} = 0$

$F_f = F_{w1} = m_1 g = \mu F_N$

$F_N = \dfrac{m_1 g}{\mu}$

$\Sigma F_h = F_N = m_1 a$

$a = \dfrac{F_N}{m_1} = \dfrac{g}{\mu}$

Block 2:

$\Sigma F_h = F - F_N = m_2 a$

$F - \dfrac{m_1 g}{\mu} = \dfrac{m_2 g}{\mu}$

$F = \dfrac{g}{\mu}(m_1 + m_2)$

43.

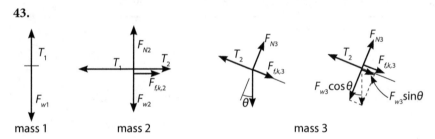

mass 1   mass 2   mass 3

First, sum all the external forces pointing along the direction of motion (this excludes the tensions, which are not external to the system), and set this equal to the system mass times the system acceleration.

59

$m_1 = 12.00$ kg
$m_2 = 8.00$ kg
$m_3 = 2.50$ kg
$\mu_{k2} = \mu_{k3} = 0.32$
$\theta = 20.0°$
$\Sigma F = F_{w1} - F_{f,k2} - F_{f,k3} - F_{w3}\sin\theta = m_{total}a$
$F_{w1} = m_1 g$
$F_{f,k2} = \mu_{k2} m_2 g$
$F_{f,k3} = \mu_{k3} m_3 g \cos\theta$
$F_{w3} = m_3 g$
$m_1 g - \mu_{k2} m_2 g - \mu_{k3} m_3 g \cos\theta - m_3 g \sin\theta = (m_1 + m_2 + m_3)a$

$a = \dfrac{g(m_1 - \mu_{k2} m_2 - \mu_{k3} m_3 \cos\theta - m_3 \sin\theta)}{m_1 + m_2 + m_3}$

$a = \dfrac{9.80\ \frac{m}{s^2}(12.00\ \text{kg} - 0.32 \cdot 8.00\ \text{kg} - 0.32 \cdot 2.50\ \text{kg} \cdot \cos 20.0° - 2.50\ \text{kg} \cdot \sin 20.0°)}{22.50\ \text{kg}} = 3.41\ \frac{m}{s^2}$

$\boxed{a = 3.4\ \frac{m}{s^2}}$

Now we use this with the first and second blocks to calculate the two tensions.
Block 1:
$\Sigma F_v = m_1 g - T_1 = m_1 a$
$T_1 = m_1(g - a) = 12.00\ \text{kg}\left(9.80\ \frac{m}{s^2} - 3.41\ \frac{m}{s^2}\right) = 76.7$ N
$\boxed{T_1 = 77\ \text{N}}$

Block 2:
$\Sigma F_h = T_1 - T_2 - F_{f,k2} = m_2 a$
$T_2 = T_1 - F_{f,k2} - m_2 a$
$T_2 = T_1 - \mu_{k2} m_2 g - m_2 a = T_1 - m_2(\mu_{k2} g + a)$
$T_2 = 76.7\ \text{N} - 8.00\ \text{kg} \cdot \left(0.32 \cdot 9.80\ \frac{m}{s^2} + 3.41\ \frac{m}{s^2}\right) = 24$ N

44.

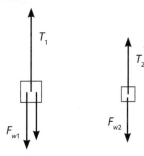

upper mass   lower mass

At rest or at a constant speed (parts (a) and (d)), forces on each block must sum to zero.

$m_1 = 0.500$ kg

$m_2 = 0.250$ kg

Lower mass (mass 2):

$\Sigma F = T_2 - m_2 g = 0$

$T_2 = m_2 g = 0.250 \text{ kg} \cdot 9.80 \, \frac{\text{m}}{\text{s}^2} = 2.45 \text{ N}$

Upper mass (mass 1):

$\Sigma F = T_1 - m_1 g - T_2 = 0$

$T_1 = m_1 g + T_2 = 0.500 \text{ kg} \cdot 9.80 \, \frac{\text{m}}{\text{s}^2} + 2.45 \text{ N} = 7.35 \text{ N}$

When the system is accelerating, the forces on each block must sum to equal that block's mass times the acceleration.

Part (b):

$a = 1.25 \, \frac{\text{m}}{\text{s}^2}$

Lower mass (mass 2):

$\Sigma F = T_2 - m_2 g = m_2 a$

$T_2 = m_2 (g + a) = 0.250 \text{ kg} \left(9.80 \, \frac{\text{m}}{\text{s}^2} + 1.25 \, \frac{\text{m}}{\text{s}^2} \right) = 2.76 \text{ N}$

Upper mass (mass 1):

$\Sigma F = T_1 - m_1 g - T_2 = m_1 a$

$T_1 = m_1 (g + a) + T_2 = 0.500 \text{ kg} \left(9.80 \, \frac{\text{m}}{\text{s}^2} + 1.25 \, \frac{\text{m}}{\text{s}^2} \right) + 2.76 \text{ N} = 8.29 \text{ N}$

Part (c) is the same, except the acceleration is downward, which makes it negative since the forces are defined taking up as positive.

$a = -2.50 \, \dfrac{m}{s^2}$

Lower mass (mass 2):

$\Sigma F = T_2 - m_2 g = m_2 a$

$T_2 = m_2(g+a) = 0.250 \text{ kg}\left(9.80 \, \dfrac{m}{s^2} - 2.50 \, \dfrac{m}{s^2}\right) = 1.83 \text{ N}$

Upper mass (mass 1):

$\Sigma F = T_1 - m_1 g - T_2 = m_1 a$

$T_1 = m_1(g+a) + T_2 = 0.500 \text{ kg}\left(9.80 \, \dfrac{m}{s^2} - 2.50 \, \dfrac{m}{s^2}\right) + 1.83 \text{ N} = 5.48 \text{ N}$

45.

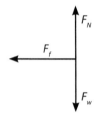

The most rapid stopping requires that the tires be rolling and not sliding, so we are using the force of static friction at its maximum value.

$F_N = mg$

$\Sigma F = F_f = ma$

$F_f = \mu F_N = \mu mg$

$\mu mg = ma$

$a = \mu g$

46.

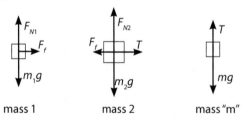

mass 1   mass 2   mass "m"

Once again, the static friction force between mass 1 and mass 2 is the force accelerating mass 1. This static friction force must be at its maximum value, and Newton's Third Law says that the same friction force acts on mass 2 equally and oppositely. For mass 1, $F_f = \mu m_1 g$. Begin by writing the force equations for the external forces in the direction of motion on the system as a whole (mg is the only force). Knowing the acceleration, we can solve for the friction on mass 1 by summing forces on that mass by itself. Then we will have a relationship we can use to solve for m.

$$m_{total} = m_1 + m_2 + m$$
$$\Sigma F = mg = m_{total} a$$
$$a = \frac{mg}{m_{total}}$$

Mass 1:
$$\Sigma F_h = F_f = m_1 a$$
$$F_f = \mu m_1 g$$
$$\mu m_1 g = m_1 a$$
$$\mu g = a$$
$$\mu g = \frac{mg}{m_{total}}$$
$$\mu = \frac{m}{m_1 + m_2 + m}$$

Solving for m:
$$\mu(m_1 + m_2 + m) = m$$
$$m - \mu m = \mu(m_1 + m_2)$$
$$m(1 - \mu) = \mu(m_1 + m_2)$$
$$m = \frac{\mu(m_1 + m_2)}{(1 - \mu)} = \frac{0.35(0.100 \text{ kg} + 0.300 \text{ kg})}{1 - 0.35} = 0.22 \text{ kg} = 220 \text{ g}$$

47.

The vertical calculation is all we need:

$v_{0v} = v_0 \sin\theta$
$d = -75.0 \text{ m}$
$\theta = 37.0°$
$v_0 = 255 \dfrac{\text{m}}{\text{s}}$
$a = -g$
$t = ?$
$d_v = v_{0v}t + \tfrac{1}{2}at^2$
$\tfrac{1}{2}at^2 + v_{0v}t - d_v = 0$
$\dfrac{g}{2}t^2 - v_0 \sin\theta \cdot t + d_v = 0$

$t = \dfrac{255\,\dfrac{\text{m}}{\text{s}} \cdot \sin 37.0° \pm \sqrt{\left(255\,\dfrac{\text{m}}{\text{s}}\right)^2 \sin^2 37.0° + 2 \cdot 9.80\,\dfrac{\text{m}}{\text{s}^2} \cdot 75.0\,\text{m}}}{9.80\,\dfrac{\text{m}}{\text{s}^2}}$

$t = \dfrac{153.5\,\dfrac{\text{m}}{\text{s}} \pm 158.2\,\dfrac{\text{m}}{\text{s}}}{9.80\,\dfrac{\text{m}}{\text{s}^2}} = 31.8 \text{ s}$

48.

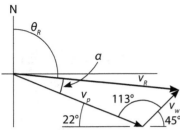

$v_p = 185$ mph
$v_w = 38$ mph
$v_R^2 = v_p^2 + v_w^2 - 2v_p v_w \cos 113°$
$v_R = \sqrt{v_p^2 + v_w^2 - 2v_p v_w \cos 113°}$
$v_R = \sqrt{(185 \text{ mph})^2 + (38 \text{ mph})^2 - 2 \cdot 185 \text{ mph} \cdot 38 \text{ mph} \cdot \cos 113°} = 202$ mph
$\boxed{v_R = 2.0 \times 10^2 \text{ mph}}$

$\dfrac{v_R}{\sin 113°} = \dfrac{v_w}{\sin \alpha}$
$v_R \sin \alpha = v_w \sin 113°$
$\alpha = \sin^{-1}\left(\dfrac{v_w \sin 113°}{v_R}\right) = \sin^{-1}\left(\dfrac{38 \text{ mph} \cdot \sin 113°}{202 \text{ mph}}\right) = 9.97°$

Ths gives the heading of the plane's movement as:
$\theta_R = 112° - 9.97° = 102°$

Chapter 4

7. a.

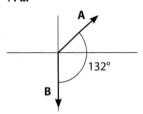

$|\mathbf{A} \times \mathbf{B}| = AB\sin\theta = 0.160 \text{ m} \cdot 25.0 \text{ N} \cdot \sin 132° = 2.97 \text{ m} \cdot \text{N}$

Direction is into the page.

7. b.

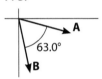

$|\mathbf{B} \times \mathbf{A}| = BA\sin\theta = 1.15 \text{ m} \cdot 755 \text{ N} \cdot \sin 63.0° = 774 \text{ m} \cdot \text{N}$

Direction is out of the page.

7. c.

$|\mathbf{r} \times \mathbf{F}| = rF\sin\theta = 0.631 \text{ m} \cdot 9.0034 \times 10^{-2} \text{ N} \cdot \sin 80.0° = 0.0559 \text{ m} \cdot \text{N}$

Direction is into the page.

7. d.

$|\mathbf{p} \times \mathbf{E}| = pE\sin\theta = 2.05 \times 10^{-4} \text{ m} \cdot \text{C} \cdot 6.118 \times 10^{6} \; \dfrac{\text{N}}{\text{C}} \cdot \sin 72.9° = 1.20 \times 10^{3} \text{ m} \cdot \text{N}$

Direction is out of the page.

9.

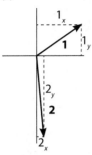

$1_x = 445 \text{ N} \cdot \cos 35.0° = 364.5 \text{ N}$
$2_x = 625 \text{ N} \cdot \cos 85.0° = 54.5 \text{ N}$
$1_y = 445 \text{ N} \cdot \sin 35.0° = 255.2 \text{ N}$
$2_y = -625 \text{ N} \cdot \sin 85.0° = -622.6 \text{ N}$
$\Sigma F_{x \to +} = 0$
$1_x + 2_x + 3_x = 0$
$3_x = -(1_x + 2_x) = -(364.5 \text{ N} + 54.5 \text{ N}) = -419 \text{ N}$
$\Sigma F_{y \uparrow +} = 0$
$1_y + 2_y + 3_y = 0$
$3_y = -(1_y + 2_y) = -(255.2 \text{ N} - 622.6 \text{ N}) = 367 \text{ N}$
$|3| = \sqrt{(-419 \text{ N})^2 + (367 \text{ N})^2} = 557 \text{ N}$
$\theta_3 = \tan^{-1} \dfrac{367 \text{ N}}{-419 \text{ N}} + 180° = 139°$

10.

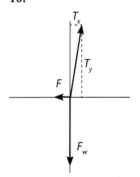

$T_x - F = 0$
$T_x = F = 36.5$ N
$\tan 19° = \dfrac{T_x}{T_y}$
$T_y = \dfrac{T_x}{\tan 19°}$
$T_y - F_w = 0$
$F_w = T_y = \dfrac{T_x}{\tan 19°} = \dfrac{36.5\text{ N}}{\tan 19°} = 106$ N
$\boxed{F_w = 110\text{ N}}$

11.

$T_y = F_w = 75$ N
$T_x = F = 150.0$ N
$\theta = \tan^{-1} \dfrac{75\text{ N}}{150.0\text{ N}} = 26.6°$ (relative to the positive x-axis)

$\theta = 90° - 26.6° = 63.4°$ (as shown in the figure)
$\boxed{\theta = 63°}$

12.

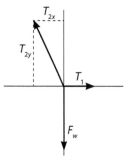

$T_1 = T_{2x} = 652$ N
$\tan 65.0° = \dfrac{T_{2y}}{T_{2x}}$
$T_{2y} = T_{2x} \cdot \tan 65.0° = 652\text{ N} \cdot \tan 65.0° = 1398$ N
$F_w = T_{2y} = 1.40 \times 10^3$ N

Chapter 4

13.

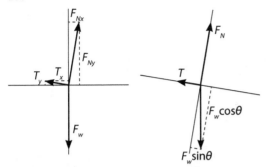

It's simpler just to use a tilted coordinate system.

$T = F_w \sin\theta = 9525 \text{ N} \cdot \sin 9.5° = 1572 \text{ N}$

$\boxed{T = 1600 \text{ N}}$

14.

$T = \dfrac{F_{w1}}{2} = \dfrac{40.00 \text{ N}}{2} = 20.00 \text{ N}$

$F_{w2} = T = 20.00 \text{ N}$

15.

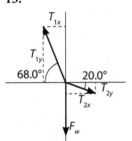

69

$F_w = mg = 559$ N
$T_{2x} - T_{1x} = 0$
$T_{2x} = T_{1x}$
$T_2 \cos 20.0° = T_1 \cos 68.0°$
$T_2 = T_1 \dfrac{\cos 68.0°}{\cos 20.0°}$
$\Sigma F_{y\uparrow +} = 0$
$T_{1y} - T_{2y} - F_w = 0$
$T_1 \sin 68.0° - T_2 \sin 20.0° - F_w = 0$
$T_1 \sin 68.0° - T_1 \dfrac{\cos 68.0°}{\cos 20.0°} \sin 20.0° - F_w = 0$
$T_1 (\sin 68.0° - \cos 68.0° \tan 20.0°) = F_w = 559$ N
$T_1 = \dfrac{559 \text{ N}}{\sin 68.0° - \cos 68.0° \tan 20.0°} = 706.8$ N
$\boxed{T_1 = 707 \text{ N}}$
$T_2 = T_1 \dfrac{\cos 68.0°}{\cos 20.0°} = 706.8 \text{ N} \cdot \dfrac{\cos 68.0°}{\cos 20.0°} = 282$ N

16.

$F_{w1} = T_1 = 125$ N

left knot   right knot

$T_{1y} = F_{w2}$
$T_{1y} = T_1 \cos 31.0° = 125 \text{ N} \cdot \cos 31.0° = 107.1$ N
$\boxed{F_{w2} = 107 \text{ N}}$
$T_{1x} = T_2$
$T_{1x} = T_1 \sin 31.0° = 125 \text{ N} \cdot \sin 31.0° = 64.4$ N
$T_2 = T_{3x} = 64.4$ N
$\tan 35.0° = \dfrac{T_{3x}}{T_{3y}}$
$T_{3y} = \dfrac{T_{3x}}{\tan 35.0°} = \dfrac{64.4 \text{ N}}{\tan 35.0°} = 91.97$ N
$F_{w3} = T_{3y} = 91.97$ N
$\boxed{F_{w3} = 92.0 \text{ N}}$

17.

For $\mathbf{F}_1$: 1.00 m · 10.0 N = 10.0 m · N, CCW

For $\mathbf{F}_2$: 0.50 m · 10.0 N = 5.0 m · N, CCW

For $\mathbf{F}_3$: 0

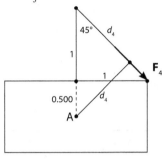
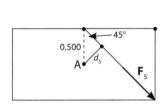

For $\mathbf{F}_4$:

$2d_4^2 = (1.50 \text{ m})^2$

$d_4 = \sqrt{\dfrac{(1.50 \text{ m})^2}{2}} = 1.061 \text{ m}$

$\tau_4 = d_4 F_4 = 1.061 \text{ m} \cdot 10.0 \text{ N} = 11 \text{ m} \cdot \text{N, CW}$

(The angle of $\mathbf{F}_4$ is known to only two digits of precision.)

For $\mathbf{F}_5$:

$2d_5^2 = (0.500 \text{ m})^2$

$d_5 = \sqrt{\dfrac{(0.500 \text{ m})^2}{2}} = 0.3536 \text{ m}$

$\tau_5 = d_5 F_5 = 0.3536 \text{ m} \cdot 10.0 \text{ N} = 3.5 \text{ m} \cdot \text{N, CW}$

18.

The torques for the 0.1990 N and 0.1250 N forces are both zero.

For the 0.1750 N force, τ = 1.250 m · 0.1750 N = 0.2188 m · N, CW

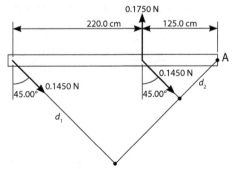

For the 0.1450-N force on the left:

71

$2d_1^2 = (3.450 \text{ m})^2$

$d_1 = \sqrt{\dfrac{(3.450 \text{ m})^2}{2}} = 2.4395 \text{ m}$

$\tau = d_1 \cdot 0.1450 \text{ N} = 2.4395 \text{ m} \cdot 0.1450 \text{ N} = 0.3537 \text{ m} \cdot \text{N, CCW}$

For the 0.1450-N force on the right:

$2d_2^2 = (1.250 \text{ m})^2$

$d_1 = \sqrt{\dfrac{(1.250 \text{ m})^2}{2}} = 0.8839 \text{ m}$

$\tau = d_2 \cdot 0.1450 \text{ N} = 0.8839 \text{ m} \cdot 0.1450 \text{ N} = 0.1282 \text{ m} \cdot \text{N, CCW}$

19.

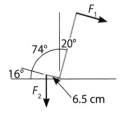

$\tau_1 = 0.300 \text{ m} \cdot 178 \text{ N} = 53.4 \text{ m} \cdot \text{N}$

$\tau_2 = 0.065 \text{ m} \cdot \cos 16° \cdot F_{nail}$

$\tau_1 = \tau_2$

$0.065 \text{ m} \cdot \cos 16° \cdot F_{nail} = 53.4 \text{ m} \cdot \text{N}$

$F_{nail} = \dfrac{53.4 \text{ m} \cdot \text{N}}{0.065 \text{ m} \cdot \cos 16°} = 854.6 \text{ N}$

$\boxed{F_{nail} = 850 \text{ N}}$

20.

$F_{f,k} = \mu_k F_N = 0.72 \cdot 9525 \text{ N} = 6858 \text{ N}$

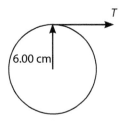

$F_{f,k} = T = 6858 \text{ N}$

$\tau = rT = 0.0600 \text{ m} \cdot 6858 \text{ N} = 411 \text{ m} \cdot \text{N}$

$\boxed{\tau = 410 \text{ m} \cdot \text{N}}$

21.

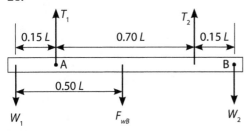

Select a point for summing torques where one of the unknown forces is (point A or B).

$F_{w1} = 175$ N

$F_{wB} = 225$ N

$T_2 = 195$ N

$\Sigma \tau_{\text{CCW A+}} = 0$

$0.15L \cdot F_{w1} + 0.70L \cdot T_2 - 0.35L \cdot F_{wB} - 0.85L \cdot F_{w2} = 0$

$F_{w2} = \dfrac{0.15L \cdot F_{w1} + 0.70L \cdot T_2 - 0.35L \cdot F_{wB}}{0.85L} = \dfrac{0.15 \cdot 175 \text{ N} + 0.70 \cdot 195 \text{ N} - 0.35 \cdot 225 \text{ N}}{0.85} = 98.8$ N

$\boxed{F_{w2} = 99 \text{ N}}$

$\Sigma F_{\uparrow +} = 0$

$T_1 + T_2 - F_{w1} - F_{wB} - F_{w2} = 0$

$T_1 = F_{w1} + F_{wB} + F_{w2} - T_2 = 175 \text{ N} + 225 \text{ N} + 98.8 \text{ N} - 195 \text{ N} = 304$ N

22.

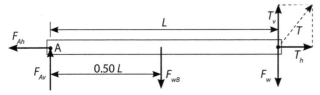

$F_w = 355$ N

$F_{wB} = 1350$ N

$\Sigma \tau_{\text{CCW A+}} = 0$

$L \cdot T_v - 0.50L \cdot F_{wB} - L \cdot F_w = 0$

$T \sin 51.0° = 0.50 \cdot F_{wB} + F_w$

$T = \dfrac{0.50 \cdot F_{wB} + F_w}{\sin 51.0°} = \dfrac{0.50 \cdot 1350 \text{ N} + 355 \text{ N}}{\sin 51.0°} = 1325$ N

$\Sigma F_{h \to +} = 0$

$T_h - F_{Ah} = 0$

$T \cos 51.0° - F_{Ah} = 0$

$F_{Ah} = T \cos 51.0° = 1325 \text{ N} \cdot \cos 51.0° = 834$ N

$\Sigma F_{v\uparrow +} = 0$

$T_v + F_{Av} - F_w - F_{wB} = 0$

$F_{Av} = F_w + F_{wB} - T_v = 355 \text{ N} + 1350 \text{ N} - 1325 \text{ N} \cdot \sin 51.0° = 675$ N

23.

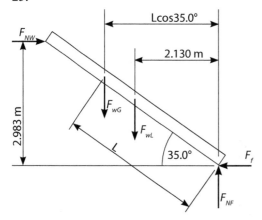

Let Mr. Orange's position up the ladder be L. The maximum value of static friction is:

$F_{wL} = 222$ N

$F_{wG} = 805$ N

$\mu_s = 0.825$

$F_f = \mu_s F_{NF}$

$F_{NF} = F_{wL} + F_{wG} = 222 \text{ N} + 805 \text{ N} = 1027$ N

$F_{f,s,max} = 0.825 \cdot 1027 \text{ N} = 847.3$ N

$F_{f,s,max} = F_{NW,max}$

Now sum torques about an axis through the bottom corner to get an expression including L and The maximum normal force from the wall, $F_{NW,max}$:

Chapter 4

$$\Sigma\tau_{CCW\ FOOT+} = 0$$
$$L\cos 35.0° \cdot F_{wG} + 2.130\ \text{m} \cdot F_{wL} - 2.983\ \text{m} \cdot F_{NW,max} = 0$$
$$L = \frac{2.983\ \text{m} \cdot F_{NW,max} - 2.130\ \text{m} \cdot F_{wL}}{\cos 35.0° \cdot F_{wG}} = \frac{2.983\ \text{m} \cdot 847.3\ \text{N} - 2.130\ \text{m} \cdot 222\ \text{N}}{\cos 35.0° \cdot 805\ \text{N}} = 3.11\ \text{m}$$

This is just 59.8% of the way along the length of the ladder.

24.

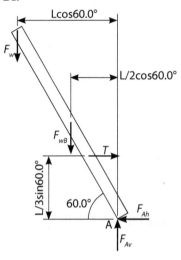

$F_{wB} = 4450\ \text{N}$
$T_{max} = 140,250\ \text{N}$
$\Sigma\tau_{CCW\ A+} = 0$
$$L\cos 60.0° \cdot F_w + \frac{L}{2}\cos 60.0° \cdot F_{wB} - \frac{L}{3}\sin 60.0° \cdot T_{max} = 0$$
$$F_w = \frac{\frac{1}{3}\sin 60.0° \cdot T_{max} - \frac{1}{2}\cos 60.0° \cdot F_{wB}}{\cos 60.0°} = \frac{\frac{1}{3}\sin 60.0° \cdot 140,250\ \text{N} - \frac{1}{2}\cos 60.0° \cdot 4450\ \text{N}}{\cos 60.0°} = 78,700\ \text{N}$$

25.

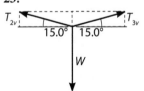

From the FBD at the connection above the weight, $T_{2v} = T_{3v} = W/2$. This means

$$T_2 = \frac{T_{2v}}{\sin 15.0°} = \frac{W}{2\sin 15.0°}$$

We call the length of the power pole L. Summing torques about an axis through point A:

75

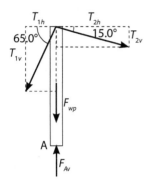

$W = 4200 \text{ N}$

$\Sigma \tau_{\text{CCW A+}} = 0$

$L \cdot T_{1h} - L \cdot T_{2h} = 0$

$T_{1h} = T_{2h}$

$T_1 \cos 65.0° = T_2 \cos 15.0°$

$T_1 = \dfrac{T_2 \cos 15.0°}{\cos 65.0°} = \dfrac{W \cos 15.0°}{2 \sin 15.0° \cos 65.0°} = \dfrac{4200 \text{ N}}{2 \tan 15.0° \cos 65.0°} = 18{,}540 \text{ N}$

$\boxed{T_1 = 19{,}000 \text{ N}}$

Now summing vertical forces to get the downward force on the bracket:

$F_{wp} = 3200 \text{ N}$

$T_2 = \dfrac{W}{2 \sin 15.0°} = \dfrac{4200 \text{ N}}{2 \sin 15.0°} = 8114 \text{ N}$

$\Sigma F_{v\uparrow+} = 0$

$F_{Av} - T_{1v} - T_{2v} - F_{wp} = 0$

$F_{Av} = T_{1v} + T_{2v} + F_{wp} = T_1 \sin 65.0° + T_2 \sin 15.0° + F_{wp}$

$F_{Av} = 18{,}540 \text{ N} \cdot \sin 65.0° + 8114 \text{ N} \cdot \sin 15.0° + 3200 \text{ N} = 22{,}100 \text{ N}$

This is the force on the pole, so the force on the connection is equal and opposite (downward).

26.

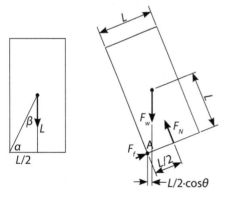

Looking at torques about an axis through point A, for smalls values of θ F_N produces a CCW torque and F_w produces a CW torque. They balance until the angle θ is great enough to make

Chapter 4

the line containing F_w moves to the left of point A, at which point the torque caused by F_w is CCW. At that point, both torques will be CCW and the block will topple. From the diagram on the left, we see that is occurs when θ exceeds β. This is because when $\theta = 0$, F_w points toward the base of the block, and when $\theta = \beta$, F_w points at the corner of the block.

$$\tan \beta = \frac{L/2}{L} = \frac{1}{2}$$

$$\beta = \tan^{-1}\frac{1}{2} = 26.6°$$

27.

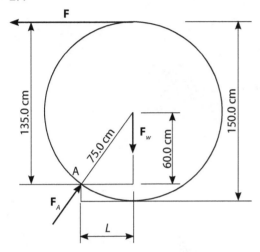

Sum torques about the point at the corner of the step because there is an unknown force here, F_A, that will not appear in the torque equation.

$L = \sqrt{(75.0 \text{ cm})^2 - (60.0 \text{ cm})^2} = 45.0 \text{ cm}$

$F_w = 475 \text{ N}$

$\Sigma \tau_{\text{CCW A+}} = 0$

$135.0 \text{ cm} \cdot F - 45.0 \text{ cm} \cdot F_w = 0$

$F = \dfrac{45.0 \text{ cm} \cdot F_w}{135.0 \text{ cm}} = \dfrac{45.0 \text{ cm} \cdot 475 \text{ N}}{135.0 \text{ cm}} = 158 \text{ N}$

28.

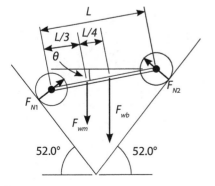 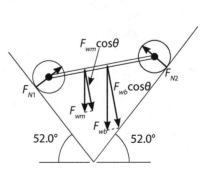

77

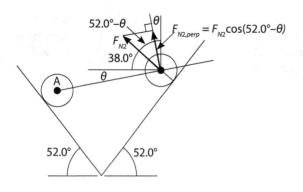

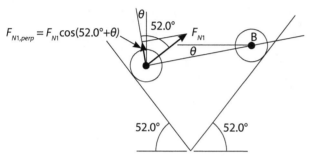

Begin by summing torques around both points A and B:

$$\frac{F_{wb}}{F_{wm}} = 2.7$$

$$F_{wb} = 2.7 F_{wm}$$

$$\Sigma \tau_{\text{CCW A+}} = 0$$

$$L \cdot F_{N2} \cos(52.0° - \theta) - \frac{L}{3}\cos\theta \cdot F_{wm} - \frac{7L}{12}\cos\theta \cdot F_{wb} = 0$$

$$F_{N2} \cos(52.0° - \theta) - \frac{1}{3}\cos\theta \cdot F_{wm} - \frac{18.9}{12}\cos\theta \cdot F_{wm} = 0$$

$$\Sigma \tau_{\text{CCW B+}} = 0$$

$$\frac{2L}{3}\cos\theta \cdot F_{wm} + \frac{5L}{12}\cos\theta \cdot F_{wb} - L \cdot F_{N1} \cos(52.0° + \theta) = 0$$

$$\frac{2}{3}\cos\theta \cdot F_{wm} + \frac{13.5}{12}\cos\theta \cdot F_{wm} - F_{N1} \cos(52.0° + \theta) = 0$$

$$\frac{43}{24}\cos\theta \cdot F_{wm} - F_{N1} \cos(52.0° + \theta) = 0$$

Now sum forces in both horizontal and vertical directions:

$$\Sigma F_{v\uparrow+} = 0$$

$$F_{N1}\cos 52.0° + F_{N2}\cos 52.0° - F_{wm} - F_{wb} = 0$$

$$F_{N1}\cos 52.0° + F_{N2}\cos 52.0° - 3.7 F_{wm} = 0$$

$\Sigma F_{h\to +} = 0$

$F_{N1} \sin 52.0° - F_{N2} \sin 52.0° = 0$

$F_{N1} \sin 52.0° = F_{N2} \sin 52.0°$

$F_{N1} = F_{N2}$

Now we work backwards through the equations, eliminating variables.

$F_{N1} \cos 52.0° + F_{N1} \cos 52.0° - 3.7 F_{wm} = 0$

$2 F_{N1} \cos 52.0° = 3.7 F_{wm}$

$F_{N1} = \dfrac{3.7 F_{wm}}{2 \cos 52.0°} = \dfrac{1.85 F_{wm}}{\cos 52.0°}$

$\dfrac{43}{24} \cos\theta \cdot F_{wm} - \dfrac{1.85 F_{wm}}{\cos 52.0°} \cos(52.0° + \theta) = 0$

$\dfrac{43}{24} \cos\theta = \dfrac{1.85}{\cos 52.0°} \cos(52.0° + \theta)$

$\dfrac{43 \cos 52.0°}{24 \cdot 1.85} = \dfrac{\cos(52.0° + \theta)}{\cos\theta}$

$0.5962 = \dfrac{\cos 52.0° \cos\theta - \sin 52.0° \sin\theta}{\cos\theta}$

$0.5962 = \cos 52.0° - \sin 52.0° \tan\theta$

$\dfrac{0.5962 - \cos 52.0°}{\sin 52.0°} = -\tan\theta$

$\theta = \tan^{-1}(0.02464) = 1.4°$

Now that we are finished, we can see that we only needed one of the torque summing equations (and thus, only one of the complicated diagrams showing points A and B).

29.

$v_0 = 0$

$a = 2.11 \; \dfrac{m}{s^2}$

$d = 100.0 \; m$

$t = ?$

$d = \cancel{v_0 t} + \tfrac{1}{2} a t^2$

$t = \sqrt{\dfrac{2d}{a}} = \sqrt{\dfrac{2 \cdot 100.0 \; m}{2.11 \; \dfrac{m}{s^2}}} = 9.74 \; s$

30.

Use half the total time to calculate the displacement on the upward half of the flight.

$$t = \frac{4.75 \text{ s}}{2} = 2.375 \text{ s}$$

$$a = -g = -9.80 \frac{\text{m}}{\text{s}^2}$$

$$v_f = 0$$

$$d = ?$$

$$\cancel{v_f} = v_0 + at$$

$$v_0 = -at = 9.80 \frac{\text{m}}{\text{s}^2} \cdot 2.375 \text{ s} = 23.275 \frac{\text{m}}{\text{s}}$$

$$d = v_0 t + \tfrac{1}{2}at^2 = 23.275 \frac{\text{m}}{\text{s}} \cdot 2.375 \text{ s} - 0.5 \cdot 9.80 \frac{\text{m}}{\text{s}^2} \cdot (2.375 \text{ s})^2 = 27.6 \text{ m}$$

Chapter 5

10.

$P = 12.5 \text{ kW} = 12,500 \text{ W}$

$t = 4.25 \text{ min} = 255 \text{ s}$

$U = ?$

$P = \dfrac{U}{t}$

$U = Pt = 12,500 \text{ W} \cdot 255 \text{ s} = 3,190,000 \text{ J} = 3.19 \text{ MJ}$

11.

$P_{in} = 450 \text{ hp} \cdot \dfrac{746 \text{ W}}{\text{hp}} = 335,700 \text{ W}$

$\text{eff} = 0.92$

$P_{out} = P_{in} \cdot \text{eff} = 335,700 \text{ W} \cdot 0.92 = 310,000 \text{ W} = 310 \text{ kW}$

12.

$P_{out} = 250 \text{ hp} \cdot \dfrac{746 \text{ W}}{\text{hp}} = 186,500 \text{ W}$

$U_{in} = 311 \text{ MJ} = 311,000,000 \text{ J}$

$t = 5.0 \text{ min} = 300 \text{ s}$

$P_{in} = \dfrac{U_{in}}{t} = \dfrac{311,000,000 \text{ J}}{300 \text{ s}} = 1,037,000 \text{ W}$

$\text{eff} = \dfrac{P_{out}}{P_{in}} \cdot 100\% = \dfrac{186,500 \text{ W}}{1,037,000 \text{ W}} = 18\%$

13.

$m = 55.0 \text{ g} = 0.0550 \text{ kg}$

$v = 1250 \ \dfrac{\text{m}}{\text{s}}$

$U_K = ?$

$U_K = \tfrac{1}{2} m v^2 = 0.5 \cdot 0.0550 \text{ kg} \cdot \left(1250 \ \dfrac{\text{m}}{\text{s}}\right)^2 = 42,970 \text{ J}$

$U_K = 4.30 \times 10^4 \text{ J}$

14.

The U_K is entirely converted into U_G.

$U_G = 42,970$ J
$U_G = mgh$
$h = \dfrac{U_G}{mg} = \dfrac{42,970 \text{ J}}{0.0550 \text{ kg} \cdot 9.80 \dfrac{m}{s^2}} = 79,700$ m

---

15.

$V = 3.00 \times 10^6$ gal $\cdot \dfrac{3.785 \text{ L}}{\text{gal}} \cdot \dfrac{1 \text{ m}^3}{1000 \text{ L}} = 11,355$ m^3

$\rho = \dfrac{m}{V}$

$m = \rho V = 998 \dfrac{\text{kg}}{\text{m}^3} \cdot 11,355 \text{ m}^3 = 11,330,000$ kg

$h = 55.7$ m

$U_G = ?$

$U_G = mgh = 11,330,000 \text{ kg} \cdot 9.80 \dfrac{\text{m}}{\text{s}^2} \cdot 55.7 \text{ m} = 6.185 \times 10^9$ J

$U_G = 6.19 \times 10^9$ J $= 6.19$ GJ

16.

$t = 4.25$ dy $\cdot \dfrac{24 \text{ hr}}{\text{dy}} \cdot \dfrac{3600 \text{ s}}{\text{hr}} = 367,200$ s

$P = \dfrac{U}{t} = \dfrac{6.185 \times 10^9 \text{ J}}{367,200 \text{ s}} = 16,800$ W

17.

$v = 95 \dfrac{\text{mi}}{\text{hr}} \cdot \dfrac{1609 \text{ m}}{\text{mi}} \cdot \dfrac{1 \text{ hr}}{3600 \text{ s}} = 42.5 \dfrac{\text{m}}{\text{s}}$

$m = 160$ g $= 0.16$ kg

$U_K = \tfrac{1}{2}mv^2 = 0.5 \cdot 0.16 \text{ kg} \cdot \left(42.5 \dfrac{\text{m}}{\text{s}}\right)^2 = 140$ J

18.

The work done goes to the kinetic energy the proton has after 10.0 m.

$m = 1.673 \times 10^{-27}$ kg
$d = 10.0$ m
$v_f = 0.225 \cdot 2.998 \times 10^8 \; \dfrac{\text{m}}{\text{s}}$

$U_K = \tfrac{1}{2}mv^2 = 0.5 \cdot 1.673 \times 10^{-27} \text{ kg} \cdot \left(0.225 \cdot 2.998 \times 10^8 \; \dfrac{\text{m}}{\text{s}}\right)^2 = 3.806 \times 10^{-12}$ J

$W = 3.806 \times 10^{-12}$ J
$W = Fd$

$F = \dfrac{W}{d} = \dfrac{3.806 \times 10^{-12} \text{ J}}{10.0 \text{ m}} = 3.81 \times 10^{-13}$ N

19.

$m = 15 \text{ g} = 0.015$ kg
$U_K = 5421$ J
$t = 1.00$ s
$v = ?$

$U_K = \tfrac{1}{2}mv^2$

$v = \sqrt{\dfrac{2U_K}{m}} = \sqrt{\dfrac{2 \cdot 5421 \text{ J}}{0.015 \text{ kg}}} = 850.2 \; \dfrac{\text{m}}{\text{s}}$

$d = vt = 850.2 \; \dfrac{\text{m}}{\text{s}} \cdot 1.00 \text{ s} = 850$ m

20.

$\Delta x = 41.5 \text{ cm} - 35.0 \text{ cm} = 6.5 \text{ cm} = 0.065$ m
$m = 3.75$ kg

$F_w = mg = 3.75 \text{ kg} \cdot 9.80 \; \dfrac{\text{m}}{\text{s}^2} = 36.75$ N

$F = k\Delta x$

$k = \dfrac{F}{\Delta x} = \dfrac{36.75 \text{ N}}{0.065 \text{ m}} = 565 \; \dfrac{\text{N}}{\text{m}}$

$\boxed{k = 570 \; \dfrac{\text{N}}{\text{m}}}$

21.

$\Delta x = 35.0 \text{ cm} - 29.1 \text{ cm} = 5.9 \text{ cm} = 0.059$ m

$U_E = \tfrac{1}{2}k(\Delta x)^2 = 0.5 \cdot 565 \; \dfrac{\text{N}}{\text{m}} \cdot (0.059 \text{ m})^2 = 0.98$ J

22.

$\Delta x = 12.0 \text{ cm} = 0.120 \text{ m}$

$k = 175 \, \dfrac{\text{N}}{\text{m}}$

$F = k\Delta x = 175 \, \dfrac{\text{N}}{\text{m}} \cdot 0.120 \text{ m} = 21.0 \text{ N}$

23.

$t = 175 \text{ ms} = 0.175 \text{ s}$

$W = U_E$

$U_E = \tfrac{1}{2} k(\Delta x)^2 = 0.5 \cdot 175 \, \dfrac{\text{N}}{\text{m}} \cdot (0.120 \text{ m})^2 = 1.260 \text{ J}$

$W = 1.260 \text{ J}$

$P = \dfrac{W}{t} = \dfrac{1.260 \text{ J}}{0.175 \text{ s}} = 7.20 \text{ W}$

24.

For part 1:

$m = 1550 \text{ kg}$

$v_f = 15.0 \, \dfrac{\text{m}}{\text{s}}$

$v_i = 10.0 \, \dfrac{\text{m}}{\text{s}}$

$U_{Kf} = \tfrac{1}{2} m v_f^2 = 0.5 \cdot 1550 \text{ kg} \cdot \left(15.0 \, \dfrac{\text{m}}{\text{s}} \right)^2 = 174{,}400 \text{ J}$

$U_{Ki} = \tfrac{1}{2} m v_i^2 = 0.5 \cdot 1550 \text{ kg} \cdot \left(10.0 \, \dfrac{\text{m}}{\text{s}} \right)^2 = 77{,}500 \text{ J}$

$W = U_{Kf} - U_{Ki} = 174{,}400 \text{ J} - 77{,}500 \text{ J} = 96{,}900 \text{ J}$

For part 2:

$v_f = 30.0 \, \dfrac{\text{m}}{\text{s}}$

$v_i = 25.0 \, \dfrac{\text{m}}{\text{s}}$

$U_{Kf} = \tfrac{1}{2} m v_f^2 = 0.5 \cdot 1550 \text{ kg} \cdot \left(30.0 \, \dfrac{\text{m}}{\text{s}} \right)^2 = 697{,}500 \text{ J}$

$U_{Ki} = \tfrac{1}{2} m v_i^2 = 0.5 \cdot 1550 \text{ kg} \cdot \left(25.0 \, \dfrac{\text{m}}{\text{s}} \right)^2 = 484{,}400 \text{ J}$

$W = U_{Kf} - U_{Ki} = 697{,}500 \text{ J} - 484{,}400 \text{ J} = 213{,}000 \text{ J}$

25.

$m = 2530$ kg

$v_i = 17.5 \, \dfrac{\text{m}}{\text{s}}$

$d = 26.0$ m

$U_{Ki} = \tfrac{1}{2}mv^2 = 0.5 \cdot 2530 \text{ kg} \cdot \left(17.5 \, \dfrac{\text{m}}{\text{s}}\right)^2 = 387{,}400$ J

$W = U_{Ki} = 387{,}000$ J

26.

$P = 45 \text{ hp} \cdot \dfrac{746 \text{ W}}{\text{hp}} = 33{,}600$ W

$v = 24.0 \, \dfrac{\text{mi}}{\text{hr}} \cdot \dfrac{1609 \text{ m}}{\text{mi}} \cdot \dfrac{1 \text{ hr}}{3600 \text{ s}} = 10.7 \, \dfrac{\text{m}}{\text{s}}$

$t = 1$ s

$d = vt = 10.7$ m

$P = \dfrac{W}{t}$

$W = Pt = 33{,}600$ J

$W = Fd$

$F = \dfrac{W}{d} = \dfrac{33{,}600 \text{ J}}{10.7 \text{ m}} = 3100$ N

27.

The answers to parts (a) and (b) are the same, since the work done on the bullet is done by friction, which converts all the kinetic energy into heat.

$m = 45.5 \text{ g} = 0.0455 \text{ kg}$

$v_i = 650 \dfrac{\text{m}}{\text{s}}$

$d = 7.55 \text{ cm} = 0.0755 \text{ m}$

$U_{Ki} = \tfrac{1}{2}mv_i^2 = 0.5 \cdot 0.0455 \text{ kg} \cdot \left(650 \dfrac{\text{m}}{\text{s}}\right)^2 = 9612 \text{ J}$

$W = U_{Ki} = 9600 \text{ J}$

$W = Fd$

$F = \dfrac{W}{d} = \dfrac{9612 \text{ J}}{0.0755 \text{ m}} = 127{,}300 \text{ N}$

$a = \dfrac{F}{m} = \dfrac{127{,}300 \text{ N}}{0.0455 \text{ kg}} = 2{,}798{,}000 \dfrac{\text{m}}{\text{s}^2}$

$\cancel{v_f} = v_0 + at$

$t = \dfrac{v_0}{a} = \dfrac{650 \dfrac{\text{m}}{\text{s}}}{2{,}798{,}000 \dfrac{\text{m}}{\text{s}^2}} = 2.3 \times 10^{-4} \text{ s} = 0.23 \text{ ms}$

---

28. a.

$F = 1550 \text{ N}$

$d = 8.5 \text{ m}$

$W = Fd = 1550 \text{ N} \cdot 8.5 \text{ m} = 13{,}175 \text{ J}$

$\boxed{W = 13{,}000 \text{ J}}$

---

28. b.

$\theta = 22.5°$

$W = Fd\cos\theta = 1550 \text{ N} \cdot 8.5 \text{ m} \cdot \cos 22.5° = 12{,}172 \text{ J}$

$\boxed{W = 12{,}000 \text{ J}}$

---

28. c.

$t = 45 \text{ s}$

$P = \dfrac{U}{t} = \dfrac{13{,}175 \text{ J}}{45 \text{ s}} = 293 \text{ W}$

$\boxed{P = 290 \text{ W}}$

29.

$P_{total} = 293 \text{ W} = 75 \text{ W} = 368 \text{ W}$

$\text{eff} = \dfrac{P_{useful}}{P_{total}} \cdot 100\% = \dfrac{293 \text{ W}}{368 \text{ W}} \cdot 100\% = 79.6\%$

$\text{eff} = 8.0 \times 10^1 \text{ \%}$

30.

$F_w = 425$ N
$\mu_k = 0.770$
$d = 14.75$ m
$t = 18.5$ s
$F_N = F_w$
$F_f = \mu_k F_N = 0.770 \cdot 425$ N $= 327.3$ N
$\boxed{F_f = 327 \text{ N}}$
$W = Fd = 327.3$ N $\cdot 14.75$ m $= 4828$ J
$\boxed{W = 4830 \text{ J}}$
$d = vt$
$v = \dfrac{d}{t} = \dfrac{14.75 \text{ m}}{18.5 \text{ s}} = 0.7973 \dfrac{\text{m}}{\text{s}}$
$\boxed{v = 0.797 \dfrac{\text{m}}{\text{s}}}$
$m = \dfrac{F_w}{g} = \dfrac{425 \text{ N}}{9.80 \dfrac{\text{m}}{\text{s}^2}} = 43.37$ kg

$U_K = \tfrac{1}{2}mv^2 = 0.5 \cdot 43.37 \text{ kg} \cdot \left(0.7973 \dfrac{\text{m}}{\text{s}}\right)^2 = 13.78$ J
$W_{total} = W_f + U_K = 4828$ J $+ 13.78$ J $= 4840$ J

31.

$F_w = 520$ N
$d = 3.25$ m
$W = Fd = 520$ N $\cdot 3.25$ m $= 1700$ N

---

32. a.

$m = 4525$ kg
$d = 21.75$ m
$t = 15.5$ s
$F_w = mg = 4525 \text{ kg} \cdot 9.80 \dfrac{\text{m}}{\text{s}^2} = 44{,}350$ N
$W = Fd = 44{,}350$ N $\cdot 21.75$ m $= 964{,}600$ J
$\boxed{W = 965{,}000 \text{ J}}$

---

32. b.

$P = \dfrac{W}{t} = \dfrac{964{,}600 \text{ J}}{15.5 \text{ s}} = 62{,}200$ W $= 62.2$ kW

33.

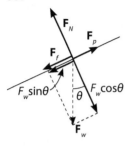

$m = 65$ kg
$\mu_k = 0.33$
$\theta = 25.0°$
$d = 7.5$ m

$F_w = mg = 65 \text{ kg} \cdot 9.80 \, \frac{\text{m}}{\text{s}^2} = 637$ N

$F_p - F_f - F_w \sin\theta = 0$
$F_p = F_f + F_w \sin\theta$
$F_f = \mu_k F_N = \mu_k F_w \cos\theta$
$F_p = \mu_k F_w \cos\theta + F_w \sin\theta = F_w(\mu_k \cos\theta + \sin\theta)$
$F_p = 637 \text{ N} \cdot (0.33 \cdot \cos 25.0° + \sin 25.0°) = 459.7$ N
$W = F_p d = 459.7 \text{ N} \cdot 7.5 \text{ m} = 3448$ J
$\boxed{W = 3400 \text{ J}}$

34.

$F_w = 175 \text{ lb} \cdot \dfrac{4.448 \text{ N}}{\text{lb}} = 778.4$ N

$d = 45 \text{ ft} \cdot \dfrac{0.3048 \text{ m}}{\text{ft}} = 13.7$ m

$t = 11$ s

$W = F_w d = 778.4 \text{ N} \cdot 13.7 \text{ m} = 10{,}660$ J

$\boxed{W = 11{,}000 \text{ J}}$

$P = \dfrac{W}{t} = \dfrac{10{,}660 \text{ J}}{11 \text{ s}} = 969$ W

$\boxed{P = 970 \text{ W}}$

35.

$v_i = 12.0 \ \dfrac{m}{s}$

$h_i = 23.0 \ m$

$U_{Gi} + U_{Ki} = \cancel{U_{Gf}} + U_{Kf}$

$U_{Kf} = U_{Gi} + U_{Ki}$

$\tfrac{1}{2}mv_f^2 = mgh_i + \tfrac{1}{2}mv_i^2$

$v_f^2 = 2gh_i + v_i^2$

$v_f = \sqrt{2gh_i + v_i^2} = \sqrt{2 \cdot 9.80 \ \dfrac{m}{s^2} \cdot 23.0 \ m + \left(12.0 \ \dfrac{m}{s}\right)^2} = 24.4 \ \dfrac{m}{s}$

36.

$v_i = 1.65 \ \dfrac{m}{s}$

$h_i = 2.5 \ m \cdot \sin 32° = 1.32 \ m$

$U_{Gi} + U_{Ki} = \cancel{U_{Gf}} + U_{Kf}$

$U_{Kf} = U_{Gi} + U_{Ki}$

$\tfrac{1}{2}mv_f^2 = mgh_i + \tfrac{1}{2}mv_i^2$

$v_f^2 = 2gh_i + v_i^2$

$v_f = \sqrt{2gh_i + v_i^2} = \sqrt{2 \cdot 9.80 \ \dfrac{m}{s^2} \cdot 1.32 \ m + \left(1.65 \ \dfrac{m}{s}\right)^2} = 5.3 \ \dfrac{m}{s}$

37.

$m = 45.0 \ g = 0.045 \ kg$

$v_i = 775 \ \dfrac{m}{s}$

$v_f = 561 \ \dfrac{m}{s}$

$d = 5.00 \ cm = 0.0500 \ m$

$U_{Ki} = U_{Kf} + W_f$

$W_f = U_{Ki} - U_{Kf} = \tfrac{1}{2}mv_i^2 - \tfrac{1}{2}mv_f^2 = \tfrac{1}{2}m\left(v_i^2 - v_f^2\right) = 0.5 \cdot 0.045 \ kg \cdot \left(\left(775 \ \dfrac{m}{s}\right)^2 - \left(561 \ \dfrac{m}{s}\right)^2\right) = 6433 \ J$

$W_f = F_f d$

$F_f = \dfrac{W_f}{d} = \dfrac{6433 \ J}{0.0500 \ m} = 129{,}000 \ N$

38.

$v_i = 4.75 \dfrac{m}{s}$

$\mu_k = 0.142$

$F_w = mg = F_N$

$F_f = \mu_k F_N = \mu_k mg$

$U_{Ki} = \tfrac{1}{2} m v_i^2$

$W_f = F_f d = \mu_k mgd$

$U_{Ki} = W_f$

$\tfrac{1}{2} m v_i^2 = \mu_k mgd$

$d = \dfrac{v_i^2}{2\mu_k g} = \dfrac{\left(4.75 \dfrac{m}{s}\right)^2}{2 \cdot 0.142 \cdot 9.80 \dfrac{m}{s^2}} = 8.11 \text{ m}$

Using the second law:

$F_f = \mu_k F_N = \mu_k mg = ma$

$a = -\mu_k g$

$\cancel{v_f^2} = v_0^2 + 2ad$

$d = -\dfrac{v_0^2}{2a} = \dfrac{v_0^2}{2\mu_k g}$

39.

$h_i = 37 \text{ ft} \cdot \dfrac{0.3048 \text{ m}}{\text{ft}} = 11.3 \text{ m}$

$v_f = 11.75 \dfrac{m}{s}$

$F_w = 12 \text{ lb} \cdot \dfrac{4.448 \text{ N}}{\text{lb}} = 53.38 \text{ N}$

$m = \dfrac{F_w}{g} = \dfrac{53.38 \text{ N}}{9.80 \dfrac{m}{s^2}} = 5.45 \text{ kg}$

$U_{Gi} = U_{Kf} + W_f$

$W_f = U_{Gi} - U_{Kf} = mgh_i - \tfrac{1}{2} m v_f^2 = F_f d$

$F_f = \dfrac{mgh_i - \tfrac{1}{2} m v_f^2}{d} = \dfrac{m\left(gh_i - \tfrac{1}{2} v_f^2\right)}{d} = \dfrac{5.45 \text{ kg} \cdot \left(9.80 \dfrac{m}{s^2} \cdot 11.3 \text{ m} - 0.5 \cdot \left(11.75 \dfrac{m}{s}\right)^2\right)}{11.3 \text{ m}} = 20.1 \text{ N}$

$F_f = 2.0 \times 10^1 \text{ N}$

40.

$m = 1275$ kg
$h_f = 17.58$ m
$t = 9.00$ s
$d = v_0 t + \tfrac{1}{2}at^2$
$a = \dfrac{2d}{t^2} = \dfrac{2 \cdot 17.58 \text{ m}}{(9.00 \text{ s})^2} = 0.4341 \; \dfrac{\text{m}}{\text{s}^2}$
$v_f^2 = v_0^2 + 2ad$
$v_f = \sqrt{2ad} = \sqrt{2 \cdot 0.4341 \; \dfrac{\text{m}}{\text{s}^2} \cdot 17.58 \text{ m}} = 3.907 \; \dfrac{\text{m}}{\text{s}}$

$W_{useful} = U_{Gf} + U_{Kf} = mgh_f + \tfrac{1}{2}mv_f^2 = 1275 \text{ kg}\left(9.80 \; \dfrac{\text{m}}{\text{s}^2} \cdot 17.58 \text{ m} + 0.5\left(3.907 \; \dfrac{\text{m}}{\text{s}}\right)^2\right) = 229{,}400 \text{ J}$

$\dfrac{W_{useful}}{W_{input}} = 0.935$

$W_{input} = \dfrac{W_{useful}}{0.935} = \dfrac{229{,}400 \text{ J}}{0.935} = 245{,}300 \text{ J}$

$P = \dfrac{W_{input}}{t} = \dfrac{245{,}300 \text{ J}}{9.00 \text{ s}} = 27{,}250 \text{ W} \cdot \dfrac{1 \text{ hp}}{746 \text{ W}} = 36.5 \text{ hp}$

41.

$F = 1.55$ N
$d = 6.25$ cm $= 0.0625$ m
$m = 2.35$ g $= 0.00235$ kg
$F = Fd = 1.55 \text{ N} \cdot 0.0625 \text{ m} = 0.09688$ J

$\boxed{W = 0.0969 \text{ J}}$

$W = U_{Ki} = \tfrac{1}{2}mv_f^2$

$v_f = \sqrt{\dfrac{2W}{m}} = \sqrt{\dfrac{2 \cdot 0.09688 \text{ J}}{0.00235 \text{ kg}}} = 9.08 \; \dfrac{\text{m}}{\text{s}}$

42.

$F_f = 0.125$ N
$W = W_f + U_{Ki} = F_f d + \tfrac{1}{2}mv_f^2$

$v_f = \sqrt{\dfrac{2(W - F_f d)}{m}} = \sqrt{\dfrac{2 \cdot (0.09688 \text{ J} - 0.125 \text{ N} \cdot 0.0625 \text{ m})}{0.00235 \text{ kg}}} = 8.71 \; \dfrac{\text{m}}{\text{s}}$

43. a.

$L = 13.5$ m
$\theta_i = 37°$
$\theta_f = 12°$
$h_i = L - L\cos\theta_i$
$h_f = L - L\cos\theta_f$
$U_{Gi} = U_{Gf} + U_{Kf}$
$mgh_i = mgh_f + \tfrac{1}{2}mv_f^2$

$v_f = \sqrt{2g(h_i - h_f)} = \sqrt{2g\big((L - L\cos\theta_i) - (L - L\cos\theta_f)\big)}\sqrt{2gL(\cos\theta_f - \cos\theta_i)}$

$v_f = \sqrt{2 \cdot 9.80 \, \tfrac{m}{s^2} \cdot 13.5 \text{ m} \cdot (\cos 12° - \cos 37°)} = 6.9 \, \tfrac{m}{s}$

43. b.

$L = 13.5$ m
$\theta_i = 37°$
$h_i = L - L\cos\theta_i$
$U_{Gi} = U_{Kf}$
$mgh_i = \tfrac{1}{2}mv_f^2$

$v_f = \sqrt{2gh_i} = \sqrt{2gL(1 - \cos\theta_i)} = \sqrt{2 \cdot 9.80 \, \tfrac{m}{s^2} \cdot 13.5 \text{ m} \cdot (1 - \cos 37°)} = 7.3 \, \tfrac{m}{s}$

44.

The ratio of U_{Kf} to U_{Gi} gives the proportion of energy still in the system. Subtracting this from one give the proportion of the original energy that was expended as work against friction.

$h_i = 3.66$ m

$v_f = 5.61 \, \tfrac{m}{s}$

$\dfrac{U_{Kf}}{U_{Gi}} = \dfrac{\tfrac{1}{2}mv_f^2}{mgh_i} = \dfrac{v_f^2}{2gh_i} = \dfrac{\left(5.61 \, \tfrac{m}{s}\right)^2}{2 \cdot 9.80 \, \tfrac{m}{s^2} \cdot 3.66 \text{ m}} = 0.4387$

$1 - 0.4387 = 0.5613$

$\boxed{56.1\%}$

45.

$h_f = 6.7 \text{ ft} \cdot \dfrac{0.3048 \text{ m}}{\text{ft}} = 2.04 \text{ m}$

$v_f = 2.12 \; \dfrac{\text{m}}{\text{s}}$

$m = 4.5 \text{ kg}$

$t = 12.5 \text{ s}$

$W = U_{Gf} + U_{Kf} + W_f$

$U_{Gf} + U_{Kf} = mgh_f + \tfrac{1}{2}mv_f^2 = m\left(gh_f + \tfrac{1}{2}v_f^2\right) = 4.5 \text{ kg} \cdot \left(9.80 \; \dfrac{\text{m}}{\text{s}^2} \cdot 2.04 \text{ m} + 0.5 \cdot \left(2.12 \; \dfrac{\text{m}}{\text{s}}\right)^2\right) = 100.1 \text{ J}$

Since W_f is 20% of the power, it is 20% of the total work involved and $U_{Gf} + U_{Kf}$ is 80% of the total work. So $W_f = 0.25\left(U_{Gf} + U_{Kf}\right)$.

$W_f = 0.25 \cdot 100.1 \text{ J} = 25.03 \text{ J}$

$W = 100.1 \text{ J} + 25.03 \text{ J} = 125.1 \text{ J}$

$P = \dfrac{W}{t} = \dfrac{125.1 \text{ J}}{12.5 \text{ s}} = 10.01 \text{ W} \cdot \dfrac{1 \text{ hp}}{746 \text{ W}} = 0.013 \text{ hp}$

46.

Comparing A and B:

$h_A = 8.55 \text{ cm} = 0.0855 \text{ m}$

$h_B = 2.97 \text{ cm} = 0.0297 \text{ m}$

$h_C = 6.07 \text{ cm} = 0.0607 \text{ m}$

$v_B = 161.5 \; \dfrac{\text{cm}}{\text{s}} = 1.615 \; \dfrac{\text{m}}{\text{s}}$

$U_{GA} + U_{KA} = U_{GB} + U_{KB}$

$mgh_A + \tfrac{1}{2}mv_A^2 = mgh_B + \tfrac{1}{2}mv_B^2$

$v_A^2 = 2gh_B + v_B^2 - 2gh_A$

$v_A = \sqrt{2g(h_B - h_A) + v_B^2} = \sqrt{2 \cdot 9.80 \; \dfrac{\text{m}}{\text{s}^2} \cdot (0.0297 \text{ m} - 0.0855 \text{ m}) + \left(1.615 \; \dfrac{\text{m}}{\text{s}}\right)^2} = 1.23 \; \dfrac{\text{m}}{\text{s}}$

Comparing B and C:

$U_{GB} + U_{KB} = U_{GC} + U_{KC}$

$mgh_B + \tfrac{1}{2}mv_B^2 = mgh_C + \tfrac{1}{2}mv_C^2$

$v_C^2 = 2gh_B + v_B^2 - 2gh_C$

$v_C = \sqrt{2g(h_B - h_C) + v_B^2} = \sqrt{2 \cdot 9.80 \; \dfrac{\text{m}}{\text{s}^2} \cdot (0.0297 \text{ m} - 0.0607 \text{ m}) + \left(1.615 \; \dfrac{\text{m}}{\text{s}}\right)^2} = 1.41 \; \dfrac{\text{m}}{\text{s}}$

47. a.

$m = 445{,}000 \text{ kg}$

$\theta = 2.5°$

$v_f = 30.0 \, \dfrac{\text{km}}{\text{hr}} \cdot \dfrac{1000 \text{ m}}{\text{km}} \cdot \dfrac{1 \text{ hr}}{3600 \text{ s}} = 10.28 \, \dfrac{\text{m}}{\text{s}}$

$h_f = 2250 \text{ m} \cdot \sin 2.5° = 98.14 \text{ m}$

$W = U_{Gf} + U_{Kf} = mgh_f + \tfrac{1}{2}mv_f^2$

$W = m\left(gh_f + \tfrac{1}{2}v_f^2\right) = 445{,}000 \text{ kg} \cdot \left(9.80 \, \dfrac{\text{m}}{\text{s}^2} \cdot 98.14 \text{ m} + 0.5 \cdot \left(10.28 \, \dfrac{\text{m}}{\text{s}}\right)^2\right) = 4.51 \times 10^8 \text{ J}$

$\boxed{W = 4.5 \times 10^8 \text{ J}}$

47. b.

$U_{Gf} = mgh_f = 445{,}000 \text{ kg} \cdot 9.80 \, \dfrac{\text{m}}{\text{s}^2} \cdot 98.14 \text{ m} = 4.28 \times 10^8 \text{ J}$

$\dfrac{U_{Gf}}{W} = \dfrac{4.28 \times 10^8 \text{ J}}{4.51 \times 10^8 \text{ J}} \cdot 100\% = 95\%$

47. c.

$v_0 = 0$

$v_f = 10.28 \, \dfrac{\text{m}}{\text{s}}$

$d = 2250 \text{ m}$

$t = ?$

$v_f^2 = \cancel{v_0^2} + 2ad$

$a = \dfrac{v_f^2}{2d} = \dfrac{\left(10.28 \, \dfrac{\text{m}}{\text{s}}\right)^2}{2 \cdot 2250 \text{ m}} = 0.02348 \, \dfrac{\text{m}}{\text{s}^2}$

$v_f = \cancel{v_0} + at$

$t = \dfrac{v_f}{a} = \dfrac{10.28 \, \dfrac{\text{m}}{\text{s}}}{0.02348 \, \dfrac{\text{m}}{\text{s}^2}} = 437.8 \text{ s}$

$\boxed{t = 440 \text{ s}}$

47. d.

$P = \dfrac{W}{t} = \dfrac{4.51 \times 10^8 \text{ J}}{438 \text{ s}} = 1{,}030{,}000 \text{ W} \cdot \dfrac{1 \text{ hp}}{746 \text{ W}} = 1400 \text{ hp}$

48.

Using a 1-s time interval:

$m = 65$ kg

$v = 2.10 \ \dfrac{\text{m}}{\text{s}}$

$\Delta P = 325 \text{ W} - 232 \text{ W} = 93 \text{ W}$

For 1 s, this is $\Delta W = 93$ J, which is all work done against gravity.

$\Delta W = U_G = mgh$

$h = \dfrac{\Delta W}{mg} = \dfrac{93 \text{ J}}{65 \text{ kg} \cdot 9.80 \ \dfrac{\text{m}}{\text{s}^2}} = 0.146 \text{ m}$

Distance walked on the treadmill in 1 s:

$d = vt = 2.10 \ \dfrac{\text{m}}{\text{s}} \cdot 1.00 \text{ s} = 2.10 \text{ m}$

$h = d \sin\theta$

$\theta = \sin^{-1}\dfrac{h}{d} = \sin^{-1}\dfrac{0.146 \text{ m}}{2.10 \text{ m}} = 4.0°$

---

49. a.

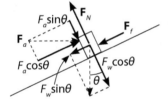

$\theta = 25°$

$m = 3.1$ kg

$F_a = 67$ N

$\mu_k = 0.47$

$d = 2.50$ m

$\Sigma F_\perp = 0$

$F_N - F_a \sin\theta - F_w \cos\theta = 0$

$F_N = F_a \sin\theta + F_w \cos\theta = 67 \text{ N} \cdot \sin 25° + 3.1 \text{ kg} \cdot 9.80 \ \dfrac{\text{m}}{\text{s}^2} \cdot \cos 25° = 55.8 \text{ N}$

$F_f = \mu_k F_N = 0.47 \cdot 55.8 \text{ N} = 26.2 \text{ N}$

$W_f = F_f d = 26.2 \text{ N} \cdot 2.50 \text{ m} = 65.5 \text{ J}$

$\boxed{W_f = 66 \text{ J}}$

49. b.

Work done against gravity, W_G, is U_G.

$h = d \sin\theta = 2.50 \text{ m} \cdot \sin 25° = 1.06 \text{ m}$

$U_G = mgh = 3.1 \text{ kg} \cdot 9.80 \, \frac{\text{m}}{\text{s}^2} \cdot 1.06 \text{ m} = 32.2 \text{ J}$

$\boxed{W_G = 32 \text{ J}}$

49. c.

$W_{total} = U_{Gf} + W_f + U_{Kf}$

$W_{total} = F_a \cos\theta \cdot d = 67 \text{ N} \cdot \cos 25° \cdot 2.50 \text{ m} = 151.8 \text{ J}$

$U_{Kf} = W_{total} - U_{Gf} - W_f = 151.8 \text{ J} - 32.2 \text{ J} - 65.5 \text{ J} = 54.1 \text{ J}$

$v_f = \sqrt{\frac{2 U_{Kf}}{m}} = \sqrt{\frac{2 \cdot 54.1 \text{ J}}{3.1 \text{ kg}}} = 5.9 \, \frac{\text{m}}{\text{s}}$

50.

$F_f = kv$

Power output, P_{car}, is constant. In 1 s, the energy output $= U_{car}$.

Speeds: flat: $v_1 = 18.0 \, \frac{\text{cm}}{\text{s}} = 0.180 \, \frac{\text{m}}{\text{s}}$; 20° ramp: $v_2 = 12.0 \, \frac{\text{cm}}{\text{s}} = 0.120 \, \frac{\text{m}}{\text{s}}$

Distances traveled in 1s: flat: $d_1 = 0.180 \text{ m}$; 20° ramp: $d_2 = 0.120 \text{ m}$

On the flat, work is only done against friction. In 1 s:

$U_{car} = W_{f,flat} = F_f d_1 = k v_1 d_1$

This energy output is the same for 1 s on the ramp.

On the 20° ramp, in 1 s the car is elevated a distance:

$h_2 = 12.0 \text{ cm} \cdot \sin 20.0° = 4.104 \text{ cm} = 0.04104 \text{ m}$

Energy going toward U_G is

$U_G = mgh_2$

On the 20° ramp, in 1 s the car travels 0.12 m, so work against friction is

$W_{f,ramp} = k v_2 d_2$

On the ramp, total energy output in 1 s is

$U_{car} = mgh_2 + k v_2 d_2$

Set energy output on the flat equal to energy output on the ramp and solve for k:

$k v_1 d_1 = mgh_2 + k v_2 d_2$

$k(v_1 d_1 - v_2 d_2) = mgh_2$

$k = \frac{mgh_2}{v_1 d_1 - v_2 d_2}$

Now set up the same energy equation for the θ ramp:

$\theta = ?$

$\theta : v_3 = 15.5 \frac{\text{cm}}{\text{s}} = 0.155 \frac{\text{m}}{\text{s}}; d_3 = 0.155 \text{ m}$

$h_3 = d_3 \sin\theta$

Energy output on the θ ramp is the same as before:

$U_{car} = mgh_3 + kv_3 d_3 = mgh_3 + \frac{mgh_2}{v_1 d_1 - v_2 d_2} v_3 d_3$

This equals energy output in 1 s on the flat:

$kv_1 d_1 = \frac{mgh_2}{v_1 d_1 - v_2 d_2} v_1 d_1 = mgh_3 + \frac{mgh_2}{v_1 d_1 - v_2 d_2} v_3 d_3$

$\frac{gh_2}{v_1 d_1 - v_2 d_2} v_1 d_1 = gh_3 + \frac{gh_2}{v_1 d_1 - v_2 d_2} v_3 d_3$

$h_3 = \frac{1}{g}\left(\frac{gh_2}{v_1 d_1 - v_2 d_2} v_1 d_1 - \frac{gh_2}{v_1 d_1 - v_2 d_2} v_3 d_3 \right) = d_3 \sin\theta$

$\frac{h_2}{v_1 d_1 - v_2 d_2}(v_1 d_1 - v_3 d_3) = d_3 \sin\theta$

$\theta = \sin^{-1}\left(\frac{v_1 d_1 - v_3 d_3}{d_3} \cdot \frac{h_2}{v_1 d_1 - v_2 d_2} \right)$

$\theta = \sin^{-1}\left(\frac{0.180 \frac{\text{m}}{\text{s}} \cdot 0.180 \text{ m} - 0.155 \frac{\text{m}}{\text{s}} \cdot 0.155 \text{ m}}{0.155 \text{ m}} \cdot \frac{0.04104 \text{ m}}{0.180 \frac{\text{m}}{\text{s}} \cdot 0.180 \text{ m} - 0.120 \frac{\text{m}}{\text{s}} \cdot 0.120 \text{ m}} \right)$

$\theta = 7.08°$

51.

$\Delta U = 60.9 \text{ kJ} = 60,900 \text{ J}$

$E = mc^2$

$m = \frac{\Delta U}{c^2} = \frac{60,900 \text{ J}}{\left(2.998 \times 10^8 \frac{\text{m}}{\text{s}}\right)^2} = 6.78 \times 10^{-13} \text{ kg}$

52.

$k = 85.9 \frac{\text{N}}{\text{m}}$

$\Delta x = 1.00 \text{ cm} = 0.0100 \text{ m}$

$U_E = \frac{1}{2}k(\Delta x)^2 = 0.5 \cdot 85.9 \frac{\text{N}}{\text{m}} \cdot (0.0100 \text{ m})^2 = 0.004295 \text{ J}$

$E = mc^2$

$m = \frac{U_E}{c^2} = \frac{0.004295 \text{ J}}{\left(2.998 \times 10^8 \frac{\text{m}}{\text{s}}\right)^2} = 4.78 \times 10^{-20} \text{ kg} \cdot \frac{1000 \text{ g}}{\text{kg}} \cdot \frac{10^{15} \text{ fg}}{\text{g}} = 0.0478 \text{ fg}$

53.

Mass going into the reaction:

$2 \cdot 3.344497 \times 10^{-27}$ kg $= 6.688994 \times 10^{-27}$ kg

Mass coming out of the reaction:

5.008270×10^{-27} kg $+ 1.673534 \times 10^{-27}$ kg $= 6.681804 \times 10^{-27}$ kg

Missing mass:

6.688994×10^{-27} kg $- 6.681804 \times 10^{-27}$ kg $= 7.190000 \times 10^{-30}$ kg

$E = mc^2 = 7.190000 \times 10^{-30}$ kg $\cdot \left(299{,}792{,}458 \ \dfrac{m}{s} \right)^2$

$E = 6.462050 \times 10^{-13}$ J $\cdot \dfrac{1 \text{ eV}}{1.60218 \times 10^{-19} \text{ J}} \cdot \dfrac{1 \text{ MeV}}{10^6 \text{ eV}} = 4.03329$ MeV

55.

$|A \times B| = 0.650 \text{ m} \cdot 675 \text{ N} \cdot \sin 96.5° = 436 \text{ m} \cdot \text{N}$

direction is out of the page

56.

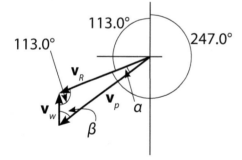

$v_p = 275 \dfrac{\text{km}}{\text{hr}}$

$v_w = 37 \dfrac{\text{km}}{\text{hr}}$

$\dfrac{v_p}{\sin 113°} = \dfrac{v_w}{\sin \alpha}$

$\sin \alpha = \dfrac{v_w}{v_p} \sin 113.0°$

$\alpha = \sin^{-1}\left(\dfrac{37 \dfrac{\text{km}}{\text{hr}}}{275 \dfrac{\text{km}}{\text{hr}}} \cdot \sin 113.0° \right) = 7.11°$ (Precise to two digits, or tenths place.)

Pilot's heading is $247.0° - 7.1° = \boxed{239.9°}$ (Precise to 4 digits due to subtraction precise to tenths.)

$\beta = 180.0° - 113.0° - 7.1° = 59.9°$ (Precise to three digits, or tenths place.)

$\dfrac{v_R}{\sin \beta} = \dfrac{v_p}{\sin 113.0°}$

$v_R = \dfrac{v_p \sin \beta}{\sin 113.0°} = \dfrac{275 \dfrac{\text{km}}{\text{hr}} \cdot \sin 59.9°}{\sin 113.0°} = 258.5 \dfrac{\text{km}}{\text{hr}}$

$d = 185 \text{ km}$

$d = vt$

$t = \dfrac{d}{v_R} = \dfrac{185 \text{ km}}{258.5 \dfrac{\text{km}}{\text{hr}}} = 0.7157 \text{ hr} = 42.9 \text{ min}$

57.

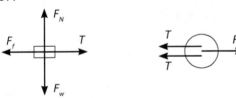

Since the pulley is massless, $T = F/2$.

$F = 35.00$ N
$m = 3.71$ kg
$\mu_k = 0.30$
$F_N = F_w = mg$
$F_f = \mu_k mg$
$T = \dfrac{F}{2}$
$T - F_f = ma$
$\dfrac{F}{2} - \mu_k mg = ma$
$a = \dfrac{F}{2m} - \mu_k g = \dfrac{35.00 \text{ N}}{2 \cdot 3.71 \text{ kg}} - 0.30 \cdot 9.80 \ \dfrac{\text{m}}{\text{s}^2} = 1.8 \ \dfrac{\text{m}}{\text{s}^2}$

In the final line of the solution, the μg term is precise to tenths. Addition rule then requires result to be precise to tenths.

58.

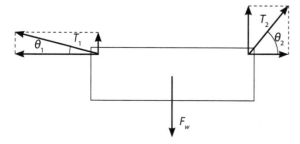

$F_w = 325$ N
$\theta_1 = 14.0°$
$\theta_2 = 51.0°$
$\Sigma F_{v\uparrow+} = 0$
$T_1 \sin\theta_1 + T_2 \sin\theta_2 - F_w = 0$
$\Sigma F_{h\rightarrow+} = 0$
$T_2 \cos\theta_2 - T_1 \cos\theta_1 = 0$
$T_2 \cos\theta_2 = T_1 \cos\theta_1$
$T_2 = \dfrac{T_1 \cos\theta_1}{\cos\theta_2}$
$T_1 \sin\theta_1 + \dfrac{T_1 \cos\theta_1}{\cos\theta_2} \sin\theta_2 - F_w = 0$
$T_1 \left(\sin\theta_1 + \dfrac{\cos\theta_1}{\cos\theta_2} \sin\theta_2 \right) = F_w$
$T_1 = \dfrac{F_w}{\sin\theta_1 + \cos\theta_1 \tan\theta_2} = \dfrac{325 \text{ N}}{\sin 14.0° + \cos 14.0° \tan 51.0°} = 225.7$ N

$\boxed{T_1 = 226 \text{ N}}$

$T_2 = \dfrac{T_1 \cos\theta_1}{\cos\theta_2} = \dfrac{225.7 \text{ N} \cdot \cos 14.0°}{\cos 51.0°} = 348$ N

Chapter 6

1. a.

$m = 1.673 \times 10^{-27}$ kg

$v = 0.00100 \cdot 2.998 \times 10^8 \, \dfrac{\text{m}}{\text{s}} = 2.998 \times 10^5 \, \dfrac{\text{m}}{\text{s}}$

$p = mv = 1.673 \times 10^{-27} \text{ kg} \cdot 2.998 \times 10^5 \, \dfrac{\text{m}}{\text{s}} = 5.02 \times 10^{-22} \, \dfrac{\text{kg} \cdot \text{m}}{\text{s}}$

1. b.

$F_w = 32{,}000 \text{ lb} \cdot \dfrac{4.448 \text{ N}}{\text{lb}} = 142{,}000 \text{ N}$

$m = \dfrac{F_w}{g} = \dfrac{142{,}000 \text{ N}}{9.80 \, \dfrac{\text{m}}{\text{s}^2}} = 14{,}500 \text{ kg}$

$v = 62 \, \dfrac{\text{mi}}{\text{hr}} \cdot \dfrac{1609 \text{ m}}{\text{mi}} \cdot \dfrac{1 \text{ hr}}{3600 \text{ s}} = 27.71 \, \dfrac{\text{m}}{\text{s}}$

$p = mv = 14{,}500 \text{ kg} \cdot 27.71 \, \dfrac{\text{m}}{\text{s}} = 402{,}000 \, \dfrac{\text{kg} \cdot \text{m}}{\text{s}}$

$\boxed{p = 4.0 \times 10^5 \, \dfrac{\text{kg} \cdot \text{m}}{\text{s}}}$

1. c.

$m = 0.0664648 \times 10^{-25}$ kg

$v = 1.50 \times 10^7 \, \dfrac{\text{m}}{\text{s}}$

$p = mv = 0.0664648 \times 10^{-25} \text{ kg} \cdot 1.50 \times 10^7 \, \dfrac{\text{m}}{\text{s}} = 9.97 \times 10^{-20} \, \dfrac{\text{kg} \cdot \text{m}}{\text{s}}$

2.

$m = 1.25$ kg

$v_0 = 15.5 \, \dfrac{\text{m}}{\text{s}}$

$v_f = 0$

$\Delta t = 0.100$ s

$F = ?$

$F \Delta t = m \Delta v$

$F = \dfrac{m \Delta v}{\Delta t} = \dfrac{1.25 \text{ kg} \cdot \left(0 - 15.5 \, \dfrac{\text{m}}{\text{s}}\right)}{0.100 \text{ s}} = -194 \text{ N}$

3.

$v_0 = 0.255 \, \dfrac{m}{s}$

$F = 1.05 \, N$

$\Delta t = 0.45 \, s$

$m = 551 \, g = 0.551 \, kg$

$v_f = ?$

$F\Delta t = m\Delta v = m(v_f - v_0)$

$v_f = \dfrac{F\Delta t}{m} + v_0 = \dfrac{1.05 \, N \cdot 0.45 \, s}{0.551 \, kg} + 0.255 \, \dfrac{m}{s} = 1.11 \, \dfrac{m}{s}$

The first term in the final sum is precise to hundredths, the second to thousandths. Thus the result is precise to hundredths (three sig digs).

4.

$U_{Gi} = mgh$

$U_{Kf} = \tfrac{1}{2}mv_f^2$

$U_{Gi} = U_{Kf}$

$mgh = \tfrac{1}{2}mv_f^2$

$v_f = \sqrt{2gh}$

$p = mv = m\sqrt{2gh}$

5.

$m_E = 5.972 \times 10^{24} \, kg$

$r = 149{,}598{,}000 \, km = 1.49598 \times 10^{11} \, m$

$d = 2\pi r = 2\pi \cdot 1.49598 \times 10^{11} \, m = 9.3995 \times 10^{11} \, m$

$t = 365.25 \, dy \cdot \dfrac{24 \, hr}{dy} \cdot \dfrac{3600 \, s}{hr} = 3.1558 \times 10^7 \, s$

$d = vt$

$v = \dfrac{d}{t} = \dfrac{9.3995 \times 10^{11} \, m}{3.1558 \times 10^7 \, s} = 29{,}785 \, \dfrac{m}{s}$

$p = mv = 5.972 \times 10^{24} \, kg \cdot 29{,}785 \, \dfrac{m}{s} = 1.779 \times 10^{29} \, \dfrac{kg \cdot m}{s}$

7.

$\Delta t = 10.00 \text{ ms} = 0.01000 \text{ s}$

$m_b = 25.0 \text{ g} = 0.0250 \text{ kg}$

$v_b = 500.0 \; \dfrac{\text{m}}{\text{s}}$

$m_h = 400.0 \text{ kg}$

$v_h = 15.0 \; \dfrac{\text{m}}{\text{s}}$

$F\Delta t = m\Delta v$

$F_b = \dfrac{m_b \Delta v_b}{\Delta t} = \dfrac{0.0250 \text{ kg} \cdot 500.0 \; \dfrac{\text{m}}{\text{s}}}{0.01000 \text{ s}} = 1250 \text{ N}$

$F_h = \dfrac{m_h \Delta v_h}{\Delta t} = \dfrac{400.0 \text{ kg} \cdot 15.0 \; \dfrac{\text{m}}{\text{s}}}{0.01000 \text{ s}} = 600{,}000 \text{ N}$

$\boxed{F_h = 6.00 \times 10^5 \text{ N}}$

8.

$m = 9.109 \times 10^{-31} \text{ kg}$

$v_0 = 10{,}430 \; \dfrac{\text{m}}{\text{s}}$

$d = 1.50 \text{ m}$

$v_f = 7.095 \times 10^6 \; \dfrac{\text{m}}{\text{s}}$

$v_f^2 = v_0^2 + 2ad$

$a = \dfrac{v_f^2 - v_0^2}{2d} = \dfrac{\left(7.095 \times 10^6 \; \dfrac{\text{m}}{\text{s}}\right)^2 - \left(10{,}430 \; \dfrac{\text{m}}{\text{s}}\right)^2}{2 \cdot 1.50 \text{ m}} = 1.678 \times 10^{13} \; \dfrac{\text{m}}{\text{s}^2}$

$v_f = v_0 + at$

$t = \dfrac{v_f - v_0}{a} = \dfrac{7.095 \times 10^6 \; \dfrac{\text{m}}{\text{s}} - 10{,}430 \; \dfrac{\text{m}}{\text{s}}}{1.678 \times 10^{13} \; \dfrac{\text{m}}{\text{s}^2}} = 4.222 \times 10^{-7} \text{ s}$

$F\Delta t = m\Delta v$

$F = \dfrac{m\Delta v}{\Delta t} = \dfrac{9.109 \times 10^{-31} \text{ kg} \cdot \left(7.095 \times 10^6 \; \dfrac{\text{m}}{\text{s}} - 10{,}430 \; \dfrac{\text{m}}{\text{s}}\right)}{4.222 \times 10^{-7} \text{ s}} = 15.3 \text{ N}$

This is, of course, the same as one would get simply by calculating $F = ma$.

Chapter 6

9.

$m_1 = 79{,}000 \text{ kg}$

$v_0 = 1.75 \dfrac{\text{m}}{\text{s}}$

$m_2 = 210{,}000 \text{ kg}$

$v_f = ?$

$m_1 v_0 = (m_1 + m_2) v_f$

$v_f = \dfrac{m_1 v_0}{m_1 + m_2} = \dfrac{79{,}000 \text{ kg} \cdot 1.75 \dfrac{\text{m}}{\text{s}}}{79{,}000 \text{ kg} + 210{,}000 \text{ kg}} = 0.48 \dfrac{\text{m}}{\text{s}}$

10.

$m_1 = 2m$

$v_{1i} = 15.0 \dfrac{\text{cm}}{\text{s}} = 0.150 \dfrac{\text{m}}{\text{s}}$

$m_2 = m$

$v_{2i} = -25.0 \dfrac{\text{cm}}{\text{s}} = -0.250 \dfrac{\text{m}}{\text{s}}$

$v_{2f} = 19.0 \dfrac{\text{cm}}{\text{s}} = 0.190 \dfrac{\text{m}}{\text{s}}$

$v_{1f} = ?$

$m_1 v_{1i} + m_2 v_{2i} = m_1 v_{1f} + m_2 v_{2f}$

$v_{1f} = \dfrac{m_1 v_{1i} + m_2 v_{2i} - m_2 v_{2f}}{m_1} = \dfrac{2m \cdot 0.150 \dfrac{\text{m}}{\text{s}} - m \cdot 0.250 \dfrac{\text{m}}{\text{s}} - m \cdot 0.190 \dfrac{\text{m}}{\text{s}}}{2m} = -0.0700 \dfrac{\text{m}}{\text{s}}$

12.

$v_1 = 16 \dfrac{\text{m}}{\text{s}}$

$v_2 = -12 \dfrac{\text{m}}{\text{s}}$

$v_f = ?$

$m v_1 + m v_2 = 2 m v_f = p_f$

$p_f = m \left(16 \dfrac{\text{m}}{\text{s}} - 12 \dfrac{\text{m}}{\text{s}} \right) = 4.0 \dfrac{\text{m}}{\text{s}} \cdot m$

15.

$p_{0x} = 0$

$p_{0y} = 0$

$p_{fx} = 0 = v_{3x} - v_2 \cos\theta_2$

$v_{3x} = v_2 \cos\theta_2 = 75.0 \, \frac{m}{s} \cdot \cos 22.0° = 69.54 \, \frac{m}{s}$

$p_{fy} = 0 = v_1 + v_2 \sin\theta + v_{3y}$

$v_{3y} = -v_1 - v_2 \sin\theta = -\left(97.0 \, \frac{m}{s} + 75.0 \, \frac{m}{s} \cdot \sin 22.0°\right) = -125.10 \, \frac{m}{s}$

$|\mathbf{v}_3| = v_3 = \sqrt{v_{3x}^2 + v_{3y}^2} = \sqrt{\left(69.54 \, \frac{m}{s}\right)^2 + \left(-125.10 \, \frac{m}{s}\right)^2} = 143 \, \frac{m}{s}$

$\theta_3 = \tan^{-1} \frac{v_{3y}}{v_{3x}} = \tan^{-1} \frac{-125.10 \, \frac{m}{s}}{69.54 \, \frac{m}{s}} = -60.9°$

16.

$p_0 = 0$

$m_a v_a - m_w v_w = 0$

$v_a = \frac{m_w v_w}{m_a} = \frac{0.50 \text{ kg} \cdot 14.5 \, \frac{m}{s}}{87 \text{ kg}} = 0.0833 \, \frac{m}{s}$

$d = vt$

$t = \frac{d}{v} = \frac{12 \text{ m}}{0.0833 \, \frac{m}{s}} = 144 \text{ s}$

With two digits of precision, this value is 140 s.

17.

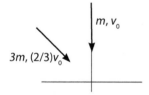

$p_{0x} = 3m \cdot \tfrac{2}{3} v_0 \cos 45°$

$p_{fx} = 4m v_{fx}$

$3m \cdot \tfrac{2}{3} v_0 \cos 45° = 4m v_{fx}$

$v_{fx} = \frac{v_0 \cos 45°}{2} = \frac{\sqrt{2}}{4} v_0$

$p_{0y} = -mv_0 - 3m \cdot \frac{2}{3} v_0 \sin 45°$

$p_{fy} = 4mv_{fy}$

$-mv_0 - 3m \cdot \frac{2}{3} v_0 \sin 45° = 4mv_{fy}$

$v_{fy} = \dfrac{-v_0(1 + 2\sin 45°)}{4} = -\dfrac{1+\sqrt{2}}{4} v_0$

$|\mathbf{v}_f| = \sqrt{\left(\dfrac{\sqrt{2}}{4} v_0\right)^2 + \left(-\dfrac{1+\sqrt{2}}{4} v_0\right)^2} = \sqrt{\dfrac{2}{16} v_0^2 + \dfrac{3+2\sqrt{2}}{16} v_0^2} = \sqrt{\dfrac{5+2\sqrt{2}}{16}} v_0 = \dfrac{\sqrt{5+2\sqrt{2}}}{4} v_0$

$\theta_f = \tan^{-1} \dfrac{-\dfrac{1+\sqrt{2}}{4} v_0}{\dfrac{\sqrt{2}}{4} v_0} = \tan^{-1}\left(-\dfrac{1+\sqrt{2}}{\sqrt{2}}\right) = -59.6°$

18.

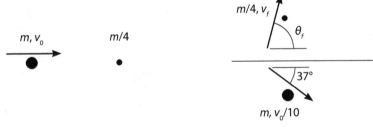

$p_{0x} = mv_0$

$p_{fx} = m\dfrac{v_0}{10}\cos 37° + \dfrac{m}{4} v_f \cos\theta_f$

$mv_0 = m\dfrac{v_0}{10}\cos 37° + \dfrac{m}{4} v_f \cos\theta_f$

$v_0 = \dfrac{v_0}{10}\cos 37° + \dfrac{1}{4} v_f \cos\theta_f$

$v_f = \dfrac{4v_0\left(1 - \dfrac{\cos 37°}{10}\right)}{\cos\theta_f}$

$p_{0y} = 0$

$p_{fy} = \dfrac{m}{4} v_f \sin\theta_f - m\dfrac{v_0}{10}\sin 37°$

$0 = \dfrac{m}{4} v_f \sin\theta_f - m\dfrac{v_0}{10}\sin 37°$

$0 = \dfrac{1}{4} v_f \sin\theta_f - \dfrac{v_0}{10}\sin 37°$

$v_f = v_0 \dfrac{4\sin 37°}{10\sin\theta_f}$

$$\frac{4v_0\left(1-\frac{\cos 37°}{10}\right)}{\cos\theta_f} = v_0 \frac{4\sin 37°}{10\sin\theta_f}$$

$$\frac{\sin\theta_f}{\cos\theta_f} = \tan\theta_f = \frac{\sin 37°}{10\left(1-\frac{\cos 37°}{10}\right)} = \frac{\sin 37°}{10-\cos 37°}$$

$$\theta_f = \tan^{-1}\frac{\sin 37°}{10-\cos 37°} = 3.742°$$

$$\boxed{\theta_f = 3.7°}$$

$$v_f = v_0 \frac{4\sin 37°}{10\sin 3.74°} = 3.688 v_0$$

$$\boxed{v_f = 3.7 v_0}$$

19.

$p_{0x} = 0$

$p_{fx} = mv_2 \sin 70.0° - mv_1 \sin 20.0°$

$0 = mv_2 \sin 70.0° - mv_1 \sin 20.0°$

$v_2 \sin 70.0° = v_1 \sin 20.0°$

$v_2 = \dfrac{v_1 \sin 20.0°}{\sin 70.0°}$

$p_{0y} = mv_0$

$p_{fy} = mv_2 \cos 70.0° + mv_1 \cos 20.0°$

$mv_0 = mv_2 \cos 70.0° + mv_1 \cos 20.0°$

$v_0 = v_2 \cos 70.0° + v_1 \cos 20.0°$

$v_0 = \dfrac{v_1 \sin 20.0°}{\sin 70.0°} \cos 70.0° + v_1 \cos 20.0°$

$v_0 = v_1 \left(\dfrac{\sin 20.0°}{\sin 70.0°} \cos 70.0° + \cos 20.0°\right)$

$v_1 = \dfrac{1}{\left(\dfrac{\sin 20.0°}{\sin 70.0°} \cos 70.0° + \cos 20.0°\right)} v_0 = 0.940 v_0$

$v_2 = \dfrac{v_1 \sin 20.0°}{\sin 70.0°} = \dfrac{0.940 v_0 \sin 20.0°}{\sin 70.0°} = 0.342 v_0$

20.

Since $p_0 = 0$, after the gun fires we have

$$m_G v_G = m_B v_B$$

$$v_G = \frac{m_B}{m_G} v_B = \frac{0.035 \text{ kg}}{1.295 \text{ kg}} v_B = \frac{v_B}{37}$$

$$d_B = v_B t$$

$$t = \frac{d_B}{v_B} = \frac{d_G}{v_G}$$

$$d_G = v_G t = v_G \frac{d_B}{v_B} = \frac{v_B}{37} \cdot \frac{4.5 \text{ m}}{v_B} = 0.12 \text{ m}$$

21.

$$m_s \Delta v_s + m_f \Delta v_f = 0$$

$$m_s \Delta v_s = -m_f \Delta v_f$$

$$m_f = 15.0 \frac{\text{kg}}{\text{s}} \cdot t$$

$$m_s \Delta v_s = -15.0 \frac{\text{kg}}{\text{s}} \cdot t \cdot \Delta v_f$$

$$t = -\frac{m_s \Delta v_s}{15.0 \frac{\text{kg}}{\text{s}} \cdot \Delta v_f} = -\frac{23{,}900 \text{ kg} \cdot \left(-13.75 \frac{\text{m}}{\text{s}}\right)}{15.0 \frac{\text{kg}}{\text{s}} \cdot \left(1475 \frac{\text{m}}{\text{s}}\right)} = 14.9 \text{ s}$$

This solution assumes the ship has constant mass. Taking into account that the ship's mass changes by a factor of 15.0 kg per second during the fuel burn, the average mass of the ship with constant accelerating force is (23,900 – 7.5t) kg. This leads to a result of 14.8 s rather than 14.9 s.

22.

To obtain the velocity of the $m/3$ piece immediately after the event, we need to use the kinematics of free fall. Let v_1 be the velocity of the $m/3$ piece immediately after the event:

$$v_f = 0$$

$$a = -9.80 \frac{\text{m}}{\text{s}^2}$$

$$d = 6.25 \text{ m}$$

$$v_1 = ?$$

$$\cancel{v_f^2} = v_1^2 + 2ad$$

$$v_1 = \sqrt{-2ad} = \sqrt{-2 \cdot \left(-9.80 \frac{\text{m}}{\text{s}^2}\right) \cdot 6.25 \text{ m}} = 11.07 \frac{\text{m}}{\text{s}}$$

Now use conservation of momentum to solve for the velocity after the event of the other piece, v_2.

$p_0 = -mv_0$

$p_f = \dfrac{m}{3}v_1 - \dfrac{2m}{3}v_2$

$-mv_0 = \dfrac{m}{3}v_1 - \dfrac{2m}{3}v_2$

$-3v_0 = v_1 - 2v_2$

$v_2 = \dfrac{v_1 + 3v_0}{2} = \dfrac{11.07\,\frac{m}{s} + 3\cdot 11.5\,\frac{m}{s}}{2} = 22.8\,\dfrac{m}{s}$

23.

First determine the velocity of the large ball just prior to collision.

$U_G = 3mgh = U_K = \tfrac{1}{2}3mv_0^2$

$v_0 = \sqrt{2gh}$

Now use conservation of energy and momentum to determine the velocities of each ball after the collision. Let the velocities be v_1 for the small ball and v_2 for the large ball. Let the positive direction be the direction of the large ball's motion prior to the collision.

$\tfrac{1}{2}3mv_0^2 = \tfrac{1}{2}mv_1^2 + \tfrac{1}{2}3mv_2^2$

$3v_0^2 = v_1^2 + 3v_2^2$

$3\left(\sqrt{2gh}\right)^2 = v_1^2 + 3v_2^2$

$\boxed{6gh = v_1^2 + 3v_2^2}$

$p_0 = 3mv_0 = 3m\sqrt{2gh}$

$p_f = mv_1 + 3mv_2$

$3m\sqrt{2gh} = mv_1 + 3mv_2$

$\boxed{3\sqrt{2gh} = v_1 + 3v_2}$

$v_1 = 3\sqrt{2gh} - 3v_2$

$6gh = \left(3\sqrt{2gh} - 3v_2\right)^2 + 3v_2^2$

$6gh = 18gh - 18\sqrt{2gh}\,v_2 + 9v_2^2 + 3v_2^2$

$12v_2^2 - 18\sqrt{2gh}\,v_2 + 12gh = 0$

$v_2^2 - \dfrac{3\sqrt{2gh}}{2}v_2 + gh = 0$

$v_2 = \dfrac{\dfrac{3\sqrt{2gh}}{2} \pm \sqrt{\dfrac{9gh}{2} - 4gh}}{2} = \dfrac{\dfrac{3\sqrt{2gh}}{2} \pm \dfrac{\sqrt{2gh}}{2}}{2} = \dfrac{3\sqrt{2gh} \pm \sqrt{2gh}}{4}$

If we add, we find $v_2 = v_0$. This cannot be the case because it would mean that the large ball continues after the collision without slowing down at all. But since momentum was imparted to the small ball, the large ball has to slow. So we subtract to find

$$v_2 = \frac{\sqrt{2gh}}{2}$$

Use this to find v_1 and the two heights:

$$v_1 = 3\sqrt{2gh} - 3v_2 = 3\sqrt{2gh} - \frac{3\sqrt{2gh}}{2} = \frac{3\sqrt{2gh}}{2}$$

$$\tfrac{1}{2}m\left(\frac{3\sqrt{2gh}}{2}\right)^2 = mgh_1$$

$$\frac{9gh}{4} = gh_1$$

$$\boxed{h_1 = \frac{9h}{4}}$$

$$\tfrac{1}{2}\cdot 3m\left(\frac{\sqrt{2gh}}{2}\right)^2 = 3mgh_2$$

$$\frac{3gh}{4} = 3gh_2$$

$$\boxed{h_2 = \frac{h}{4}}$$

24.

Let the masses of the sphere and block be m_s and m_b, respectively. The initial velocity of the sphere is v_0. The velocities of the sphere and block immediately after the hit will be v_s and v_b. Solve for and use it with kinematics and Newton's Second Law to find μ. The positive direction is the direction of the original sphere motion.

$$p_0 = m_s v_0$$
$$p_f = m_b v_b - m_s v_s$$
$$m_s v_0 = m_b v_b - m_s v_s$$
$$v_b = \frac{m_s v_0 + m_s v_s}{m_b}$$
$$\cancel{v_f^2} = v_b^2 + 2a_b d_b$$
$$a_b = \frac{-v_b^2}{2d_b}$$

$$F_f = m_b a_b = m_b \frac{v_b^2}{2d_b} = m_b \frac{\left(\frac{m_s v_0 + m_s v_s}{m_b}\right)^2}{2d_b} = \frac{(m_s v_0 + m_s v_s)^2}{2d_b m_b}$$

$$F_f = \mu F_N$$
$$F_N = m_b g$$
$$F_f = \mu m_b g$$

$$\mu m_b g = \frac{(m_s v_0 + m_s v_s)^2}{2d_b m_b}$$

$$\mu = \frac{(m_s v_0 + m_s v_s)^2}{2d_b g m_b^2} = \frac{\left(0.225 \text{ kg} \cdot 75.5 \frac{m}{s} + 0.225 \text{ kg} \cdot 14.7 \frac{m}{s}\right)^2}{2 \cdot 0.852 \text{ m} \cdot 9.80 \frac{m}{s^2} \cdot (6.25 \text{ kg})^2} = 0.631$$

25.

Let the mass and velocity after impact of the unknown particle be m_u and v_u.

$$\tfrac{1}{2}mv_0^2 = \tfrac{1}{2}m(0.6v_0)^2 + \tfrac{1}{2}m_u v_u^2$$
$$mv_0^2 = m(0.6v_0)^2 + m_u v_u^2$$
$$0.64 mv_0^2 = m_u v_u^2$$
$$p_0 = mv_0$$
$$p_f = m_u v_u - m(0.6v_0)$$
$$mv_0 = m_u v_u - 0.6 mv_0$$
$$v_u = \frac{mv_0 + 0.6 mv_0}{m_u} = \frac{1.6 mv_0}{m_u}$$
$$0.64 mv_0^2 = m_u \left(\frac{1.6 mv_0}{m_u}\right)^2$$
$$0.64 mv_0^2 = 2.26 \frac{m^2 v_0^2}{m_u}$$
$$m_u = \frac{2.26 m}{0.64}$$
$$m_u = 4m$$

Chapter 6

26.

$$\tfrac{1}{2}mv_0^2 = \tfrac{1}{2}mv_1^2 + \tfrac{1}{2}(35m)v_f^2$$

$$v_0^2 = v_1^2 + 35v_f^2$$

$$mv_0 = 35mv_f - mv_1$$

$$v_1 = 35v_f - v_0$$

$$v_0^2 = (35v_f - v_0)^2 + 35v_f^2$$

$$v_0^2 = 1225v_f^2 - 70v_f v_0 + v_0^2 + 35v_f^2$$

$$0 = 1260v_f^2 - 70v_f v_0$$

$$v_f(1260v_f - 70v_0) = 0$$

This presents two solutions for v_f, one of which is $v_f = 0$. This solution is not physical, so we solve for the other one.

$$1260v_f - 70v_0 = 0$$

$$v_f = \frac{70}{1260}v_0$$

$$v_f = \frac{v_0}{18}$$

27.

$$U_{G0} = mgh$$

$$F_N = mg\cos\theta$$

$$F_f = \mu_k F_N = \mu_k mg\cos\theta$$

$$W_f = F_f d = \mu_k mg\cos\theta \frac{h}{\sin\theta} = \frac{\mu_k mgh}{\tan\theta}$$

$$U_{G0} = W_f + U_{Kf}$$

$$U_{Kf} = U_{G0} - W_f = mgh - \frac{\mu_k mgh}{\tan\theta} = mgh\left(1 - \frac{\mu_k}{\tan\theta}\right)$$

$$U_{Kf} = \tfrac{1}{2}mv_f^2$$

$$v_f = \sqrt{\frac{2U_{Kf}}{m}} = \sqrt{2gh\left(1 - \frac{\mu_k}{\tan\theta}\right)} = \sqrt{2 \cdot 9.80\,\tfrac{m}{s^2} \cdot 0.29\,m \cdot \left(1 - \frac{0.37}{\tan 35.0°}\right)} = 1.64\,\tfrac{m}{s}$$

$$\boxed{v_f = 1.6\,\tfrac{m}{s}}$$

28.

$$p_0 = mv_0$$

$$p_f = mv_f = \frac{mv_0}{2}$$

$$v_f = \frac{v_0}{2}$$

$$U_{Ki} = U_{Kf} + W_f$$

$$\tfrac{1}{2}mv_0^2 = \tfrac{1}{2}m\left(\frac{v_0}{2}\right)^2 + W_f$$

$$W_f = \tfrac{1}{2}mv_0^2 - \tfrac{1}{8}mv_0^2 = \tfrac{3}{8}mv_0^2 = \frac{3 \cdot 1350 \text{ kg} \cdot \left(27.0 \,\frac{\text{m}}{\text{s}}\right)^2}{8} = 369{,}000 \text{ J}$$

29.

$$P_{in} = \frac{U_{in}}{t}$$

$$U_{in} = P_{in}t = 36{,}600 \text{ W} \cdot 25.0 \text{ s} = 915{,}000 \text{ J}$$

$$U_{out} = mgh = 955 \text{ kg} \cdot 9.80 \,\frac{\text{m}}{\text{s}^2} \cdot 89.75 \text{ m} = 839{,}970 \text{ J}$$

$$\text{Eff} = \frac{U_{out}}{U_{in}} \cdot 100\% = \frac{839{,}970 \text{ J}}{915{,}000 \text{ J}} \cdot 100\% = 91.8\%$$

30.

First determine the spring constant k using Hooke's law.

$$F_w = mg = 1.0 \text{ kg} \cdot 9.80 \,\frac{\text{m}}{\text{s}^2} = 9.80 \text{ N}$$

$$F_w = k\Delta x$$

$$k = \frac{F_w}{\Delta x} = \frac{9.80 \text{ N}}{0.023 \text{ m}} = 426.1 \,\frac{\text{N}}{\text{m}}$$

Now use energy principles to work the rest of the problem.

$$U_E = \tfrac{1}{2}k(\Delta x)^2 = U_{Ki} = U_{Gf}$$

$$U_{Ki} = \tfrac{1}{2}mv_i^2 = \tfrac{1}{2}k(\Delta x)^2$$

$$v_i = \sqrt{\frac{k(\Delta x)^2}{m}} = \sqrt{\frac{426.1\,\frac{N}{m}\cdot(0.0800\,\text{m})^2}{0.125\,\text{kg}}} = 4.67\,\frac{m}{s}$$

$$\boxed{v_i = 4.7\,\frac{m}{s}}$$

$$U_{Gf} = mgh_f = \tfrac{1}{2}k(\Delta x)^2$$

$$h_f = \frac{k(\Delta x)^2}{2mg} = \frac{426.1\,\frac{N}{m}\cdot(0.0800\,\text{m})^2}{2\cdot 0.125\,\text{kg}\cdot 9.80\,\frac{m}{s^2}} = 1.1\,\text{m}$$

Chapter 7

1. a.

$62.5° \cdot \dfrac{2\pi \text{ rad}}{360°} = 1.09 \text{ rad}$

$62.5° \cdot \dfrac{1 \text{ rev}}{360°} = 0.174 \text{ rev}$

1. b.

$-13° \cdot \dfrac{2\pi \text{ rad}}{360°} = -0.23 \text{ rad}$

$-13° \cdot \dfrac{1 \text{ rev}}{360°} = -0.036 \text{ rev}$

1. c.

$\dfrac{\pi}{8} \text{ rad} \cdot \dfrac{360°}{2\pi \text{ rad}} = 22.5°$ (exact)

$\dfrac{\pi}{8} \text{ rad} \cdot \dfrac{1 \text{ rev}}{2\pi \text{ rad}} = 0.0625 \text{ rev}$ (exact)

1. d.

$0.375 \text{ rev} \cdot \dfrac{360°}{\text{rev}} = 135°$

$0.375 \text{ rev} \cdot \dfrac{2\pi \text{ rad}}{\text{rev}} = 2.36 \text{ rad}$

1. e.

$2.65 \text{ rad} \cdot \dfrac{360°}{2\pi \text{ rad}} = 152°$

$2.65 \text{ rad} \cdot \dfrac{1 \text{ rev}}{2\pi \text{ rad}} = 0.422 \text{ rev}$

2.

second hand:

$1 \, \dfrac{\text{rev}}{\text{min}} = 1 \text{ rpm}$ (exact)

$1 \, \dfrac{\text{rev}}{\text{min}} \cdot \dfrac{2\pi \text{ rad}}{\text{rev}} \cdot \dfrac{1 \text{ min}}{60 \text{ s}} = \dfrac{\pi}{30} \, \dfrac{\text{rad}}{\text{s}}$ (exact)

minute hand:

$$1\,\frac{\text{rev}}{60\,\text{min}}=0.01\overline{6}\text{ rpm (exact)}$$

$$1\,\frac{\text{rev}}{60\,\text{min}}\cdot\frac{1\,\text{min}}{60\,\text{s}}\cdot\frac{2\pi\,\text{rad}}{\text{rev}}=\frac{\pi}{1800}\,\frac{\text{rad}}{\text{s}}\text{ (exact)}$$

hour hand:

$$1\,\frac{\text{rev}}{12\,\text{hr}}\cdot\frac{1\,\text{hr}}{60\,\text{min}}=0.0013\overline{8}\text{ rpm (exact)}$$

$$1\,\frac{\text{rev}}{12\,\text{hr}}\cdot\frac{2\pi\,\text{rad}}{\text{rev}}\cdot\frac{1\,\text{hr}}{3600\,\text{s}}=\frac{\pi}{21{,}600}\,\frac{\text{rad}}{\text{s}}\text{ (exact)}$$

3.

$$\frac{360°}{5}\cdot\frac{2\pi\,\text{rad}}{360°}\approx 1.26\text{ rad}$$

4.

$$\frac{25}{60}\text{ rev}=0.42\text{ rev}$$

$$\frac{25}{60}\text{ rev}\cdot\frac{2\pi\,\text{rad}}{\text{rev}}=2.6\text{ rad}$$

$$\frac{25}{60}\text{ rev}\cdot\frac{360°}{\text{rev}}=150°$$

5.

$$\frac{100}{3}\,\frac{\text{rev}}{\text{min}}\cdot\frac{2\pi\,\text{rad}}{\text{rev}}\cdot\frac{1\,\text{min}}{60\,\text{s}}=\frac{10\pi}{9}\,\frac{\text{rad}}{\text{s}}\text{ (exact)}\approx 3.491\,\frac{\text{rad}}{\text{s}}$$

$t=10.0\text{ s}$

$$\theta=\omega t=3.491\,\frac{\text{rad}}{\text{s}}\cdot 10.0\text{ s}=34.9\text{ rad}$$

6. a.

down

6. b.

startup: down; shutdown: up

7.

$\omega_0 = 0$

$\omega_f = 78 \ \dfrac{\text{rev}}{\text{min}} \cdot \dfrac{2\pi \text{ rad}}{\text{rev}} \cdot \dfrac{1 \text{ min}}{60 \text{ s}} = 8.168 \ \dfrac{\text{rad}}{\text{s}}$

$t = 2.5 \text{ s}$

$\omega_f = \cancel{\omega_0} + \alpha t$

$\alpha = \dfrac{\omega_f}{t} = \dfrac{8.168 \ \dfrac{\text{rad}}{\text{s}}}{2.5 \text{ s}} = 3.27 \ \dfrac{\text{rad}}{\text{s}^2}$

$\boxed{\alpha = 3.3 \ \dfrac{\text{rad}}{\text{s}^2}}$

$\theta = \cancel{\omega_0 t} + \tfrac{1}{2}\alpha t^2 = 0.5 \cdot 3.27 \ \dfrac{\text{rad}}{\text{s}^2} \cdot (2.5 \text{ s})^2 = 10.2 \text{ rad}$

$\boxed{\theta = 1.0 \times 10^1 \text{ rad}}$

8.

$\omega_0 = 0$

$\theta = 0.750 \text{ rev} \cdot \dfrac{2\pi \text{ rad}}{\text{rev}} = 4.712 \text{ rad}$

$t = 4.55 \text{ s}$

$\theta = \cancel{\omega_0 t} + \tfrac{1}{2}\alpha t^2$

$\alpha = \dfrac{2\theta}{t^2} = \dfrac{2 \cdot 4.712 \text{ rad}}{(4.55 \text{ s})^2} = 0.4552 \ \dfrac{\text{rad}}{\text{s}^2}$

$\boxed{\alpha = 0.455 \ \dfrac{\text{rad}}{\text{s}^2}}$

$\omega_f = \cancel{\omega_0} + \alpha t = 0.4552 \ \dfrac{\text{rad}}{\text{s}^2} \cdot 4.55 \text{ s} = 2.07 \ \dfrac{\text{rad}}{\text{s}}$

9.

$s = 12.0 \text{ ft} \cdot \dfrac{0.3048 \text{ m}}{\text{ft}} = 3.658 \text{ m}$

$r = \dfrac{42.67 \text{ mm}}{2} \cdot \dfrac{1 \text{ m}}{1000 \text{ mm}} = 0.02134 \text{ m}$

$s = r\theta$

$\theta = \dfrac{s}{r} = \dfrac{3.658 \text{ m}}{0.02134 \text{ m}} = 171.4 \text{ rad} \cdot \dfrac{1 \text{ rev}}{2\pi \text{ rad}} = 27.3 \text{ rev}$

10. a.

$t = 200{,}000{,}000$ yr

$v = 800{,}000 \dfrac{\text{km}}{\text{hr}} \cdot \dfrac{24 \text{ hr}}{\text{dy}} \cdot \dfrac{365 \text{ dy}}{\text{yr}} = 7.008 \times 10^9 \dfrac{\text{km}}{\text{yr}}$

$d = s = vt = 7.008 \times 10^9 \dfrac{\text{km}}{\text{yr}} \cdot 200{,}000{,}000 \text{ yr} = 1.402 \times 10^{18}$ km

$s = r\theta$

$r = \dfrac{s}{\theta} = \dfrac{1.402 \times 10^{18} \text{ km}}{2\pi \text{ rad}} = 2.2 \times 10^{17}$ km

$\boxed{r = 2 \times 10^{17} \text{ km}}$

10. b.

$t = 76$ yr

$v = r\omega$

$\omega = \dfrac{v}{r} = \dfrac{7.008 \times 10^9 \dfrac{\text{km}}{\text{yr}}}{2.2 \times 10^{17} \text{ km}} = 3.2 \times 10^{-8} \dfrac{\text{rad}}{\text{yr}}$

$\theta = \omega t = 3.2 \times 10^{-8} \dfrac{\text{rad}}{\text{yr}} \cdot 76 \text{ yr} = 0.000002$ rad

11.

$r = 6378$ km

$\omega = \dfrac{1 \text{ rev}}{24 \text{ hr}} \cdot \dfrac{2\pi \text{ rad}}{\text{rev}} \cdot \dfrac{1 \text{ hr}}{3600 \text{ s}} = 7.2722 \times 10^{-5} \dfrac{\text{rad}}{\text{s}}$

$v = r\omega = 6378 \text{ km} \cdot 7.2722 \times 10^{-5} \dfrac{\text{rad}}{\text{s}} = 0.4638 \dfrac{\text{km}}{\text{s}}$

12.

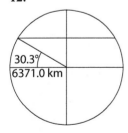

$r = 6371.0 \text{ km} \cdot \cos 30.3° = 5500.7$ km

$\omega = \dfrac{1 \text{ rev}}{24 \text{ hr}} \cdot \dfrac{2\pi \text{ rad}}{\text{rev}} \cdot \dfrac{1 \text{ hr}}{3600 \text{ s}} = 7.2722 \times 10^{-5} \dfrac{\text{rad}}{\text{s}}$

$v = r\omega = 5500.7 \text{ km} \cdot 7.2722 \times 10^{-5} \dfrac{\text{rad}}{\text{s}} = 0.400 \dfrac{\text{km}}{\text{s}}$

13.

$t = 5.0$ s

$\omega = 1.00 \dfrac{\text{rev}}{\text{s}} \cdot \dfrac{2\pi \text{ rad}}{\text{rev}} = 6.283 \dfrac{\text{rad}}{\text{s}}$

$r = 30.0 \text{ in} \cdot \dfrac{2.54 \text{ cm}}{\text{in}} \cdot \dfrac{1 \text{ m}}{100 \text{ cm}} = 0.762 \text{ m}$

$v = r\omega = 0.762 \text{ m} \cdot 6.283 \dfrac{\text{rad}}{\text{s}} = 4.788 \dfrac{\text{m}}{\text{s}}$

$d = vt = 4.788 \dfrac{\text{m}}{\text{s}} \cdot 5.0 \text{ s} = 24 \text{ m}$

14.

$v_0 = 0$

$v_f = 25.0 \dfrac{\text{m}}{\text{s}}$

$t = 17.5$ s

$r = \dfrac{0.920 \text{ m}}{2} = 0.460 \text{ m}$

$\omega_f = \dfrac{v_f}{r} = \dfrac{25.0 \dfrac{\text{m}}{\text{s}}}{0.460 \text{ m}} = 54.3 \dfrac{\text{rad}}{\text{s}}$

$\omega_f = \cancel{\omega_0} + \alpha t$

$\alpha = \dfrac{\omega_f}{t} = \dfrac{54.3 \dfrac{\text{rad}}{\text{s}}}{17.5 \text{ s}} = 3.10 \dfrac{\text{rad}}{\text{s}^2}$

$\theta = \cancel{\omega_0 t} + \tfrac{1}{2}\alpha t^2 = 0.5 \cdot 3.10 \dfrac{\text{rad}}{\text{s}^2} \cdot (17.5 \text{ s})^2 = 474.7 \text{ rad}$

$s = r\theta = 0.460 \text{ m} \cdot 474.7 \text{ rad} = 218 \text{ m}$

15.

$v = 8.3 \dfrac{\text{m}}{\text{s}}$

$r = \dfrac{0.105 \text{ m}}{2} = 0.0525 \text{ m}$

$t = 1.0$ s

$v = r\omega$

$\omega = \dfrac{v}{r} = \dfrac{8.3 \dfrac{\text{m}}{\text{s}}}{0.0525 \text{ m}} = 158 \dfrac{\text{rad}}{\text{s}}$

$\boxed{\omega = 160 \dfrac{\text{rad}}{\text{s}}}$

$\theta = \omega t = 158 \dfrac{\text{rad}}{\text{s}} \cdot 1.0 \text{ s} = 158 \text{ rad} \cdot \dfrac{1 \text{ rev}}{2\pi \text{ rad}} = 25 \text{ rev}$

16.

$$r = \frac{\frac{109}{16} \text{ in}}{2} = 3.406 \text{ in} \cdot \frac{2.54 \text{ cm}}{\text{in}} \cdot \frac{1 \text{ m}}{100 \text{ cm}} = 0.08651 \text{ m}$$

$$\omega_0 = 45 \frac{\text{rev}}{\text{min}} \cdot \frac{2\pi \text{ rad}}{\text{rev}} \cdot \frac{1 \text{ min}}{60 \text{ s}} = 4.712 \frac{\text{rad}}{\text{s}}$$

$$\omega_f = 0$$

$$t = 6.65 \text{ s}$$

$$\cancel{\omega_f} = \omega_0 + \alpha t$$

$$\alpha = \frac{-\omega_0}{t} = \frac{-4.712 \frac{\text{rad}}{\text{s}}}{6.65 \text{ s}} = -0.7086 \frac{\text{rad}}{\text{s}^2}$$

$$\boxed{\alpha = -0.709 \frac{\text{rad}}{\text{s}^2}}$$

$$\theta = \omega_0 t + \tfrac{1}{2}\alpha t^2 = 4.712 \frac{\text{rad}}{\text{s}} \cdot 6.65 \text{ s} - 0.5 \cdot 0.7086 \frac{\text{rad}}{\text{s}^2} \cdot (6.65 \text{ s})^2 = 15.67 \text{ rad}$$

$$s = r\theta = 0.08651 \text{ m} \cdot 15.67 \text{ rad} = 1.36 \text{ m}$$

17.

$$\omega_0 = 1750 \frac{\text{rev}}{\text{min}} \cdot \frac{2\pi \text{ rad}}{\text{rev}} \cdot \frac{1 \text{ min}}{60 \text{ s}} = 183.3 \frac{\text{rad}}{\text{s}}$$

$$r = \frac{32.0 \text{ cm}}{2} = 16.0 \text{ cm} = 0.160 \text{ m}$$

$$s = 26.75 \text{ m}$$

$$s = r\theta$$

$$\theta = \frac{s}{r} = \frac{26.75 \text{ m}}{0.160 \text{ m}} = 167.2 \text{ rad} \cdot \frac{1 \text{ rev}}{2\pi \text{ rad}} = 26.6 \text{ rev}$$

$$\cancel{\omega_f^2} = \omega_0^2 + 2\alpha\theta$$

$$\alpha = \frac{-\omega_0^2}{2\theta} = \frac{-\left(183.3 \frac{\text{rad}}{\text{s}}\right)^2}{2 \cdot 167.2 \text{ rad}} = -100.4 \frac{\text{rad}}{\text{s}^2}$$

$$\boxed{\alpha = -1.00 \times 10^2 \frac{\text{rad}}{\text{s}^2}}$$

18.

$$m = 13.5 \text{ kg}$$

$$I = 47.53 \text{ kg} \cdot \text{m}^2$$

$$I = \tfrac{1}{12} m L^2$$

$$L = \sqrt{\frac{12 I}{m}} = \sqrt{\frac{12 \cdot 47.53 \text{ kg} \cdot \text{m}^2}{13.5 \text{ kg}}} = 6.50 \text{ m}$$

19.

$$\omega_0 = 1875 \, \frac{\text{rev}}{\text{min}} \cdot \frac{2\pi \, \text{rad}}{\text{rev}} \cdot \frac{1 \, \text{min}}{60 \, \text{s}} = 196.3 \, \frac{\text{rad}}{\text{s}}$$

$$\omega_f = 0$$

$$t = 12.0 \, \text{s}$$

$$\omega_f = \omega_0 + \alpha t$$

$$\alpha = \frac{-\omega_0}{t} = \frac{-196.3 \, \frac{\text{rad}}{\text{s}}}{12.0 \, \text{s}} = -16.36 \, \frac{\text{rad}}{\text{s}^2}$$

The negative sign indicates the cylinder is slowing down, but is not needed to calculate the torque, which would simply come out negative.

$r = 16.5 \, \text{cm} = 0.165 \, \text{m}$

$m = 275 \, \text{kg}$

$I = \frac{1}{2} m r^2$

$$\tau = I\alpha = \frac{1}{2} m r^2 \alpha = 0.5 \cdot 275 \, \text{kg} \cdot (0.165 \, \text{m})^2 \cdot 16.36 \, \frac{\text{rad}}{\text{s}^2} = 61.2 \, \text{m} \cdot \text{N}$$

20.

There are two radii in this problem—one for the solid disk and one for the sprocket where the drive chain drives the carousel. These need to be kept separate and not confused. We will call them r_{cyl} and r_{drive}.

$t = 2.50 \, \text{s}$

$\omega_0 = 0$

$$\omega_f = 8.60 \, \frac{\text{rev}}{\text{min}} \cdot \frac{2\pi \, \text{rad}}{\text{rev}} \cdot \frac{1 \, \text{min}}{60 \, \text{s}} = 0.9006 \, \frac{\text{rad}}{\text{s}}$$

$$\omega_f = \omega_0 + \alpha t$$

$$\alpha = \frac{\omega_f}{t} = \frac{0.9006 \, \frac{\text{rad}}{\text{s}}}{2.50 \, \text{s}} = 0.3602 \, \frac{\text{rad}}{\text{s}^2}$$

$$r_{cyl} = 20.0 \, \text{ft} \cdot \frac{0.3048 \, \text{m}}{\text{ft}} = 6.096 \, \text{m}$$

$m = 4625 \, \text{kg}$

$I = \frac{1}{2} m r_{cyl}^2$

$$r_{drive} = \frac{30.0 \, \text{in}}{2} = 15.0 \, \text{in} \cdot \frac{2.54 \, \text{cm}}{\text{in}} \cdot \frac{1 \, \text{m}}{100 \, \text{cm}} = 0.3810 \, \text{m}$$

$\tau = I\alpha = \frac{1}{2} m r_{cyl}^2 \alpha$

$\tau = r_{drive} F$

$$F = \frac{\tau}{r_{drive}} = \frac{m r_{cyl}^2 \alpha}{2 r_{drive}} = \frac{4625 \, \text{kg} \cdot (6.096 \, \text{m})^2 \cdot 0.3602 \, \frac{\text{rad}}{\text{s}^2}}{2 \cdot 0.3810 \, \text{m}} = 81{,}200 \, \text{N}$$

Chapter 7

21.

$r_{cyl} = 1.00 \text{ cm} = 0.0100 \text{ m}$

$r_{sphere} = 4.00 \text{ cm} = 0.0400 \text{ m}$

$m_{cyl} = 1.25 \text{ kg}$

$m_{sphere} = 2.45 \text{ kg}$

$I = I_{cyl} + I_{sphere} = \frac{1}{2}m_{cyl}r_{cyl}^2 + \frac{2}{5}m_{sphere}r_{sphere}^2$

$I = 0.5 \cdot 1.25 \text{ kg} \cdot (0.0100 \text{ m})^2 + 0.4 \cdot 2.45 \text{ kg} \cdot (0.0400 \text{ m})^2 = 0.0016305 \text{ kg} \cdot \text{m}^2$

$\tau = 12.0 \text{ m} \cdot \text{N}$

$\tau = I\alpha$

$\alpha = \dfrac{\tau}{I} = \dfrac{12.0 \text{ m} \cdot \text{N}}{0.0016305 \text{ kg} \cdot \text{m}^2} = 7359.7 \dfrac{\text{rad}}{\text{s}^2}$

$\omega_0 = 0$

$\omega_f = 7550 \dfrac{\text{rev}}{\text{min}} \cdot \dfrac{2\pi \text{ rad}}{\text{rev}} \cdot \dfrac{1 \text{ min}}{60 \text{ s}} = 790.6 \dfrac{\text{rad}}{\text{s}}$

$\omega_f = \cancel{\omega_0} + \alpha t$

$t = \dfrac{\omega_f}{\alpha} = \dfrac{790.6 \frac{\text{rad}}{\text{s}}}{7359.7 \frac{\text{rad}}{\text{s}^2}} = 0.107 \text{ s}$

22.

First, solve for the acceleration of the block:

$m = 300.0 \text{ g} = 0.3000 \text{ kg}$

$s = d = 29.0 \text{ cm} = 0.290 \text{ m}$

$t = 2.45 \text{ s}$

$v_0 = 0$

$d = \cancel{v_0 t} + \frac{1}{2}at^2$

$a = \dfrac{2d}{t^2} = \dfrac{2 \cdot 0.290 \text{ m}}{(2.45 \text{ s})^2} = 0.09663 \dfrac{\text{m}}{\text{s}^2}$

Use this to solve for the tension:

$mg - T = ma$

$T = mg - ma = m(g - a) = 0.3000 \text{ kg} \cdot \left(9.80 \dfrac{\text{m}}{\text{s}^2} - 0.09663 \dfrac{\text{m}}{\text{s}^2}\right) = 2.911 \text{ N}$

$\boxed{T = 2.91 \text{ N}}$

Next, use the acceleration and tension to solve for I. The tension causes the torque, and is equal to the force on the drum.

$r = 6.25$ cm $= 0.0625$ m
$F = T = 2.911$ N
$\tau = rF$
$a = r\alpha$
$\alpha = \dfrac{a}{r}$
$\tau = I\alpha$
$rF = I\alpha = I\dfrac{a}{r}$
$I = \dfrac{r^2 F}{a} = \dfrac{(0.0625 \text{ m})^2 \cdot 2.911 \text{ N}}{0.09663 \, \dfrac{\text{m}}{\text{s}^2}} = 0.118 \text{ kg} \cdot \text{m}^2$

25.

$r = 47.5$ m
$\mu_s = 0.700$
$F_f = \mu_s mg = F_c = \dfrac{mv^2}{r}$
$\mu_s mg = \dfrac{mv^2}{r}$
$v = \sqrt{\mu_s gr} = \sqrt{0.700 \cdot 9.80 \, \dfrac{\text{m}}{\text{s}^2} \cdot 47.5 \text{ m}} = 18.1 \, \dfrac{\text{m}}{\text{s}}$

26.

$r = 25.0$ m
$m = 86.4$ kg
$v = 52.89 \, \dfrac{\text{km}}{\text{hr}} \cdot \dfrac{1000 \text{ m}}{\text{km}} \cdot \dfrac{1 \text{ hr}}{3600 \text{ s}} = 14.69 \, \dfrac{\text{m}}{\text{s}}$
$F_c = \dfrac{mv^2}{r} = \dfrac{86.4 \text{ kg} \cdot \left(14.69 \, \dfrac{\text{m}}{\text{s}}\right)^2}{25.0 \text{ m}} = 746 \text{ N}$

27.

$m = 50.0$ mg $= 5.00 \times 10^{-5}$ kg
$r = 0.08651$ m
$\omega = 4.712 \, \dfrac{\text{rad}}{\text{s}}$
$v = r\omega$
$F_c = \dfrac{mv^2}{r} = \dfrac{mr^2\omega^2}{r} = mr\omega^2 = 5.00 \times 10^{-5} \text{ kg} \cdot 0.08651 \text{ m} \cdot \left(4.712 \, \dfrac{\text{rad}}{\text{s}}\right)^2 = 9.60 \times 10^{-5} \text{ N}$

28.

$L = 71 \text{ cm} = 0.71 \text{ m}$

$r = L\cos\theta$

$m = 58.0 \text{ g} = 0.0580 \text{ kg}$

$\omega = \dfrac{1 \text{ rev}}{0.750 \text{ s}} \cdot \dfrac{2\pi \text{ rad}}{\text{rev}} = 8.38 \dfrac{\text{rad}}{\text{s}}$

$v = r\omega$

$T\sin\theta = mg$

$T = \dfrac{mg}{\sin\theta}$

$F_c = \dfrac{mv^2}{r} = \dfrac{mr^2\omega^2}{r} = mr\omega^2 = m\omega^2 L\cos\theta = T\cos\theta$

$T = m\omega^2 L = \dfrac{mg}{\sin\theta}$

$\omega^2 L = \dfrac{g}{\sin\theta}$

$\sin\theta = \dfrac{g}{\omega^2 L}$

$\theta = \sin^{-1}\dfrac{g}{\omega^2 L} = \sin^{-1}\left(\dfrac{9.80 \frac{\text{m}}{\text{s}^2}}{\left(8.38 \frac{\text{rad}}{\text{s}}\right)^2 \cdot 0.71 \text{ m}}\right) = 11°$

29.

To feel weightless, the rider's weight must equal the required centripetal force at a given speed. To see this, consider that at faster speeds, the seatbelt has to add to the weight to provide the required centripetal force. At slower speeds, the weight is more than needed and the surplus force will be countered by the seat. At the correct speed, the rider feels neither the seatbelt nor the seat, and thus feels weightless.

$r = 32 \text{ m}$

$\dfrac{mv^2}{r} = mg$

$v = \sqrt{gr} = \sqrt{9.80 \dfrac{\text{m}}{\text{s}^2} \cdot 32 \text{ m}} = 17.7 \dfrac{\text{m}}{\text{s}}$

$\boxed{v = 18 \dfrac{\text{m}}{\text{s}}}$

30.

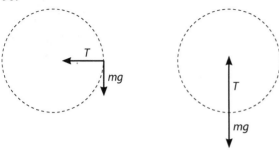

At 90°, the weight has no radial component, so the tension is equal to the centripetal force.

$m = 1.10$ kg

$r = 1.15$ m

$\omega = 1.50 \dfrac{\text{rev}}{\text{s}} \cdot \dfrac{2\pi \text{ rad}}{\text{rev}} = 9.42 \dfrac{\text{rad}}{\text{s}}$

$v = r\omega$

$T = F_c = \dfrac{mv^2}{r} = \dfrac{mr^2\omega^2}{r} = mr\omega^2 = 1.10 \text{ kg} \cdot 1.15 \text{ m} \cdot \left(9.42 \dfrac{\text{rad}}{\text{s}}\right)^2 = 112$ N

At the bottom, we must sum the forces and set them equal to F_c.

$T - mg = F_c = \dfrac{mv^2}{r}$

$T - mg = \dfrac{mv^2}{r}$

$T = m\left(g + \dfrac{v^2}{r}\right) = m\left(g + \dfrac{r^2\omega^2}{r}\right) = m\left(g + r\omega^2\right)$

$T = 1.10 \text{ kg} \cdot \left(9.80 \dfrac{\text{m}}{\text{s}^2} + 1.15 \text{ m} \cdot \left(9.42 \dfrac{\text{rad}}{\text{s}}\right)^2\right) = 123$ N

31.

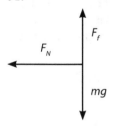

The centripetal force is provided by the normal force. The friction force must be equal to the weight.

$\mu_s = 0.75$

$r = \dfrac{4.88 \text{ m}}{2} = 2.44 \text{ m}$

$F_f = \mu_s F_N$

$F_f = mg$

$mg = \mu_s F_N$

$F_N = \dfrac{mg}{\mu_s}$

$F_N = F_c = \dfrac{mv^2}{r}$

$\dfrac{mg}{\mu_s} = \dfrac{mv^2}{r}$

$v = r\omega$

$\dfrac{g}{\mu_s} = \dfrac{r^2 \omega^2}{r} = r\omega^2$

$\omega = \sqrt{\dfrac{g}{\mu_s r}} = \sqrt{\dfrac{9.80 \frac{\text{m}}{\text{s}^2}}{0.75 \cdot 2.44 \text{ m}}} = 2.31 \dfrac{\text{rad}}{\text{s}} \cdot \dfrac{1 \text{ rev}}{2\pi \text{ rad}} \cdot \dfrac{60 \text{ s}}{\text{min}} = 22 \text{ rpm}$

32.

This problem is solved the same way as #29. The centripetal force must equal the weight.

$\dfrac{mv^2}{r} = mg$

$\dfrac{v^2}{r} = g$

$v = r\omega$

$r\omega^2 = g$

$\omega = \sqrt{\dfrac{g}{r}}$

33.

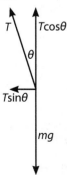

The solution is similar to #28.

$r = 3.00$ m

$\omega = 0.250 \dfrac{\text{rev}}{\text{s}} \cdot \dfrac{2\pi \text{ rad}}{\text{rev}} = 1.571 \dfrac{\text{rad}}{\text{s}}$

$T\cos\theta = mg$

$T = \dfrac{mg}{\cos\theta}$

$v = r\omega$

$F_c = \dfrac{mv^2}{r} = mr\omega^2 = T\sin\theta$

$mr\omega^2 = T\sin\theta$

$mr\omega^2 = \dfrac{mg}{\cos\theta}\sin\theta$

$r\omega^2 = g\tan\theta$

$\theta = \tan^{-1}\dfrac{r\omega^2}{g} = \tan^{-1}\left(\dfrac{3.00\text{ m}\cdot\left(1.571\dfrac{\text{rad}}{\text{s}}\right)^2}{9.80\dfrac{\text{m}}{\text{s}^2}}\right) = 37.1°$

34.

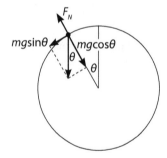

At the moment the penny leaves the surface of the ball, the normal force on the penny due to the surface of the ball is 0. Prior to that, the radial component of the weight and the normal force must sum to equal the centripetal force that causes the penny to move in a circle.

$mg\cos\theta - F_N = \dfrac{mv^2}{r}$

When $F_N = 0$,

$mg\cos\theta = \dfrac{mv^2}{r}$

$\cos\theta = \dfrac{v^2}{gr}$

Now we require an expression for v. The easiest way to find out how fast the penny is going is the use conservation of energy. The height of the penny has decreased by $r - r\cos\theta$.

$$U_K = \tfrac{1}{2}mv^2 = mg(r - r\cos\theta)$$
$$v^2 = 2gr(1-\cos\theta)$$
$$\cos\theta = \frac{2gr(1-\cos\theta)}{gr}$$
$$\cos\theta = 2 - 2\cos\theta$$
$$3\cos\theta = 2$$
$$\cos\theta = \frac{2}{3}$$

35.

Earth weight:

$$F_{w,E} = 155 \text{ lb} \cdot \frac{4.448 \text{ N}}{\text{lb}} = 689.4 \text{ N}$$

$$F_{w,E} = m_s g$$

$$m_s = \frac{F_{w,E}}{g} = \frac{689.4 \text{ N}}{9.80 \, \frac{\text{m}}{\text{s}^2}} = 70.35 \text{ kg}$$

Moon weight:

$$r = 1737.1 \text{ km} = 1.7371 \times 10^6 \text{ m}$$

$$m_M = 7.348 \times 10^{22} \text{ kg}$$

$$F_{w,M} = G\frac{m_s m_M}{r^2} = 6.674 \times 10^{-11} \, \frac{\text{N} \cdot \text{m}^2}{\text{kg}^2} \cdot \frac{70.35 \text{ kg} \cdot 7.348 \times 10^{22} \text{ kg}}{(1.7371 \times 10^6 \text{ m})^2} = 114.3 \text{ N}$$

$$\boxed{F_{w,M} = 114 \text{ N}}$$

$$\frac{F_{w,E}}{F_{w,M}} = \frac{689.4 \text{ N}}{114.3 \text{ N}} = 6.03$$

36.

$$m_p = 1.67 \times 10^{-27} \text{ kg}$$
$$r = 1.0 \text{ cm} = 0.010 \text{ m}$$

$$F = G\frac{m_p^2}{r^2} = 6.67 \times 10^{-11} \, \frac{\text{N} \cdot \text{m}^2}{\text{kg}^2} \cdot \frac{(1.67 \times 10^{-27} \text{ kg})^2}{(0.010 \text{ m})^2} = 1.86 \times 10^{-60} \text{ N}$$

$$\boxed{F = 1.9 \times 10^{-60} \text{ N}}$$

$$\frac{F_E}{F_G} = \frac{2.3 \times 10^{-24}}{1.86 \times 10^{-60}} = 1.2 \times 10^{36}$$

The electrical repulsion is 1.2×10^{36} times greater.

37.

Begin by setting up two expressions for the gravitational attraction and solving for the required value of r:

$r_E = 6371.0$ km

$$F = G\frac{mm_E}{6r_E^2} = G\frac{mm_E}{r^2}$$

$$6r_E^2 = r^2$$

$$r = \sqrt{6}r_E = \sqrt{6} \cdot 6371.0 \text{ km} = 15{,}600 \text{ km}$$

Subtracting r_E gives the altitude:

$$h = 15{,}600 \text{ km} - 6371.0 \text{ km} = 9300 \text{ km}$$

38.

$m_E = 5.972 \times 10^{24}$ kg

$m_M = 7.348 \times 10^{22}$ kg

$$G\frac{mm_E}{6r_E^2} = G\frac{mm_M}{r_M^2}$$

$$\frac{m_E}{6r_E^2} = \frac{m_M}{r_M^2}$$

$$r_M^2 = \frac{6r_E^2 m_M}{m_E}$$

$$r_M = \sqrt{\frac{6m_M}{m_E}} r_E = \sqrt{\frac{6 \cdot 7.348 \times 10^{22} \text{ kg}}{5.972 \times 10^{24} \text{ kg}}} \cdot r_E = 0.272 r_E$$

39.

The centripetal force acting on the astronauts will be felt by them as the simulated gravity.

$$r = \frac{35 \text{ ft}}{2} = 17.5 \text{ ft} \cdot \frac{0.3048 \text{ m}}{\text{ft}} = 5.33 \text{ m}$$

$$\omega = \frac{1 \text{ rev}}{10 \text{ s}} \cdot \frac{2\pi \text{ rad}}{\text{rev}} = 0.628 \frac{\text{rad}}{\text{s}}$$

$$v = r\omega$$

$$F_c = \frac{mv^2}{r} = mr\omega^2 = m \cdot 5.33 \text{ m} \cdot \left(0.628 \frac{\text{rad}}{\text{s}}\right)^2 = m \cdot 2.10 \frac{\text{m}}{\text{s}^2}$$

$$F_c = m \cdot 2.10 \frac{\text{m}}{\text{s}^2}$$

We can compare this expression to the familiar equation $F_w = mg$. The apparent gravity produced in the space ship will be $2.10/9.80 = 0.214$ times earth's gravity. From problem 35, the moon's gravitational acceleration is $9.80/6.03$, or 1.63 m/s². Thus the apparent gravity produced in the space ship will be $2.10/1.63 = 1.29$ times the moon's gravity. (I used 3 significant digits even though the information given in the novel is not this precise.)

40.

The horizontal velocity of the keys at the moment of release is $v_h = 36.0$ m/s. The keys maintain this horizontal velocity during the fall, but the point below the release point is slowing and will fall behind. We calculate the time of the fall, and then the distance traveled during that time by the slowing train, and separately at v_h.

$v_0 = 0$
$d = 2.16$ m
$a = g$
$d = v_0 t + \frac{1}{2}at^2$
$t = \sqrt{\frac{2d}{a}} = \sqrt{\frac{2 \cdot 2.16 \text{ m}}{9.80 \frac{\text{m}}{\text{s}^2}}} = 0.6639$ s

The distance traveled at v_h during this time:

$v_h = 36.0 \frac{\text{m}}{\text{s}}$

$d = v_h t = 36.0 \frac{\text{m}}{\text{s}} \cdot 0.6639 \text{ s} = 23.9$ m

The distance traveled by the train during this time:

$v_0 = 36.0 \frac{\text{m}}{\text{s}}$

$a = -3.75 \frac{\text{m}}{\text{s}^2}$

$d = v_0 t + \frac{1}{2}at^2 = 36.0 \frac{\text{m}}{\text{s}} \cdot 0.6639 \text{ s} - 0.5 \cdot 3.75 \frac{\text{m}}{\text{s}^2} \cdot (0.6639 \text{ s})^2 = 23.1$ m

The difference is 23.9 m − 23.1 m = 0.8 m, or 80 cm. Thus, the keys will land 80 cm away from the point below the point of release, in the direction of the train's motion.

41.

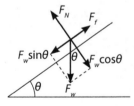

$\theta = 36.5°$
$F_N = mg \cos\theta$
$F_f = \mu_s F_N = \mu_s mg \cos\theta$
$F_f = mg \sin\theta$
$mg \sin\theta = \mu_s mg \cos\theta$
$\mu_s = \tan\theta = \tan 36.5° = 0.740$

42.

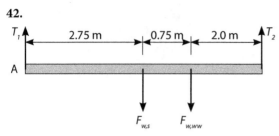

$F_{w,s} = 1335$ N

$F_{w,ww} = 890$ N

$\Sigma \tau_{CCW\ A+} = 0$

$LT_2 - \dfrac{L}{2} F_{w,s} - \dfrac{3.5}{5.5} \cdot L F_{w,ww} = 0$

$T_2 = \dfrac{1}{2} F_{w,s} + \dfrac{3.5}{5.5} \cdot F_{w,ww} = 0.5 \cdot 1335$ N $+ \dfrac{3.5}{5.5} \cdot 890$ N $= 1234$ N

$\boxed{T_2 = 1230\text{ N}}$

$\Sigma F_{v\uparrow+} = 0$

$T_1 + T_2 - F_{w,s} - F_{w,ww} = 0$

$T_1 = F_{w,s} + F_{w,ww} - T_2 = 1335$ N $+ 890$ N $- 1234$ N $= 991$ N

$\boxed{T_1 = 990\text{ N}}$

Since there are two cables on each end, each cable bears half the weight of T_1 and T_2. Thus, the tensions are 615 N and 495 N, which, to two sig digs, are 620 N and 5.0×10^2 N.

43.

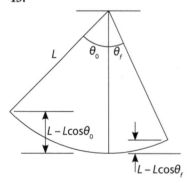

Use conservation of energy to get the velocity at the bottom before the collision, v_1, conservation of momentum to get the velocity of the two kids after the collision, v_2, and conservation of energy again to find out how high they will go.

$m_1 = 32.5$ kg
$m_2 = 27.5$ kg
$\theta_0 = 45°$
$U_{G0} = m_1 gL(1-\cos\theta_0) = \tfrac{1}{2} m_1 v_1^2$
$v_1 = \sqrt{2gL(1-\cos\theta_0)}$
$m_1 v_1 = (m_1 + m_2) v_2$
$v_2 = \dfrac{m_1 v_1}{m_1 + m_2} = \dfrac{m_1 \sqrt{2gL(1-\cos\theta_0)}}{m_1 + m_2}$
$U_{K2} = \tfrac{1}{2}(m_1 + m_2) v_2^2 = \dfrac{m_1^2 gL(1-\cos\theta_0)}{m_1 + m_2} = U_{Gf} = (m_1 + m_2) gL(1-\cos\theta_f)$
$\dfrac{m_1^2 gL(1-\cos\theta_0)}{m_1 + m_2} = (m_1 + m_2) gL(1-\cos\theta_f)$
$\dfrac{m_1^2 (1-\cos\theta_0)}{(m_1 + m_2)^2} = 1 - \cos\theta_f$
$\cos\theta_f = 1 - \dfrac{m_1^2 (1-\cos\theta_0)}{(m_1 + m_2)^2}$
$\theta_f = \cos^{-1}\left(1 - \dfrac{m_1^2 (1-\cos\theta_0)}{(m_1 + m_2)^2}\right) = \cos^{-1}\left(1 - \dfrac{(32.5 \text{ kg})^2 (1-\cos 45°)}{(60.0 \text{ kg})^2}\right) = 24°$

Chapter 8

1.

For each small mass, $I = mr^2$, so the total for them is $5mr^2$. For the large masses,

$$I = 7 \cdot 4m \cdot \left(\frac{5}{8}r\right)^2 = \frac{175}{16}mr^2$$

For the axle,

$$I = \frac{1}{2} \cdot 10m \cdot \left(\frac{r}{4}\right)^2 = \frac{5}{16}mr^2$$

Adding these all together,

$$I = 5mr^2 + \frac{175}{16}mr^2 + \frac{5}{16}mr^2 = \frac{80}{16}mr^2 + \frac{175}{16}mr^2 + \frac{5}{16}mr^2$$

$$I = \frac{260}{16}mr^2 = \frac{65}{4}mr^2$$

2.

For axis A–A:

$$I = 4ma^2$$

For axis B–B:

$$I = 4mb^2$$

For axis C–C:

$$r^2 = a^2 + b^2$$

$$I = 4m\left(a^2 + b^2\right)$$

3.

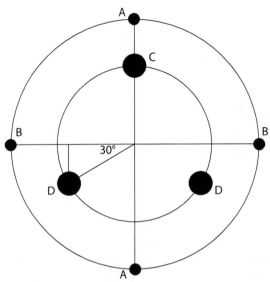

For the axle,

$$I = \frac{1}{12}m(2r)^2 = \frac{1}{3}mr^2$$

For the small masses labeled A,

$$I = 2mr^2$$

The two small masses labeled B do not contribute to I.

For the large mass C,

$$I = 4m\left(\frac{5}{8}r\right)^2 = \frac{100}{64}mr^2 = \frac{25}{16}mr^2$$

For the two large masses labeled D, the rotation radius is 5/8·r·sin30°, or 5/16·r. Thus

$$I = 2 \cdot 4m\left(\frac{5}{16}r\right)^2 = \frac{200}{256}mr^2 = \frac{25}{32}mr^2$$

Adding these up gives

$$I = \frac{1}{3}mr^2 + 2mr^2 + \frac{25}{16}mr^2 + \frac{25}{32}mr^2 = \frac{449}{96}mr^2$$

4. a.

$r = \dfrac{15.00 \text{ cm}}{2} = 7.500 \text{ cm} = 0.07500 \text{ m}$

$T = 27.50 \text{ N}$

$\theta = 180.0° = \pi \text{ rad}$

$s = r\theta$

$W = Ts = Tr\theta = 27.50 \text{ N} \cdot 0.07500 \text{ m} \cdot \pi \text{ rad} = 6.4795 \text{ J}$

$\boxed{W = 6.480 \text{ J}}$

---

4. b.

$m = 5.25 \text{ kg}$

$I = \tfrac{1}{2} mr^2$

$W = U_K = \tfrac{1}{2} I\omega^2 = \tfrac{1}{2} \cdot \tfrac{1}{2} mr^2 \cdot \omega^2 = \tfrac{1}{4} mr^2 \omega^2$

$\omega = \sqrt{\dfrac{4 U_K}{mr^2}} = \sqrt{\dfrac{4 \cdot 6.4795 \text{ J}}{5.25 \text{ kg} \cdot (0.07500 \text{ m})^2}} = 29.6 \dfrac{\text{rad}}{\text{s}}$

---

5. a.

The heat given off is equal to the initial rotational kinetic energy.

$I = 0.1858 \text{ kg} \cdot \text{m}^2$

$\omega = 33.333 \dfrac{\text{rev}}{\text{min}} \cdot \dfrac{2\pi \text{ rad}}{\text{rev}} \cdot \dfrac{1 \text{ min}}{60 \text{ s}} = 3.4906 \dfrac{\text{rad}}{\text{s}}$

$U_K = \tfrac{1}{2} I \omega^2 = 0.5 \cdot 0.1858 \text{ kg} \cdot \text{m}^2 \cdot \left(3.4906 \dfrac{\text{rad}}{\text{s}}\right)^2 = 1.132 \text{ J}$

---

5. b.

$t = 18.0 \text{ s}$

$\omega_f = 0$

$\omega_f = \omega_0 + \alpha t$

$\alpha = \dfrac{-\omega_0}{t}$

$\tau = I\alpha = -I \cdot \dfrac{\omega_0}{t} = -0.1858 \text{ kg} \cdot \text{m}^2 \cdot \dfrac{3.4906 \, \tfrac{\text{rad}}{\text{s}}}{18.0 \text{ s}} = -0.0360 \text{ m} \cdot \text{N}$

The negative sign indicates that the torque opposes the motion, and thus the turntable is slowing.

6.

$$\omega = 5100 \ \frac{\text{rev}}{\text{min}} \cdot \frac{2\pi \ \text{rad}}{\text{rev}} \cdot \frac{1 \ \text{min}}{60 \ \text{s}} = 534 \ \frac{\text{rad}}{\text{s}}$$

$I = 0.0117 \ \text{kg} \cdot \text{m}^2$

$P = 1.44 \ \text{kW} = 1440 \ \text{W}$

$U_K = \frac{1}{2} I \omega^2$

$P = \dfrac{U_K}{t}$

$$t = \frac{U_K}{P} = \frac{\frac{1}{2} I \omega^2}{P} = \frac{0.5 \cdot 0.0117 \ \text{kg} \cdot \text{m}^2 \cdot \left(534 \ \dfrac{\text{rad}}{\text{s}}\right)^2}{1440 \ \text{W}} = 1.2 \ \text{s}$$

7.

$m = 165 \ \text{g} = 0.165 \ \text{kg}$

$r = \dfrac{57.15 \ \text{mm}}{2} = 28.58 \ \text{mm} = 0.02858 \ \text{m}$

$\omega_0 = 32.0 \ \dfrac{\text{rad}}{\text{s}}$

$t = 4.77 \ \text{s}$

$\omega_f = 0$

$\cancel{\omega_f} = \omega_0 + \alpha t$

$\alpha = \dfrac{-\omega_0}{t}$

$I = \frac{2}{5} m r^2$

$$\tau = I\alpha = -\tfrac{2}{5} m r^2 \cdot \frac{\omega_0}{t} = -\frac{2 \cdot 0.165 \ \text{kg} \cdot (0.02858 \ \text{m})^2 \cdot 32.0 \ \dfrac{\text{rad}}{\text{s}}}{5 \cdot 4.77 \ \text{s}} = -0.000362 \ \text{m} \cdot \text{N}$$

8.

$r = \dfrac{12 \text{ cm}}{2} = 6.0 \text{ cm} = 0.060 \text{ m}$

$m_b = 250 \text{ g} = 0.25 \text{ kg}$

$d = s = 17.0 \text{ cm} = 0.170 \text{ m}$

$t = 3.75 \text{ s}$

$v_0 = 0$

$d = \cancel{v_0 t} + \tfrac{1}{2} a t^2$

$a = \dfrac{2d}{t^2}$

$m_b g - T = m_b a$

$T = m_b g - m_b a = m_b (g - a) = m_b \left(g - \dfrac{2d}{t^2} \right) = 0.25 \text{ kg} \cdot \left(9.80 \, \dfrac{\text{m}}{\text{s}^2} - \dfrac{2 \cdot 0.170 \text{ m}}{(3.75 \text{ s})^2} \right) = 2.44 \text{ N}$

$\boxed{T = 2.4 \text{ N}}$

$a = r\alpha \quad \Rightarrow \quad \alpha = \dfrac{a}{r} = \dfrac{2d}{rt^2}$

$\tau = rT = I\alpha$

$I = \dfrac{rT}{\alpha} = \dfrac{rT}{\dfrac{2d}{rt^2}} = \dfrac{r^2 t^2 T}{2d} = \dfrac{(0.060 \text{ m})^2 (3.75 \text{ s})^2 \cdot 2.44 \text{ N}}{2 \cdot 0.170 \text{ m}} = 0.36 \text{ kg} \cdot \text{m}^2$

---

9. a.

$I = 0.175 \text{ kg} \cdot \text{m}^2$

$r = \dfrac{15.5 \text{ cm}}{2} = 7.75 \text{ cm} = 0.0775 \text{ m}$

$F = 2.50 \text{ N}$

$t = 1.50 \text{ s}$

$\omega_0 = 0$

$\tau = rF = I\alpha$

$\alpha = \dfrac{rF}{I}$

$\omega_f = \cancel{\omega_0} + \alpha t = \dfrac{rFt}{I} = \dfrac{0.0775 \text{ m} \cdot 2.50 \text{ N} \cdot 1.50 \text{ s}}{0.175 \text{ kg} \cdot \text{m}^2} = 1.661 \, \dfrac{\text{rad}}{\text{s}}$

$U_K = \tfrac{1}{2} I \omega^2 = 0.5 \cdot 0.175 \text{ kg} \cdot \text{m}^2 \cdot \left(1.661 \, \dfrac{\text{rad}}{\text{s}} \right)^2 = 0.241 \text{ J}$

9. b.

$$\omega_f = 33.333 \frac{\text{rev}}{\text{min}} \cdot \frac{2\pi \text{ rad}}{\text{rev}} \cdot \frac{1 \text{ min}}{60 \text{ s}} = 3.4906 \frac{\text{rad}}{\text{s}}$$

$$\omega_f = \cancel{\omega_0} + \alpha t$$

$$t = \frac{\omega_f}{\alpha} = \frac{\omega_f}{\frac{rF}{I}} = \frac{\omega_f I}{rF} = \frac{3.4906 \frac{\text{rad}}{\text{s}} \cdot 0.175 \text{ kg} \cdot \text{m}^2}{0.0775 \text{ m} \cdot 2.50 \text{ N}} = 3.15 \text{ s}$$

10.

$r = 17.5 \text{ cm} = 0.175 \text{ m}$

$m = 75.00 \text{ kg}$

$m_b = 6.75 \text{ kg}$

$d = s = 1.25 \text{ m}$

$\omega_0 = 0$

$I = \frac{1}{2}mr^2$

$\tau = rT = I\alpha \quad \Rightarrow \quad T = \frac{I\alpha}{r}$

$a = r\alpha$

$m_b g - T = m_b a$

$m_b g - \frac{I\alpha}{r} = m_b r\alpha$

$m_b g = \alpha \left(m_b r + \frac{I}{r} \right)$

$$\alpha = \frac{m_b g}{m_b r + \frac{I}{r}} = \frac{m_b g r}{m_b r^2 + I} = \frac{m_b g r}{m_b r^2 + \frac{1}{2}mr^2} = \frac{2 m_b g}{r(2m_b + m)}$$

$$\alpha = \frac{2 \cdot 6.75 \text{ kg} \cdot 9.80 \frac{\text{m}}{\text{s}^2}}{0.175 \text{ m} \cdot (2 \cdot 6.75 \text{ kg} \cdot 75.00 \text{ kg})} = 8.542 \frac{\text{rad}}{\text{s}^2}$$

$\omega_f^2 = \cancel{\omega_0^2} + 2\alpha\theta$

$s = r\theta \quad \Rightarrow \quad \theta = \frac{s}{r}$

$\omega_f^2 = 2\alpha\theta = 2\alpha\frac{s}{r}$

$\omega_f = \sqrt{2\alpha\frac{s}{r}} = \sqrt{2 \cdot 8.542 \frac{\text{rad}}{\text{s}^2} \cdot \frac{1.25 \text{ m}}{0.175 \text{ m}}} = 11.0 \frac{\text{rad}}{\text{s}}$

$U_K = \frac{1}{2}I\omega_f^2 = \frac{1}{2} \cdot \frac{1}{2}mr^2 \cdot 2\alpha\frac{s}{r} = \frac{1}{2}mr\alpha s = 0.5 \cdot 75.00 \text{ kg} \cdot 0.175 \text{ m} \cdot 8.542 \frac{\text{rad}}{\text{s}^2} \cdot 1.25 \text{ m} = 70.1 \text{ J}$

11.

$I = 0.950 \text{ kg} \cdot \text{m}^2$

$m_1 = 1.25 \text{ kg}$

$m_2 = 1.75 \text{ kg}$

$r = \dfrac{10.00 \text{ cm}}{2} = 5.000 \text{ cm} = 0.05000 \text{ m}$

$d = s = 0.500 \text{ m}$

$\omega_0 = 0$

$\tau = rT_2 - rT_1 = r(T_2 - T_1)$

$\tau = I\alpha$

$r(T_2 - T_1) = I\alpha$

$T_1 - m_1 g = m_1 a$

$a = r\alpha$

$T_1 - m_1 g = m_1 r\alpha$

$T_1 = m_1 g + m_1 r\alpha$

$m_2 g - T_2 = m_2 a$

$m_2 g - T_2 = m_2 r\alpha$

$T_2 = m_2 g - m_2 r\alpha$

$r(m_2 g - m_2 r\alpha - (m_1 g + m_1 r\alpha)) = I\alpha$

$m_2 gr - m_2 r^2 \alpha - m_1 gr - m_1 r^2 \alpha = I\alpha$

$m_2 gr - m_1 gr = (I + m_2 r^2 + m_1 r^2)\alpha$

$\alpha = \dfrac{gr(m_2 - m_1)}{I + m_2 r^2 + m_1 r^2}$

$s = r\theta \Rightarrow \theta = \dfrac{s}{r}$

$\theta = \omega_0 t + \tfrac{1}{2}\alpha t^2$

$t = \sqrt{\dfrac{2\theta}{\alpha}} = \sqrt{\dfrac{2s}{2\left(\dfrac{gr(m_2 - m_1)}{I + m_2 r^2 + m_1 r^2}\right)}} = \sqrt{\dfrac{2s(I + m_2 r^2 + m_1 r^2)}{gr^2(m_2 - m_1)}} = \sqrt{\dfrac{2s(I + r^2(m_2 + m_1))}{gr^2(m_2 - m_1)}}$

$t = \sqrt{\dfrac{2 \cdot 0.500 \text{ m}\left(0.950 \text{ kg} \cdot \text{m}^2 + (0.05000 \text{ m})^2(1.75 \text{ kg} + 1.25 \text{ kg})\right)}{9.80 \dfrac{\text{m}}{\text{s}^2}(0.05000 \text{ m})^2(1.75 \text{ kg} - 1.25 \text{ kg})}} = 8.841 \text{ s}$

$\boxed{t = 8.84 \text{ s}}$

$\omega_f = \omega_0 + \alpha t = \dfrac{grt(m_2 - m_1)}{I + m_2 r^2 + m_1 r^2}$

$\omega_f = \dfrac{9.80 \dfrac{\text{m}}{\text{s}^2} \cdot 0.05000 \text{ m} \cdot 8.841 \text{ s} \cdot (1.75 \text{ kg} - 1.25 \text{ kg})}{0.950 \text{ kg} \cdot \text{m}^2 + (0.05000 \text{ m})^2(1.75 \text{ kg} + 1.25 \text{ kg})} = 2.262 \dfrac{\text{rad}}{\text{s}} \cdot \dfrac{60 \text{ s}}{\text{min}} \cdot \dfrac{1 \text{ rev}}{2\pi \text{ rad}} = 21.6 \text{ rpm}$

13.

$h = 14.0 \text{ m} \cdot \sin 3.50° = 0.8547 \text{ m}$

$r = \dfrac{1.02 \text{ m}}{2} = 0.510 \text{ m}$

$m = 245 \text{ g} = 0.245 \text{ kg}$

$U_{Gi} = mgh = U_{Kf}$

$U_{Kf} = \tfrac{1}{2}mv^2 + \tfrac{1}{2}I\omega^2$

$I = mr^2$

$v = r\omega$

$mgh = \tfrac{1}{2}mr^2\omega^2 + \tfrac{1}{2}mr^2\omega^2 = mr^2\omega^2$

$gh = r^2\omega^2$

$\omega = \sqrt{\dfrac{gh}{r^2}} = \sqrt{\dfrac{9.80 \frac{\text{m}}{\text{s}^2} \cdot 0.8547 \text{ m}}{(0.510 \text{ m})^2}} = 5.675 \dfrac{\text{rad}}{\text{s}}$

$\boxed{\omega = 5.67 \dfrac{\text{rad}}{\text{s}}}$

$v = r\omega = 0.510 \text{ m} \cdot 5.675 \dfrac{\text{rad}}{\text{s}} = 2.89 \dfrac{\text{m}}{\text{s}}$

14.

$F_w = 12.0 \text{ lb} \cdot \dfrac{4.448 \text{ N}}{\text{lb}} = 53.38 \text{ N}$

$m = \dfrac{F_w}{g} = \dfrac{53.38 \text{ N}}{9.80 \frac{\text{m}}{\text{s}^2}} = 5.447 \text{ kg}$

$r = \dfrac{8.595 \text{ in}}{2} \cdot \dfrac{2.54 \text{ cm}}{\text{in}} \cdot \dfrac{1 \text{ m}}{100 \text{ m}} = 0.1092 \text{ m}$

$v = 2.75 \dfrac{\text{m}}{\text{s}}$

$U_K = \tfrac{1}{2}mv^2 + \tfrac{1}{2}I\omega^2$

$I = \tfrac{2}{5}mr^2$

$v = r\omega \Rightarrow \omega = \dfrac{v}{r}$

$U_K = \tfrac{1}{2}mv^2 + \tfrac{1}{2} \cdot \tfrac{2}{5}mr^2 \dfrac{v^2}{r^2} = \tfrac{1}{2}mv^2 + \tfrac{1}{5}mv^2 = \tfrac{7}{10}mv^2 = 0.7 \cdot 5.447 \text{ kg} \cdot \left(2.75 \dfrac{\text{m}}{\text{s}}\right)^2 = 28.8 \text{ J}$

15.

From the previous problem, $U_K = 7/10 \ mv^2$.

$v = 0.875 \, \dfrac{m}{s}$

$U_{Ki} = \tfrac{7}{10} mv^2 = U_{Gf} = mgh$

$\tfrac{7}{10} mv^2 = mgh$

$\tfrac{7}{10} v^2 = gh$

$h = \dfrac{7v^2}{10g} = \dfrac{7 \cdot \left(0.875 \, \dfrac{m}{s}\right)^2}{10 \cdot 9.80 \, \dfrac{m}{s^2}} = 0.0547 \, m$

16.

The sphere rolls by turning about a horizontal axis with rolling radius R, which relates to d and r as follows:

$R^2 = r^2 - \left(\dfrac{d}{2}\right)^2 = r^2 - \dfrac{d^2}{4}$

$d = 14.0 \text{ mm} = 0.014 \text{ m}$

$r = \dfrac{1.000 \text{ in}}{2} = 0.5000 \text{ in} \cdot \dfrac{2.54 \text{ cm}}{\text{in}} = 1.270 \text{ cm} = 0.01270 \text{ m}$

$h = 12.00 \text{ cm} = 0.1200 \text{ m}$

$U_{Gi} = mgh = U_K$

$U_K = \tfrac{1}{2}mv^2 + \tfrac{1}{2} \cdot \tfrac{2}{5}mr^2\omega^2 = \tfrac{1}{2}mv^2 + \tfrac{1}{5}mr^2\omega^2$

$v = R\omega \;\Rightarrow\; \omega = \dfrac{v}{R}$

$U_K = \tfrac{1}{2}mv^2 + \tfrac{1}{5}mr^2 \dfrac{v^2}{R^2}$

$R^2 = r^2 - \dfrac{d^2}{4} = \dfrac{4r^2 - d^2}{4}$

$mgh = \tfrac{1}{2}mv^2 + \tfrac{1}{5}mr^2 \dfrac{v^2}{R^2} = \tfrac{1}{2}mv^2 + \tfrac{1}{5}mr^2 \dfrac{v^2}{\dfrac{4r^2-d^2}{4}} = \tfrac{1}{2}mv^2 + \tfrac{1}{5}mr^2 \dfrac{4v^2}{4r^2-d^2}$

$10gh = 5v^2 + \dfrac{8r^2 v^2}{4r^2 - d^2}$

$10gh = \left(5 + \dfrac{8r^2}{4r^2-d^2}\right)v^2 = \left(\dfrac{5(4r^2-d^2)}{4r^2-d^2} + \dfrac{8r^2}{4r^2-d^2}\right)v^2 = \left(\dfrac{5(4r^2-d^2)+8r^2}{4r^2-d^2}\right)v^2$

$10gh = \left(\dfrac{20r^2 - 5d^2 + 8r^2}{4r^2 - d^2}\right)v^2 = \left(\dfrac{28r^2 - 5d^2}{4r^2 - d^2}\right)v^2$

$v = \sqrt{10gh \dfrac{4r^2-d^2}{28r^2-5d^2}} = \sqrt{10 \cdot 9.80 \,\dfrac{\text{m}}{\text{s}^2} \cdot 0.1200 \text{ m} \cdot \dfrac{4(0.01270 \text{ m})^2 - (0.014 \text{ m})^2}{28(0.01270 \text{ m})^2 - 5(0.014 \text{ m})^2}} = 1.22 \,\dfrac{\text{m}}{\text{s}}$

17.

$m_d = m_r = 0.450 \text{ kg}$

$r_d = r_r = \dfrac{22.86 \text{ cm}}{2} = 11.43 \text{ cm} = 0.1143 \text{ m}$

$h = 10.0 \text{ cm} = 0.100 \text{ m}$

$U_{Gi} = U_{Kf} = mgh = 0.450 \text{ kg} \cdot 9.80 \,\dfrac{\text{m}}{\text{s}^2} \cdot 0.100 \text{ m} = 0.441 \text{ J}$

This value is the same for both the disk and the ring.

The angular velocity for the disk:

$U_{Kf} = \tfrac{1}{2}mv^2 + \tfrac{1}{2}I\omega^2 = \tfrac{1}{2}mr^2\omega^2 + \tfrac{1}{2} \cdot \tfrac{1}{2}mr^2\omega^2 = \tfrac{1}{2}mr^2\omega^2 + \tfrac{1}{4}mr^2\omega^2 = \tfrac{3}{4}mr^2\omega^2$

$mgh = \tfrac{3}{4}mr^2\omega^2$

$gh = \tfrac{3}{4}r^2\omega^2$

$\omega = \sqrt{\dfrac{4gh}{3r^2}} = \sqrt{\dfrac{4 \cdot 9.80 \,\dfrac{\text{m}}{\text{s}^2} \cdot 0.100 \text{ m}}{3 \cdot (0.1143 \text{ m})^2}} = 10.0 \,\dfrac{\text{rad}}{\text{s}}$

The angular velocity for the ring:
$$U_{Kf} = \tfrac{1}{2}mv^2 + \tfrac{1}{2}I\omega^2 = \tfrac{1}{2}mr^2\omega^2 + \tfrac{1}{2}mr^2\omega^2 = mr^2\omega^2$$
$$mgh = mr^2\omega^2$$
$$gh = r^2\omega^2$$
$$\omega = \sqrt{\frac{gh}{r^2}} = \sqrt{\frac{9.80\,\frac{m}{s^2} \cdot 0.100\,m}{(0.1143\,m)^2}} = 8.66\,\frac{rad}{s}$$

Even though the disk and ring have the same total kinetic energy, the disk is rolling faster.

18. a.

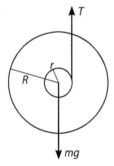

Downward acceleration is due to the difference between the vector magnitudes mg and T. Rotation is due to the torque caused by T. The relationship between a and α depends on the small radius; the moment of inertia depends on the large radius.

To solve for the tension, write the force sum and torque sum equations, and eliminate a and α.

$$I = \tfrac{2}{5}mR^2$$
$$a = r\alpha$$
$$mg - T = ma$$
$$mg - T = mr\alpha$$
$$rT = I\alpha \;\Rightarrow\; \alpha = \frac{rT}{I} = \frac{5rT}{2mR^2}$$
$$mg - T = mr\frac{5rT}{2mR^2} = \frac{5r^2}{2R^2}T$$
$$mg = \left(1 + \frac{5r^2}{2R^2}\right)T$$
$$T = \frac{mg}{1+\frac{5r^2}{2R^2}} = \frac{mg}{\frac{2R^2+5r^2}{2R^2}} = \frac{2mgR^2}{2R^2+5r^2}$$

18. b.

$$\alpha = \frac{5rT}{2mR^2} = \frac{5r}{2mR^2} \cdot \frac{2mgR^2}{2R^2+5r^2} = \frac{5gr}{2R^2+5r^2}$$

Chapter 8

18. c.

$\omega_0 = 0$

$s = h = r\theta \implies \theta = \dfrac{h}{r}$

$\omega_f^2 = \omega_0^2 + 2\alpha\theta = 2 \cdot \dfrac{5gr}{2R^2 + 5r^2} \cdot \dfrac{h}{r} = \dfrac{10gh}{2R^2 + 5r^2}$

$\omega_f = \sqrt{\dfrac{10gh}{2R^2 + 5r^2}}$

18. d.

$v = r\omega = r\sqrt{\dfrac{10gh}{2R^2 + 5r^2}}$

19. a.

As explained in the text, we can leave the rotation units in rev/s.

$r_0 = 15.0 \text{ cm} = 0.150 \text{ m}$

$r_f = 5.00 \text{ cm} = 0.0500 \text{ m}$

$\omega_0 = 2.75 \, \dfrac{\text{rev}}{\text{s}}$

$I_0 = 2mr_0^2$

$I_f = 2mr_f^2$

$I_0\omega_0 = I_f\omega_f$

$\omega_f = \dfrac{I_0}{I_f}\omega_0 = \dfrac{2mr_0^2}{2mr_f^2}\omega_0 = \dfrac{r_0^2}{r_f^2}\omega_0 = \dfrac{(0.150 \text{ m})^2}{(0.0500 \text{ m})^2} \cdot 2.75 \, \dfrac{\text{rev}}{\text{s}} = 24.8 \, \dfrac{\text{rev}}{\text{s}}$

19. b.

$m = 35.0 \text{ g} = 0.0350 \text{ kg}$

$\omega_0 = 2.75 \, \dfrac{\text{rev}}{\text{s}} \cdot \dfrac{2\pi \text{ rad}}{\text{rev}} = 17.28 \, \dfrac{\text{rad}}{\text{s}}$

$\omega_f = 24.8 \, \dfrac{\text{rev}}{\text{s}} \cdot \dfrac{2\pi \text{ rad}}{\text{rev}} = 155.8 \, \dfrac{\text{rad}}{\text{s}}$

$U_{K0} = \tfrac{1}{2}I_0\omega_0^2 = \tfrac{1}{2} \cdot 2mr_0^2\omega_0^2 = mr_0^2\omega_0^2 = 0.0350 \text{ kg} \cdot (0.150 \text{ m})^2 \cdot \left(17.28 \, \dfrac{\text{rad}}{\text{s}}\right)^2 = 0.235 \text{ J}$

$U_{Kf} = mr_f^2\omega_f^2 = 0.0350 \text{ kg} \cdot (0.0500 \text{ m})^2 \cdot \left(155.8 \, \dfrac{\text{rad}}{\text{s}}\right)^2 = 2.12 \text{ J}$

19. c.

$k = 94.5 \, \dfrac{\text{N}}{\text{m}}$

$U = U_{Kf} - U_{K0} = 2.12 \text{ J} - 0.235 \text{ J} = 1.89 \text{ J}$

$U = \tfrac{1}{2} k (\Delta x)^2$

$\Delta x = \sqrt{\dfrac{2U}{k}} = \sqrt{\dfrac{2 \cdot 1.89 \text{ J}}{94.5 \, \dfrac{\text{N}}{\text{m}}}} = 0.20 \text{ m} = 2.0 \times 10^1 \text{ cm}$

20.

$v_0 = 1.5 \, \dfrac{\text{m}}{\text{s}}$

$r_0 = 7.0 \text{ m}$

$r_f = 5.0 \text{ m}$

$I = mr^2$

$I_0 \omega_0 = I_f \omega_f$

$I_0 \dfrac{v_0}{r_0} = I_f \dfrac{v_f}{r_f}$

$mr_0^2 \dfrac{v_0}{r_0} = mr_f^2 \dfrac{v_f}{r_f}$

$r_0 v_0 = r_f v_f$

$v_f = \dfrac{r_0}{r_f} v_0 = \dfrac{7.0 \text{ m}}{5.0 \text{ m}} \cdot 1.5 \, \dfrac{\text{m}}{\text{s}} = 2.1 \, \dfrac{\text{m}}{\text{s}}$

22.

$r_d = 15.240 \text{ cm} = 0.15240 \text{ m}$

$m_d = 75.000 \text{ g} = 0.075000 \text{ kg}$

$\omega_0 = 33.333 \dfrac{\text{rev}}{\text{min}}$

$m_b = 15.000 \text{ g} = 0.015000 \text{ kg}$

$r_b = 10.000 \text{ cm} = 0.10000 \text{ m}$

$I_0 = \tfrac{1}{2} m_d r_d^2$

$I_f = \tfrac{1}{2} m_d r_d^2 + m_b r_b^2$

$I_0 \omega_0 = I_f \omega_f$

$\omega_f = \dfrac{I_0}{I_f} \omega_0 = \dfrac{\tfrac{1}{2} m_d r_d^2}{\tfrac{1}{2} m_d r_d^2 + m_b r_b^2} \omega_0 = \dfrac{m_d r_d^2}{m_d r_d^2 + 2 m_b r_b^2} \omega_0$

$\omega_f = \dfrac{m_d r_d^2}{m_d r_d^2 + 2 m_b r_b^2} \omega_0 = \dfrac{0.075000 \text{ kg} \cdot (0.15240 \text{ m})^2}{0.075000 \text{ kg} \cdot (0.15240 \text{ m})^2 + 2 \cdot 0.015000 \text{ kg} \cdot (0.10000 \text{ m})^2} \cdot 33.333 \dfrac{\text{rev}}{\text{min}}$

$\omega_f = 28.436 \dfrac{\text{rev}}{\text{min}}$

23.

$I_0 = 0.0900 \text{ kg} \cdot \text{m}^2$

$I_f = I_0 + \tfrac{1}{2} m_r r_r^2$

$m_r = 70.0 \text{ g} = 0.0750 \text{ kg}$

$r_r = 15.24 \text{ cm} = 0.1524 \text{ m}$

$\omega_0 = 33.333 \dfrac{\text{rev}}{\text{min}}$

$I_0 \omega_0 = I_f \omega_f$

$\omega_f = \dfrac{I_0}{I_f} \omega_0 = \dfrac{I_0}{I_0 + \tfrac{1}{2} m_r r_r^2} \omega_0 = \dfrac{0.0900 \text{ kg} \cdot \text{m}^2}{0.0900 \text{ kg} \cdot \text{m}^2 + 0.5 \cdot 0.0750 \text{ kg} \cdot (0.1524 \text{ m})^2} \cdot 33.333 \dfrac{\text{rev}}{\text{min}}$

$\omega_f = 33.0 \dfrac{\text{rev}}{\text{min}}$

24.

$\omega_0 = 33.333 \dfrac{\text{rev}}{\text{min}} \cdot \dfrac{2\pi \text{ rad}}{\text{rev}} \cdot \dfrac{1 \text{ min}}{60 \text{ s}} = 3.4906 \dfrac{\text{rad}}{\text{s}}$

$\omega_f = 33.0 \dfrac{\text{rev}}{\text{min}} \cdot \dfrac{2\pi \text{ rad}}{\text{rev}} \cdot \dfrac{1 \text{ min}}{60 \text{ s}} = 3.456 \dfrac{\text{rad}}{\text{s}}$

$U_{K0} = \tfrac{1}{2} I_0 \omega_0^2 = 0.5 \cdot 0.0900 \text{ kg} \cdot \text{m}^2 \cdot \left(3.4906 \dfrac{\text{rad}}{\text{s}}\right)^2 = 0.548 \text{ J}$

$U_{Kf} = \tfrac{1}{2} I_f \omega_f^2 = \tfrac{1}{2} \left(I_0 + \tfrac{1}{2} m_r r_r^2\right) \omega_f^2$

$U_{Kf} = 0.5 \cdot \left(0.0900 \text{ kg} \cdot \text{m}^2 + 0.5 \cdot 0.0750 \text{ kg} \cdot (0.1524 \text{ m})^2\right) \cdot \left(3.456 \dfrac{\text{rad}}{\text{s}}\right)^2 = 0.543 \text{ J}$

25.

After the disks stick together, the rotating system can be modeled as two rotating point masses, each a distance r from the center.

$L_0 = 2I_0\omega_0 = 2\cdot\tfrac{1}{2}mr^2\omega_0 = mr^2\omega_0$

$L_f = 2mr^2\omega_f$

$L_0 = L_f$

$mr^2\omega_0 = 2mr^2\omega_f$

$\omega_0 = 2\omega_f$

$\omega_f = \tfrac{1}{2}\omega_0$

27.

$v_0 = 855\ \dfrac{\text{m}}{\text{s}}$

$\theta = 32.0°$

Vertical:

$v_{0v} = v_0 \sin\theta$

$d = 0$

$a = -g$

$\cancel{d} = v_0 t + \tfrac{1}{2}at^2$

$0 = v_0 \sin\theta \cdot t - \tfrac{1}{2}gt^2$

$gt = 2v_0 \sin\theta$

$t = \dfrac{2v_0 \sin\theta}{g}$

Horizontal:

$v_{0h} = v_0 \cos\theta$

$D = v_{0h}t = v_0 \cos\theta \cdot \dfrac{2v_0 \sin\theta}{g} = \dfrac{2v_0^2 \sin\theta\cos\theta}{g} = \dfrac{2\left(855\ \dfrac{\text{m}}{\text{s}}\right)^2 \sin 32.0°\cos 32.0°}{9.80\ \dfrac{\text{m}}{\text{s}^2}} = 67{,}045\ \text{m}$

$\boxed{D = 67.0\ \text{km}}$

28.

Solving for the small bead velocity after the collision:

Before the collision:

$U_{Gi} = m_1 gr = U_{Kf} = \tfrac{1}{2} m_1 v_0^2$

$m_1 gr = \tfrac{1}{2} m_1 v_0^2$

$v_0 = \sqrt{2gr}$

Conservation of p:

$m_1 \sqrt{2gr} = m_1 v_1 + m_2 v_2$

Elastic collision, conservation of U:

$\tfrac{1}{2} m_1 \cdot 2gr = \tfrac{1}{2} m_1 v_1^2 + \tfrac{1}{2} m_2 v_2^2$

$2m_1 gr = m_1 v_1^2 + m_2 v_2^2$

Eliminate v_1:

$v_1 = \dfrac{m_1 \sqrt{2gr} - m_2 v_2}{m_1}$

$2m_1 gr = m_1 \left(\dfrac{m_1 \sqrt{2gr} - m_2 v_2}{m_1} \right)^2 + m_2 v_2^2 = \dfrac{2m_1^2 gr - 2m_1 m_2 v_2 \sqrt{2gr} + m_2^2 v_2^2}{m_1} + m_2 v_2^2$

$2m_1^2 gr = 2m_1^2 gr - 2m_1 m_2 v_2 \sqrt{2gr} + m_2^2 v_2^2 + m_1 m_2 v_2^2$

$2m_1 m_2 v_2 \sqrt{2gr} = \left(m_2^2 + m_1 m_2 \right) v_2^2$

$v_2 = \dfrac{2m_1 m_2 \sqrt{2gr}}{m_2^2 + m_1 m_2}$

For the bead to be weightless, its weight at the top must equal the centripetal force. Let v_3 be the small bead velocity at the top of the circle:

$m_2 g = \dfrac{m_2 v_3^2}{r}$

$v_3 = \sqrt{gr}$

The kinetic energy of the small bead at the bottom equals the sum of the gravitational potential energy at the top and the kinetic energy at the top. Our goal is to solve for m_1/m_2.

$\frac{1}{2}m_2v_2^2 = 2m_2gr + \frac{1}{2}m_2v_3^2$

$v_2^2 = 4gr + gr = 5gr$

$v_2^2 = 5gr$

$\left(\dfrac{2m_1m_2\sqrt{2gr}}{m_2^2 + m_1m_2}\right)^2 = 5gr$

$8m_1^2m_2^2 gr = 5gr\left(m_2^2 + m_1m_2\right)^2$

$8m_1^2m_2^2 = 5\left(m_2^4 + 2m_1m_2^3 + m_1^2m_2^2\right) = 5m_2^4 + 10m_1m_2^3 + 5m_1^2m_2^2$

$3m_1^2m_2^2 = 5m_2^4 + 10m_1m_2^3$

$3m_1^2 = 5m_2^2 + 10m_1m_2$

$3m_1^2 - 10m_1m_2 - 5m_2^2 = 0$

Divide by m_2^2 to make this a quadratic in m_1/m_2:

$3\left(\dfrac{m_1}{m_2}\right)^2 - 10\dfrac{m_1}{m_2} - 5 = 0$

$\dfrac{m_1}{m_2} = \dfrac{10 \pm \sqrt{100-60}}{6} = \dfrac{10 \pm \sqrt{40}}{6} = \dfrac{5 \pm \sqrt{10}}{3}$

Since $m_1 > m_2$,

$\dfrac{m_1}{m_2} = \dfrac{5 + \sqrt{10}}{3}$

---

29. a.

Vertical:

$d_v = 2.50$ m

$a = g$

$v_0 = 0$

$d = \cancel{v_0 t} + \frac{1}{2}at^2$

$t = \sqrt{\dfrac{2d}{g}} = \sqrt{\dfrac{2 \cdot 2.50 \text{ m}}{9.80 \, \frac{\text{m}}{\text{s}^2}}} = 0.7143$ s

Horizontal:

$d_h = 13.6$ m

$v_h = \dfrac{d_h}{t} = \dfrac{13.6 \text{ m}}{0.7143 \text{ s}} = 19.0 \, \dfrac{\text{m}}{\text{s}}$

29. b.

$m = 57.0 \text{ g} = 0.0570 \text{ kg}$

$\Delta t = 22.5 \text{ ms} = 0.0225 \text{ s}$

$\Delta v = 22.0 \ \dfrac{m}{s} - \left(-19.0 \ \dfrac{m}{s} \right) = 41.0 \ \dfrac{m}{s}$

$F\Delta t = m\Delta v$

$F = \dfrac{m\Delta v}{\Delta t} = \dfrac{0.0570 \text{ kg} \cdot 41.0 \ \dfrac{m}{s}}{0.0225 \text{ s}} = 104 \text{ N}$

30.

Horizontal:

$5mv = 5m\dfrac{v}{2}\cos 35° + mv_f \cos\theta_f$

$10v = 5v\cos 35° + 2v_f \cos\theta_f$

$v(10 - 5\cos 35°) = 2v_f \cos\theta_f$

Vertical:

$0 = 5m\dfrac{v}{2}\sin 35° - mv_f \sin\theta_f$

$0 = 5v\sin 35° - 2v_f \sin\theta_f$

$5v\sin 35° = 2v_f \sin\theta_f$

Divide these two equations:

$\dfrac{5v\sin 35°}{v(10 - 5\cos 35°)} = \dfrac{2v_f \sin\theta_f}{2v_f \cos\theta_f}$

$\dfrac{5\sin 35°}{10 - 5\cos 35°} = \tan\theta_f$

$\theta_f = \tan^{-1}\left(\dfrac{5\sin 35°}{10 - 5\cos 35°} \right) = 25.9°$

$\boxed{\theta_f = 26°}$

$5v\sin 35° = 2v_f \sin\theta_f$

$v_f = \dfrac{5v\sin 35°}{2\sin 25.9°} = 3.3v$

31.

$\dfrac{m}{\Delta t} = 87 \ \dfrac{\text{kg}}{\text{s}}$

$\Delta v = 1.5 \ \dfrac{m}{s} - 0 = 1.5 \ \dfrac{m}{s}$

$F\Delta t = m\Delta v$

$F = \dfrac{m\Delta v}{\Delta t} = 87 \ \dfrac{\text{kg}}{\text{s}} \cdot 1.5 \ \dfrac{m}{s} = 130 \text{ N}$

32.

$$G\frac{mm_E}{(R-r)^2} = G\frac{mm_M}{r^2}$$

$$\frac{m_E}{(R-r)^2} = \frac{m_M}{r^2}$$

$$m_E r^2 = m_M (R-r)^2$$

$$\frac{m_E}{m_M} r^2 = R^2 - 2Rr + r^2$$

$$\left(\frac{m_E}{m_M} - 1\right) r^2 + 2Rr - R^2 = 0$$

$$r = \frac{-2R \pm \sqrt{4R^2 - 4\left(\frac{m_E}{m_M} - 1\right)(-R^2)}}{2\left(\frac{m_E}{m_M} - 1\right)} = \frac{-2R \pm \sqrt{4R^2 + 4R^2\left(\frac{m_E}{m_M} - 1\right)}}{2\left(\frac{m_E}{m_M} - 1\right)} = \frac{-2R \pm 2R\sqrt{\frac{m_E}{m_M}}}{2\left(\frac{m_E}{m_M} - 1\right)}$$

$$r = \frac{-R\left(1 \pm \sqrt{\frac{m_E}{m_M}}\right)}{\frac{m_E}{m_M} - 1}$$

$m_E = 5.972 \times 10^{24}$ kg

$m_M = 7.348 \times 10^{22}$ kg

$R = 3.84 \times 10^8$ m

$$r = \frac{-3.84 \times 10^8 \text{ m}\left(1 \pm \sqrt{\frac{5.972 \times 10^{24} \text{ kg}}{7.348 \times 10^{22} \text{ kg}}}\right)}{\frac{5.972 \times 10^{24} \text{ kg}}{7.348 \times 10^{22} \text{ kg}} - 1} = \frac{-3.84 \times 10^8 \text{ m}(1 \pm 9.015)}{81.27 - 1}$$

Since r is positive, we take the negative sign:

$r = 3.83 \times 10^7$ m

This is 90.0% of the distance from earth to the moon. And

$R - r = 3.84 \times 10^8$ m $- 3.83 \times 10^7$ m $= 3.46 \times 10^8$ m

So

$$\frac{R-r}{r} = \frac{3.46 \times 10^8 \text{ m}}{3.83 \times 10^7 \text{ m}} = 9.03$$

The magic spot occurs when the distance to earth is 9 times the distance to the moon.

$$F_{GE} = G\frac{mm_E}{(R-r)^2}$$

$$F_{GS} = G\frac{mm_S}{(R_S+(R-r))^2}$$

$$\frac{F_{GS}}{F_{GE}} = \frac{G\dfrac{mm_S}{(R_S+(R-r))^2}}{G\dfrac{mm_E}{(R-r)^2}} = \frac{m_S}{(R_S+(R-r))^2} \cdot \frac{(R-r)^2}{m_E}$$

$$m_S = 1.989 \times 10^{30} \text{ kg}$$

$$R_S = 1.496 \times 10^{11} \text{ m}$$

$$\frac{F_{GS}}{F_{GE}} = \frac{1.989 \times 10^{30} \text{ kg}}{\left(1.496 \times 10^{11} \text{ m} + 3.46 \times 10^{8} \text{ m}\right)^2} \cdot \frac{\left(3.46 \times 10^{8} \text{ m}\right)^2}{5.972 \times 10^{24} \text{ kg}} = 1.77$$

The sun's gravitational attraction is 1.77 times as strong as the attraction to earth and/or the moon.

Chapter 9

2.

$$h = 33.5 \text{ ft} \cdot \frac{0.3048 \text{ m}}{\text{ft}} = 10.21 \text{ m}$$

$$P = \rho g h = 998 \; \frac{\text{kg}}{\text{m}^3} \cdot 9.80 \; \frac{\text{m}}{\text{s}^2} \cdot 10.21 \text{ m} = 99{,}858 \text{ Pa} = 99.9 \text{ kPa}$$

$$99{,}858 \text{ Pa} \cdot \frac{1 \text{ psi}}{6898 \text{ Pa}} = 14.5 \text{ psi}$$

3.

$$h = 125 \text{ ft} \cdot \frac{0.3048 \text{ m}}{\text{ft}} = 38.10 \text{ m}$$

$$\rho = 1.025 \; \frac{\text{g}}{\text{cm}^3} \cdot \frac{10^6 \text{ cm}^3}{\text{m}^3} \cdot \frac{1 \text{ kg}}{1000 \text{ g}} = 1025 \; \frac{\text{kg}}{\text{m}^3}$$

$$P = \rho g h = 1025 \; \frac{\text{kg}}{\text{m}^3} \cdot 9.80 \; \frac{\text{m}}{\text{s}^2} \cdot 38.10 \text{ m} = 382{,}700 \text{ Pa} = 383 \text{ kPa}$$

$$382{,}700 \text{ Pa} \cdot \frac{1 \text{ psi}}{6898 \text{ Pa}} = 55.5 \text{ psi}$$

4.

$$P_{abs} = P_{gauge} + P_{atm}$$

For #2:

99.9 kPa + 101.3 kPa = 201.2 kPa

14.5 psi + 14.7 psi = 29.2 psi

For #3:

383 kPa + 101.3 kPa = 484 kPa

55.5 psi + 14.7 psi = 70.2 psi

5.

$$P_{atm} = 101{,}325 \text{ Pa}$$

$$P = \rho g h = P_{atm}$$

$$h = \frac{P_{atm}}{\rho g} = \frac{101{,}325 \text{ Pa}}{998 \; \frac{\text{kg}}{\text{m}^3} \cdot 9.80 \; \frac{\text{m}}{\text{s}^2}} = 10.36 \text{ m} \cdot \frac{1 \text{ ft}}{0.3048 \text{ m}} = 34.0 \text{ ft}$$

6.

$$h = 60.0 \text{ ft} \cdot \frac{0.3048 \text{ m}}{\text{ft}} = 18.47 \text{ m}$$

$$P = \rho g h = 998 \frac{\text{kg}}{\text{m}^3} \cdot 9.80 \frac{\text{m}}{\text{s}^2} \cdot 18.47 \text{ m} = 180{,}600 \text{ Pa}$$

$P = 181{,}000$ Pa, gauge

$180{,}600 \text{ Pa} + 101{,}325 \text{ Pa} = 282{,}000 \text{ Pa, abs}$

7.

$$h = 60.6 \text{ ft} \cdot \frac{0.3048 \text{ m}}{\text{ft}} = 18.47 \text{ m}$$

$$r = \frac{10.00 \text{ ft}}{2} \cdot \frac{0.3048 \text{ m}}{\text{ft}} = 1.524 \text{ m}$$

$$A = \pi r^2$$

$$V = Ah = \pi r^2 h$$

$$\rho = \frac{m}{V}$$

$$m = \rho V = \rho \pi r^2 h = 998 \frac{\text{kg}}{\text{m}^3} \cdot 3.1416 \cdot (1.524 \text{ m})^2 \cdot 18.47 \text{ m} = 134{,}500 \text{ kg}$$

$$F_w = mg = 134{,}500 \text{ kg} \cdot 9.80 \frac{\text{m}}{\text{s}^2} = 1.318 \times 10^6 \text{ N}$$

$$P = \frac{F}{A} = \frac{1.318 \times 10^6 \text{ N}}{3.1416 \cdot (1.524 \text{ m})^2} = 180{,}600 \text{ Pa}$$

$$\boxed{P = 181{,}000 \text{ Pa}}$$

8.

$$55.0 \text{ psi} \cdot \frac{6898 \text{ Pa}}{\text{psi}} = 379{,}390 \text{ Pa}$$

$282{,}000 \text{ Pa} + 379{,}000 \text{ Pa} = 661{,}000 \text{ Pa}$

9.

$$83.4 \text{ kPa} \cdot \frac{760 \text{ mm Hg}}{101{,}325 \text{ kPa}} = 626 \text{ mm Hg}$$

The unit mm Hg is defined in terms of Torr, which is defined in terms of atmospheres, and 1 atm = 101,325 Pa. Thus, 760 mm Hg is precise to six digits, not two, and the given pressure of 83.4 kPa becomes the limit on the precision of the result.

12.

Since the data and pressure limit are all given in USC units, we will work the problem using these units.

$F = 2200$ lb

$P_{max} = 2800$ psi

$r = \dfrac{0.75 \text{ in}}{2} = 0.375$ in

$A = 4\pi r^2$

$P = \dfrac{F}{A} = \dfrac{F}{4\pi r^2} = \dfrac{2200 \text{ lb}}{4\pi \cdot (0.375 \text{ in})^2} = 1245$ psi

$\boxed{P = 1200 \text{ psi}}$

The pressure under each foot is less than the rating, so the floor will support the equipment.

13.

If the height of water on one side went up 6.00 cm, then it went down on the other side by the same amount. So the height of the water column to the liquid interface is 12.00 cm.

$\rho_1 = 0.998 \dfrac{\text{g}}{\text{cm}^3}$

$h_1 = 12.00$ cm

$\rho_2 = 0.8756 \dfrac{\text{g}}{\text{cm}^3}$

$\rho_1 g h_1 = \rho_2 g h_2$

$h_2 = \dfrac{\rho_1 h_1}{\rho_2} = \dfrac{0.998 \dfrac{\text{g}}{\text{cm}^3} \cdot 12.00 \text{ cm}}{0.8756 \dfrac{\text{g}}{\text{cm}^3}} = 13.7$ cm

14.

The pressure limit is $0.75 \cdot 3200$ psi $= 2400$ psi.

$P = 2400 \text{ psi} \cdot \dfrac{6896 \text{ Pa}}{\text{psi}} = 1.66 \times 10^7$ Pa

$P = \rho g h$

$h = \dfrac{P}{\rho g} = \dfrac{1.66 \times 10^7 \text{ Pa}}{998 \dfrac{\text{kg}}{\text{m}^3} \cdot 9.80 \dfrac{\text{m}}{\text{s}^2}} = 1700$ m

This is much taller than the tallest building in the world, so the floor is no concern. However, the glass and joints in the aquarium might be.

15.

$$A = 2 \cdot 120 \text{ cm}^2 \cdot \frac{(1 \text{ in})^2}{(2.54 \text{ cm})^2} = 37.2 \text{ in}^2$$

$F = 195 \text{ lb}$

$$P = \frac{F}{A} = \frac{195 \text{ lb}}{37.2 \text{ in}^2} = 5.2 \text{ psi}$$

$$5.2 \text{ psi} \cdot \frac{6898 \text{ Pa}}{\text{psi}} = 36{,}000 \text{ Pa}$$

16.

$$A = 2 \cdot (0.750 \text{ cm})^2 \cdot \frac{(1 \text{ in})^2}{(2.54 \text{ cm})^2} = 0.174 \text{ in}^2$$

$F = 130 \text{ lb}$

$$P = \frac{F}{A} = \frac{130 \text{ lb}}{0.174 \text{ in}^2} = 750 \text{ psi}$$

$$750 \text{ psi} \cdot \frac{6898 \text{ Pa}}{\text{psi}} = 5{,}200{,}000 \text{ Pa}$$

17.

$$\rho = 0.826 \cdot 998 \; \frac{\text{kg}}{\text{m}^3} = 824.3 \; \frac{\text{kg}}{\text{m}^3}$$

$h = 4.450 \text{ cm} = 0.04450 \text{ m}$

$$P = \rho g h = 824.3 \; \frac{\text{kg}}{\text{m}^3} \cdot 9.80 \; \frac{\text{m}}{\text{s}^2} \cdot 0.04450 \text{ m} = 359 \text{ Pa}$$

18.

$$P_{in} = 3.50 \text{ psi} \cdot \frac{6898 \text{ Pa}}{\text{psi}} = 24{,}140 \text{ Pa}$$

$P_{out} = 101{,}325 \text{ Pa}$

$$r = \frac{15.0 \text{ cm}}{2} = 7.50 \text{ cm} = 0.0750 \text{ m}$$

$A = 4\pi r^2$

$F_{inside} = P_{in} A = 24{,}140 \text{ Pa} \cdot 4 \cdot 3.1416 \cdot (0.0750 \text{ m})^2 = 1706 \text{ N}$

$F_{outside} = P_{out} A = 101{,}325 \text{ Pa} \cdot 4 \cdot 3.1416 \cdot (0.0750 \text{ m})^2 = 7162 \text{ N}$

$F_{net} = 7162 \text{ N} - 1706 \text{ N} = 5460 \text{ N}$

19.

The pressure in the bell is the same as the absolute pressure 20.0 ft deep. Since the water is in the Mediterranean, we must use the density of salt water.

$$h = 20.0 \text{ ft} \cdot \frac{0.3048 \text{ N}}{\text{ft}} = 6.096 \text{ m}$$

$$\rho = 1025 \frac{\text{kg}}{\text{m}^3}$$

$$P = \rho g h = 1025 \frac{\text{kg}}{\text{m}^3} \cdot 9.80 \frac{\text{m}}{\text{s}^2} \cdot 6.096 \text{ m} = 61,230 \text{ Pa}$$

$$P_{abs} = P_{gauge} + P_{atm} = 61,230 \text{ Pa} + 101,325 \text{ Pa} = 162,600 \text{ Pa} \cdot \frac{1 \text{ psi}}{6898 \text{ Pa}} = 23.57 \text{ psi}$$

20.

$$r_{in} = \frac{0.75 \text{ cm}}{2} = 0.375 \text{ cm}$$

$$r_{out} = \frac{4.00 \text{ cm}}{2} = 2.00 \text{ cm}$$

$$F_{in} = 12.0 \text{ lb}$$

$$P_{in} = \frac{F_{in}}{A_{in}}$$

$$P_{out} = \frac{F_{out}}{A_{out}}$$

$$P_{in} = P_{out}$$

$$\frac{F_{out}}{A_{out}} = \frac{F_{in}}{A_{in}}$$

$$F_{out} = F_{in} \frac{A_{out}}{A_{in}} = F_{in} \frac{\pi r_{out}^2}{\pi r_{in}^2} = F_{in} \frac{r_{out}^2}{r_{in}^2} = 12.0 \text{ lb} \cdot \frac{(2.00 \text{ cm})^2}{(0.375 \text{ cm})^2} = 340 \text{ lb}$$

21.

$$r = \frac{57.2 \text{ cm}}{2} = 28.6 \text{ cm} = 0.286 \text{ m}$$

$$h = 85.1 \text{ cm} = 0.851 \text{ m}$$

$$A = 2\pi r h + 2\pi r^2$$

$$F = P_{atm} A = P_{atm} \left(2\pi r h + 2\pi r^2 \right)$$

$$F = 101,325 \text{ Pa} \cdot \left(2 \cdot 3.1416 \cdot 0.286 \text{ m} \cdot 0.851 \text{ m} + 2 \cdot 3.1416 \cdot (0.286 \text{ m})^2 \right) = 207,025 \text{ N}$$

$$\boxed{F = 207,000 \text{ N}}$$

$$F = 207,025 \text{ N} \cdot \frac{1 \text{ lb}}{4.448 \text{ N}} = 46,540 \text{ lb}$$

$$\boxed{F = 46,500 \text{ lb}}$$

$$F = 46,540 \text{ lb} \cdot \frac{1 \text{ ton}}{2000 \text{ lb}} = 23.3 \text{ ton}$$

Chapter 9

24.

$$80 \text{ psi} - 25 \text{ psi} = 55 \text{ psi} \cdot \frac{6898 \text{ Pa}}{\text{psi}} = 379{,}390 \text{ Pa}$$

$$P = \rho g h$$

$$h_{per\ floor} = 12 \text{ ft} \cdot \frac{0.3048 \text{ m}}{\text{ft}} = 3.658 \text{ m}$$

$$h = \frac{P}{\rho g} = \frac{379{,}390 \text{ Pa}}{998 \frac{\text{kg}}{\text{m}^3} \cdot 9.80 \frac{\text{m}}{\text{s}^2}} = 38.8 \text{ m}$$

$$\frac{38.8 \text{ m}}{3.658 \text{ m}} = 10.6 \text{ floors}$$

Thus, the 10th floor is the highest floor.

25.

$$P_{atm} = 731 \text{ mm Hg} \cdot \frac{101{,}325 \text{ Pa}}{760 \text{ mm Hg}} = 97{,}460 \text{ Pa}$$

$$h = 3.11 \text{ cm} = 0.0311 \text{ m}$$

$$\rho = 13{,}600 \frac{\text{kg}}{\text{m}^3}$$

$$P_{comp} = P_{lab\ atm} + \rho g h = 97{,}460 \text{ Pa} + 13{,}600 \frac{\text{kg}}{\text{m}^3} \cdot 9.80 \frac{\text{m}}{\text{s}^2} \cdot 0.0311 \text{ m} = 101{,}600 \text{ Pa}$$

29.

$$V = 1.5 \text{ in} \cdot 3.5 \text{ in} \cdot 12 \text{ in} = 63 \text{ in}^3 \cdot \frac{(2.54 \text{ cm})^3}{\text{in}^3} \cdot \frac{1 \text{ m}^3}{10^6 \text{ cm}^3} = 0.001032 \text{ m}^3$$

$$\rho = \frac{m}{V} \Rightarrow m = \rho V = 998 \frac{\text{kg}}{\text{m}^3} \cdot 0.001032 \text{ m}^3 = 1.03 \text{ kg}$$

$$F_w = F_B = mg = 1.03 \text{ kg} \cdot 9.80 \frac{\text{m}}{\text{s}^2} = 10.1 \text{ N} \cdot \frac{1 \text{ lb}}{4.448 \text{ N}} = 2.27 \text{ lb}$$

$$\boxed{\begin{array}{l} F_B = 1.0 \times 10^1 \text{ N} \\ F_B = 2.3 \text{ lb} \end{array}}$$

30.

$$F_B = \rho V g$$

Saltwater:

$$F_B = 1025 \frac{\text{kg}}{\text{m}^3} \cdot 0.001032 \text{ m}^3 \cdot 9.80 \frac{\text{m}}{\text{s}^2} = 10.4 \text{ N} \cdot \frac{1 \text{ lb}}{4.448 \text{ N}} = 2.34 \text{ lb}$$

$$\boxed{\begin{array}{l} F_B = 1.0 \times 10^1 \text{ N} \\ F_B = 2.3 \text{ lb} \end{array}}$$

The buoyancy in saltwater is slightly higher than in fresh water, but the precision of our measurements is too low to show it.

Mercury:

$$F_B = 13{,}600 \ \frac{\text{kg}}{\text{m}^3} \cdot 0.001032 \ \text{m}^3 \cdot 9.80 \ \frac{\text{m}}{\text{s}^2} = 138 \ \text{N} \cdot \frac{1 \ \text{lb}}{4.448 \ \text{N}} = 30.9 \ \text{lb}$$

$$\boxed{F_B = 140 \ \text{N}}$$
$$\boxed{F_B = 31 \ \text{lb}}$$

31.

$$F_{w,drum} = 54.0 \ \text{lb} \cdot \frac{4.448 \ \text{N}}{\text{lb}} = 240.2 \ \text{N}$$

$$r = \frac{57.2 \ \text{cm}}{2} = 28.6 \ \text{cm} = 0.286 \ \text{m}$$

$$h = 85.1 \ \text{cm} = 0.851 \ \text{m}$$

$$V = \pi r^2 h$$

$$F_B - F_{w,drum} - T = 0$$

$$F_B = m_w g = \rho_w V g = \rho_w \pi r^2 h g$$

$$T = F_B - F_{w,drum} = \rho_w \pi r^2 h g - F_{w,drum} = 998 \ \frac{\text{kg}}{\text{m}^3} \cdot 3.1416 \cdot (0.286 \ \text{m})^2 \cdot 0.851 \ \text{m} \cdot 9.80 \ \frac{\text{m}}{\text{s}^2} - 240.2 \ \text{N} = 1899 \ \text{N}$$

$$\boxed{T = 1.90 \times 10^3 \ \text{N}}$$

32.

$$F_{w,balsa} = 5.0 \ \text{N}$$

$$F_a = 26 \ \text{N}$$

$$F_B - F_{w,balsa} - F_a = 0$$

$$F_{w,balsa} = m_{balsa} g = \rho_{balsa} V g$$

$$F_B = \rho_w V g$$

$$\rho_w V g - \rho_{balsa} V g = F_a$$

$$\rho_w - \rho_{balsa} = \frac{F_a}{Vg}$$

$$Vg = \frac{F_{w,balsa}}{\rho_{balsa}}$$

$$\rho_w - \rho_{balsa} = \frac{F_a}{\frac{F_{w,balsa}}{\rho_{balsa}}} = \rho_{balsa} \frac{F_a}{F_{w,balsa}}$$

$$\rho_{balsa}\left(1 + \frac{F_a}{F_{w,balsa}}\right) = \rho_w$$

$$\rho_{balsa}\left(\frac{F_{w,balsa} + F_a}{F_{w,balsa}}\right) = \rho_w$$

$$\rho_{balsa} = \rho_w \frac{F_{w,balsa}}{F_{w,balsa} + F_a} = 998 \ \frac{\text{kg}}{\text{m}^3} \cdot \frac{5.0 \ \text{N}}{5.0 \ \text{N} + 26 \ \text{N}} = 160 \ \frac{\text{kg}}{\text{m}^3}$$

33.

$$\rho_s = 55 \ \frac{\text{kg}}{\text{m}^3}$$

$$V_s = 8.0 \text{ ft} \cdot 6.0 \text{ ft} \cdot 1.0 \text{ ft} = 48 \text{ ft}^3 \cdot \frac{(0.3048 \text{ m})^3}{\text{ft}^3} = 1.36 \text{ m}^3$$

$$V_w = 0.68 \text{ m}^3$$

$$F_B - F_{w,s} - F_a = 0$$

$$F_a = F_B - F_{w,s}$$

$$F_B = \rho_w V_w g$$

$$F_{w,s} = \rho_s V_s g$$

$$F_a = \rho_w V_w g - \rho_s V_s g = g(\rho_w V_w - \rho_s V_s) = 9.80 \ \frac{\text{m}}{\text{s}^2} \cdot \left(998 \ \frac{\text{kg}}{\text{m}^3} \cdot 0.68 \text{ m}^3 - 55 \ \frac{\text{kg}}{\text{m}^3} \cdot 1.36 \text{ m}^3 \right) = 5918 \text{ N}$$

$$\boxed{F_a = 5900 \text{ N}}$$

$$F_a = 5918 \text{ N} \cdot \frac{1 \text{ lb}}{4.448 \text{ N}} = 1330 \text{ lb}$$

$$\boxed{F_a = 1300 \text{ lb}}$$

34.

$$V_w = 0.60 V_c$$

$$F_B - F_{w,c} = 0$$

$$F_B = m_w g = \rho_w V_w g = 0.60 \rho_w V_c g$$

$$F_{w,c} = \rho_c V_c g$$

$$0.60 \rho_w V_c g = \rho_c V_c g$$

$$\rho_c = 0.60 \rho_w = 0.60 \cdot 998 \ \frac{\text{kg}}{\text{m}^3} = 599 \ \frac{\text{kg}}{\text{m}^3}$$

35.

$$F_{w,drum} = 8 \cdot 54.0 \text{ lb} \cdot \frac{4.448 \text{ N}}{\text{lb}} = 1922 \text{ N}$$

$$F_{w,deck} = 450 \text{ lb} \cdot \frac{4.448 \text{ N}}{\text{lb}} = 2002 \text{ N}$$

$$r = \frac{57.2 \text{ cm}}{2} = 28.6 \text{ cm} = 0.286 \text{ m}$$

$$h = 85.1 \text{ cm} = 0.851 \text{ m}$$

$$V_w = 0.500 \cdot 8\pi r^2 h = 4\pi r^2 h$$

$$F_B - F_{w,drum} - F_{w,deck} - F_{additional} = 0$$

$$F_{additional} = F_B - F_{w,drum} - F_{w,deck}$$

$$F_B = m_w g = \rho_w V g = 4 \rho_w \pi r^2 h g$$

$$F_{additional} = 4 \rho_w \pi r^2 h g - F_{w,drum} - F_{w,deck}$$

$$F_{additional} = 4 \cdot 998 \, \frac{\text{kg}}{\text{m}^3} \cdot 3.1416 \cdot (0.286 \text{ m})^2 \cdot 0.851 \text{ m} \cdot 9.80 \, \frac{\text{m}}{\text{s}^2} - 1922 \text{ N} - 2002 \text{ N} = 4631 \text{ N}$$

$$\boxed{F_{additional} = 4600 \text{ N}}$$

$$F_{additional} = 4631 \text{ N} \cdot \frac{1 \text{ lb}}{4.448 \text{ N}} = 1041 \text{ lb}$$

$$\boxed{F_{additional} = 1.0 \times 10^3 \text{ lb}}$$

36.

$$V = 4.0 \text{ m} \cdot 5.0 \text{ m} \cdot 0.0200 \text{ m} = 0.40 \text{ m}^3$$

$$F_B = F_{extra} = m_w g = \rho_w V g = 998 \, \frac{\text{kg}}{\text{m}^3} \cdot 0.40 \text{ m}^3 \cdot 9.80 \, \frac{\text{m}}{\text{s}^2} = 3900 \text{ N}$$

37.

$F_{w,brick} = 21.1 \text{ N}$

$F_{w,brick,app} = 10.6 \text{ N}$

$\rho_{brick} = 1.25 \, \dfrac{\text{g}}{\text{cm}^3} = 1250 \, \dfrac{\text{kg}}{\text{m}^3}$

$F_B + F_{w,brick,app} - F_{w,brick} = 0$

$F_B = m_{oil}g = \rho_{oil}Vg$

$F_{w,brick} = \rho_{brick}Vg$

$\rho_{oil}Vg + F_{w,brick,app} - \rho_{brick}Vg = 0$

$Vg(\rho_{oil} - \rho_{brick}) + F_{w,brick,app} = 0$

$Vg = \dfrac{F_{w,brick}}{\rho_{brick}}$

$\dfrac{F_{w,brick}}{\rho_{brick}}(\rho_{oil} - \rho_{brick}) + F_{w,brick,app} = 0$

$F_{w,brick}(\rho_{oil} - \rho_{brick}) + \rho_{brick}F_{w,brick,app} = 0$

$\rho_{brick}(F_{w,brick,app} - F_{w,brick}) + \rho_{oil}F_{w,brick} = 0$

$\rho_{oil} = \dfrac{\rho_{brick}(F_{w,brick} - F_{w,brick,app})}{F_{w,brick}} = \dfrac{1250 \, \dfrac{\text{kg}}{\text{m}^3} \cdot (21.1 \text{ N} - 10.6 \text{ N})}{21.1 \text{ N}} = 622 \, \dfrac{\text{kg}}{\text{m}^3} = 0.622 \, \dfrac{\text{g}}{\text{cm}^3}$

38.

The volumes of both the plastic and the aluminum must be taken into account when calculating the buoyant force.

$$\rho_p = 0.650 \, \frac{\text{g}}{\text{cm}^3} \cdot \frac{10^6 \, \text{cm}^3}{\text{m}^3} \cdot \frac{1 \, \text{kg}}{1000 \, \text{g}} = 650 \, \frac{\text{kg}}{\text{m}^3}$$

$$V_p = 0.850 \, \text{m}^3$$

$$\rho_{Al} = 2.70 \, \frac{\text{g}}{\text{cm}^3} \cdot \frac{10^6 \, \text{cm}^3}{\text{m}^3} \cdot \frac{1 \, \text{kg}}{1000 \, \text{g}} = 2700 \, \frac{\text{kg}}{\text{m}^3}$$

$$F_B - F_{w,p} - F_{w,Al} = 0$$

$$F_B = m_w g = \rho_w (V_p + V_{Al}) g$$

$$F_{w,p} = m_p g = \rho_p V_p g$$

$$F_{w,Al} = m_{Al} g = \rho_{Al} V_{Al} g$$

$$\rho_w (V_p + V_{Al}) g - \rho_p V_p g - \rho_{Al} V_{Al} g = 0$$

$$\rho_w (V_p + V_{Al}) - \rho_p V_p - \rho_{Al} V_{Al} = 0$$

$$\rho_w V_p + \rho_w V_{Al} - \rho_p V_p - \rho_{Al} V_{Al} = 0$$

$$V_{Al} (\rho_w - \rho_{Al}) + V_p (\rho_w - \rho_p) = 0$$

$$V_{Al} = -\frac{V_p (\rho_w - \rho_p)}{\rho_w - \rho_{Al}} = \frac{V_p (\rho_w - \rho_p)}{\rho_{Al} - \rho_w} = \frac{0.850 \, \text{m}^3 \cdot \left(998 \, \frac{\text{kg}}{\text{m}^3} - 650 \, \frac{\text{kg}}{\text{m}^3}\right)}{2700 \, \frac{\text{kg}}{\text{m}^3} - 998 \, \frac{\text{kg}}{\text{m}^3}} = 0.1738 \, \text{m}^3$$

$$m_{Al} = \rho_{Al} V_{Al} = 2700 \, \frac{\text{kg}}{\text{m}^3} \cdot 0.1738 \, \text{m}^3 = 469 \, \text{kg}$$

39.

$$\rho_{ice} = 920 \, \frac{\text{kg}}{\text{m}^3}$$

$$\rho_w = 1025 \, \frac{\text{kg}}{\text{m}^3}$$

$$F_B - F_{w,ice} = 0$$

$$F_B = m_w g = \rho_w V_w g$$

$$F_{w,ice} = m_{ice} g = \rho_{ice} V_{ice} g$$

$$\rho_w V_w g - \rho_{ice} V_{ice} g = 0$$

$$V_w = x \cdot V_{ice}$$

$$\rho_w x V_{ice} g - \rho_{ice} V_{ice} g = 0$$

$$\rho_w x = \rho_{ice}$$

$$x = \frac{\rho_{ice}}{\rho_w} = \frac{920 \, \frac{\text{kg}}{\text{m}^3}}{1025 \, \frac{\text{kg}}{\text{m}^3}} = 0.898$$

$$0.898 \cdot 100\% = 9.0 \times 10^1 \%$$

40.

$m_{He} = 834$ kg

$V_{He} = 4960$ m^3

$\rho_{atm} = \dfrac{\rho_w}{830} = \dfrac{998 \, \frac{\text{kg}}{\text{m}^3}}{830} = 1.202 \, \dfrac{\text{kg}}{\text{m}^3}$

$F_B - F_{w,He} - F_{w,\text{equip \& pass}} = 0$

$F_B = m_{atm} g = \rho_{atm} V_{He} g$

$F_{w,He} = m_{He} g$

$\rho_{atm} V_{He} g - m_{He} g - F_{w,\text{equip \& pass}} = 0$

$F_{w,\text{equip \& pass}} = \rho_{atm} V_{He} g - m_{He} g = (\rho_{atm} V_{He} - m_{He}) g$

$F_{w,\text{equip \& pass}} = \left(1.202 \, \dfrac{\text{kg}}{\text{m}^3} \cdot 4960 \text{ m}^3 - 834 \text{ kg} \right) \cdot 9.80 \, \dfrac{\text{m}}{\text{s}^2} = 5.0 \times 10^4$ N

41.

$r = \dfrac{6.00 \text{ cm}}{2} = 3.00 \text{ cm} = 0.0300$ m

$l = 18.0 \text{ cm} = 0.180$ m

$F_w = 42.6$ N

$m = \dfrac{F_w}{g} = \dfrac{42.6 \text{ N}}{9.80 \, \frac{\text{m}}{\text{s}^2}} = 4.347$ kg

$\omega = 4.00 \, \dfrac{\text{rev}}{\text{s}} \cdot \dfrac{2\pi}{\text{rev}} = 25.13 \, \dfrac{\text{rad}}{\text{s}}$

$I = \tfrac{1}{12} m l^2$

$L = I\omega = \tfrac{1}{12} m l^2 \omega = \dfrac{4.347 \text{ kg} \cdot (0.180 \text{ m})^2 \cdot 25.13 \, \frac{\text{rad}}{\text{s}}}{12} = 0.295 \, \dfrac{\text{kg} \cdot \text{m}^2}{\text{s}}$

The vector direction points up.

42.

$m_s = 72.4$ kg

$r = 384{,}000{,}000 \text{ m} - 6{,}371{,}000 \text{ m} = 377{,}600{,}000$ m

$m_M = 7.348 \times 10^{22}$ kg

$F_M = G \dfrac{m_s m_M}{r^2} = 6.674 \times 10^{-11} \, \dfrac{\text{N} \cdot \text{m}^2}{\text{kg}^2} \cdot \dfrac{72.4 \text{ kg} \cdot 7.348 \times 10^{22} \text{ kg}}{(377{,}600{,}000 \text{ m})^2} = 0.00249$ N

$F_E = F_w = m_s g$

$\dfrac{F_E}{F_M} = \dfrac{m_s g}{F_M} = \dfrac{72.4 \text{ kg} \cdot 9.80 \, \frac{\text{m}}{\text{s}^2}}{0.00249 \text{ N}} = 285{,}000$

43.

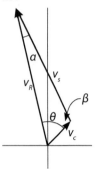

The angle θ is $13° + 45° = 58°$. The law of sines will give us the angle α, which will give the required heading.

$\theta = 13° + 45° = 58°$

$v_s = 14.0 \ \dfrac{km}{hr}$

$v_c = 0.75 \ \dfrac{m}{s} \cdot \dfrac{1 \ km}{1000 \ m} \cdot \dfrac{3600 \ s}{hr} = 2.7 \ \dfrac{km}{hr}$

$\dfrac{v_s}{\sin\theta} = \dfrac{v_c}{\sin\alpha}$

$\sin\alpha = \dfrac{v_c}{v_s}\sin\theta$

$\alpha = \sin^{-1}\left(\dfrac{v_c}{v_s}\sin\theta\right) = \sin^{-1}\left(\dfrac{2.7 \ \frac{km}{hr}}{14.0 \ \frac{km}{hr}}\sin 58°\right) = 9.41°$

The direction of $\mathbf{v}_R$ is 13° west of north. The direction of $\mathbf{v}_s$, which is the required bearing, is 9.41° further west, or 22° west of north. This gives a required bearing of 338°. Now we solve for β then for v_R.

$\beta = 180° - 58° - 9.41° = 112.6°$

$\dfrac{v_R}{\sin\beta} = \dfrac{v_s}{\sin\theta}$

$v_R = v_s \dfrac{\sin\beta}{\sin\theta} = 14.0 \ \dfrac{km}{hr} \cdot \dfrac{\sin 112.6°}{\sin 58°} = 15.2 \ \dfrac{km}{hr}$

Finally, we calculate the time of the trip.

$d = 27 \ km$

$d = v_R t$

$t = \dfrac{d}{v_R} = \dfrac{27 \ km}{15.2 \ \frac{km}{hr}} = 1.8 \ hr$

Thus, the captain should sail on a heading of 338°, and the trip will take 1.8 hr.

44.

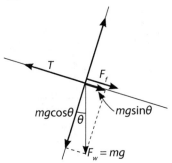

The blocks are moving at a constant speed, thus there is no acceleration and the tension in the cord is equal to the weight of m_2. This is the required unknown.

$m_1 = 2.50$ kg
$\theta = 27.5°$
$\mu_k = 0.655$
$\Sigma F_\perp = 0$
$F_N = m_1 g \cos\theta$
$\Sigma F_\parallel = 0$
$T - F_f - m_1 g \sin\theta = 0$
$T = F_f + m_1 g \sin\theta$
$F_f = \mu_k F_N = \mu_k m_1 g \cos\theta$
$T = \mu_k m_1 g \cos\theta + m_1 g \sin\theta = m_1 g (\mu_k \cos\theta + \sin\theta)$
$T = 2.50 \text{ kg} \cdot 9.80 \dfrac{\text{m}}{\text{s}^2}(0.655\cos 27.5° + \sin 27.5°) = 25.5$ N

45.

Conservation of energy after the bullet is in the block gives us the velocity with which they left the table:
$h = 71.2$ cm $= 0.712$ m
$U_{Ki} = \frac{1}{2}(m_{bullet} + m_{block})v^2$
$U_{Gf} = (m_{bullet} + m_{block})gh$
$U_{Ki} = U_{Gf}$
$\frac{1}{2}(m_{bullet} + m_{block})v^2 = (m_{bullet} + m_{block})gh$
$v = \sqrt{2gh} = \sqrt{2 \cdot 9.80 \dfrac{\text{m}}{\text{s}^2} \cdot 0.712 \text{ m}} = 3.736 \dfrac{\text{m}}{\text{s}}$

Next, we use conservation of momentum to find the original velocity, v_0, of the bullet.

$m_{bullet} = 15.9 \text{ g} = 0.0159 \text{ kg}$

$m_{block} = 2.15 \text{ kg}$

$m_{bullet} v_0 = (m_{bullet} + m_{block})v$

$v_0 = v \dfrac{m_{bullet} + m_{block}}{m_{bullet}} = 3.736 \ \dfrac{\text{m}}{\text{s}} \cdot \dfrac{0.0159 \text{ kg} + 2.15 \text{ kg}}{0.0159 \text{ kg}} = 509 \ \dfrac{\text{m}}{\text{s}}$

46.

$m_c = 870 \text{ g}$

$m_p = 17.5 \text{ g}$

$v_0 = 25.0 \ \dfrac{\text{cm}}{\text{s}}$

$v_p = 2.35 \ \dfrac{\text{m}}{\text{s}} = 235 \ \dfrac{\text{cm}}{\text{s}}$

$(m_c + m_p)v_0 = m_p v_p + m_c v_c$

$v_c = \dfrac{(m_c + m_p)v_0 - m_p v_p}{m_c}$

$v_c = \dfrac{(870 \text{ g} + 17.5 \text{ g}) \cdot 25.0 \ \frac{\text{cm}}{\text{s}} - 17.5 \text{ g} \cdot 235 \ \frac{\text{cm}}{\text{s}}}{870 \text{ g}} = 21 \ \dfrac{\text{cm}}{\text{s}}$

The value is positive, as is the direction of motion, so the cannon continues to move in the same direction, but at a slower speed.

47.

$h = 18 \text{ m}$

$\text{eff} = 0.92$

$V \text{ rate} = 25 \ \dfrac{\text{gal}}{\text{min}} \cdot \dfrac{3.785 \text{ L}}{\text{gal}} \cdot \dfrac{1 \text{ m}^3}{1000 \text{ L}} \cdot \dfrac{1 \text{ min}}{60 \text{ s}} = 1.577 \times 10^{-3} \ \dfrac{\text{m}^3}{\text{s}}$

$\rho = \dfrac{m}{V} \Rightarrow m = \rho V$

$m \text{ rate} = 998 \ \dfrac{\text{kg}}{\text{m}^3} \cdot 1.577 \times 10^{-3} \ \dfrac{\text{m}^3}{\text{s}} = 1.574 \ \dfrac{\text{kg}}{\text{s}}$

$\text{work rate} = P = \dfrac{mgh}{t} = 1.574 \ \dfrac{\text{kg}}{\text{s}} \cdot 9.80 \ \dfrac{\text{m}}{\text{s}^2} \cdot 18 \text{ m} = 277.6 \ \dfrac{\text{J}}{\text{s}} = 278 \text{ W}$

$P_{in} = \dfrac{P_{out}}{\text{eff}} = \dfrac{278 \text{ W}}{0.92} = 302 \text{ W} \cdot \dfrac{1 \text{ hp}}{746 \text{ W}} = 0.40 \text{ hp}$

48.

$P = 914 \text{ kW} = 914{,}000 \text{ W}$

$t = 3.5 \text{ ms} = 0.0035 \text{ s}$

$U = Pt = 914{,}000 \text{ W} \cdot 0.0035 \text{ s} = 3199 \text{ J}$

$E = mc^2$

$m = \dfrac{E}{c^2} = \dfrac{3199 \text{ J}}{\left(2.998 \times 10^8 \ \dfrac{\text{m}}{\text{s}}\right)^2} = 3.6 \times 10^{-14} \text{ kg}$

Chapter 10

1.

From the periodic table, the molar mass of sodium is 22.9898 g/mol. For NaCl:

$$22.9898 \, \frac{g}{mol} + 35.4527 \, \frac{g}{mol} = 58.4425 \, \frac{g}{mol}$$

From the table, the molar mass of iron is 55.847 g/mol. For Fe_2O_3:

$$2 \cdot 55.847 \, \frac{g}{mol} + 3 \cdot 15.9994 \, \frac{g}{mol} = 159.692 \, \frac{g}{mol}$$

2.

$$6.00 \, mol \cdot 18.015 \, \frac{g}{mol} = 108 \, g$$

3.

$$2.00 \, g \cdot \frac{1 \, mol}{28.0134 \, g} = 0.0714 \, mol$$

4.

$$0.100 \, lb \cdot \frac{4.448 \, N}{lb} = 0.4448 \, N$$

$$m = \frac{F_w}{g} = \frac{0.4448 \, N}{9.80 \, \frac{m}{s^2}} = 0.04539 \, kg = 45.39 \, g$$

$$45.39 \, g \cdot \frac{1 \, mol}{44.010 \, g} = 1.03 \, mol$$

5.

$$126.9045 \, \frac{g}{mol} \cdot \frac{1 \, mol}{6.02214076 \times 10^{23} \, particles} = 2.107299 \times 10^{-22} \, \frac{g}{particle}$$

6.

methane, CH_4

$$16.0426 \, \frac{g}{mol} \cdot \frac{1 \, mol}{6.02214076 \times 10^{23} \, particles} = 2.66390 \times 10^{-23} \, \frac{g}{particle}$$

ammonia, NH_3

$$17.0304 \, \frac{g}{mol} \cdot \frac{1 \, mol}{6.02214076 \times 10^{23} \, particles} = 2.82796 \times 10^{-23} \, \frac{g}{particle}$$

water, H_2O

$$18.0152 \, \frac{g}{mol} \cdot \frac{1 \, mol}{6.02214076 \times 10^{23} \, particles} = 2.99149 \times 10^{-23} \, \frac{g}{particle}$$

7.

$$196.9965 \frac{g}{mol} \cdot \frac{1 \text{ mol}}{6.02214076 \times 10^{23} \text{ particles}} = 3.270706 \times 10^{-22} \frac{g}{\text{particle}}$$

$$r = 0.130 \text{ nm} \cdot \frac{1 \text{ m}}{10^9 \text{ nm}} \cdot \frac{100 \text{ cm}}{1 \text{ m}} = 1.30 \times 10^{-8} \text{ cm}$$

$$V = \tfrac{4}{3}\pi r^3 = \frac{4 \cdot 3.1416 \cdot (1.30 \times 10^{-8} \text{ cm})^3}{3} = 9.203 \times 10^{-24} \text{ cm}^3$$

$$\rho = \frac{m}{V} = \frac{3.270706 \times 10^{-22} \frac{g}{\text{particle}}}{9.203 \times 10^{-24} \text{ cm}^3} = 35.5 \frac{g}{cm^3}$$

This value is a factor of 35.5/19.3 = 1.84 larger than the density of gold.

9.

$V = 2.00 \text{ L}$

$T = 0.00°C = 273.15 \text{ K}$

$P = 100 \text{ kPa}$

$PV = nRT$

$$n = \frac{PV}{RT} = \frac{100 \text{ kPa} \cdot 2.00 \text{ L}}{8.314 \frac{L \cdot kPa}{mol \cdot K} \cdot 273.15 \text{ K}} = 0.08807 \text{ mol}$$

$$0.08807 \text{ mol} \cdot 28.013 \frac{g}{mol} = 2.47 \text{ g}$$

10.

$V = const$

$T_1 = 273.15 \text{ K}$

$T_2 = 30.0°C = 303.15 \text{ K}$

$P_1 = 100 \text{ kPa}$

$PV = nRT$

$$\frac{P}{T} = \frac{nR}{V} = const$$

$$\frac{P_1}{T_1} = \frac{P_2}{T_2}$$

$$P_2 = P_1 \frac{T_2}{T_1} = 100 \text{ kPa} \cdot \frac{303.15 \text{ K}}{273.15 \text{ K}} = 111.0 \text{ kPa}$$

11.

$T = 25°C = 298.2$ K

$P = 101{,}325$ Pa

$V = 3.05 \text{ m} \cdot 3.66 \text{ m} \cdot 2.44 \text{ m} = 27.24 \text{ m}^3$

$PV = nRT$

$n = \dfrac{PV}{RT} = \dfrac{101{,}325 \text{ Pa} \cdot 27.24 \text{ m}^3}{8.314 \, \dfrac{\text{J}}{\text{mol} \cdot \text{K}} \cdot 298.2 \text{ K}} = 1113 \text{ mol}$

$0.780 \cdot 28.013 \, \dfrac{\text{g}}{\text{mol}} + 0.210 \cdot 32.00 \, \dfrac{\text{g}}{\text{mol}} + 0.0100 \cdot 39.948 \, \dfrac{\text{g}}{\text{mol}} = 28.97 \, \dfrac{\text{g}}{\text{mol}}$

$1113 \text{ mol} \cdot 28.97 \, \dfrac{\text{g}}{\text{mol}} = 32{,}240 \text{ g} = 32.24 \text{ kg}$

$F_w = mg = 32.24 \text{ kg} \cdot 9.80 \, \dfrac{\text{m}}{\text{s}^2} = 316.0 \text{ N} \cdot \dfrac{1 \text{ lb}}{4.448 \text{ N}} = 71.0 \text{ lb}$

12.

$m = 621 \text{ mg} = 0.621 \text{ g}$

$T = 21.0°C = 294.2$ K

$V = 500.0 \text{ mL} = 0.5000 \text{ L}$

$P = 75{,}700$ Pa

$PV = nRT$

$n = \dfrac{PV}{RT} = \dfrac{75{,}700 \text{ Pa} \cdot 0.5000 \text{ L}}{8314 \, \dfrac{\text{L} \cdot \text{Pa}}{\text{mol} \cdot \text{K}} \cdot 294.2 \text{ K}} = 0.01547 \text{ mol}$

$\dfrac{0.621 \text{ g}}{0.01547 \text{ mol}} = 40.1 \, \dfrac{\text{g}}{\text{mol}}$

13.

$T_1 = 20.0°C = 293.2$ K

$P_1 = 25 \text{ psig} = 39.7 \text{ psia}$

$T_2 = 36.0°C = 309.2$ K

from exercise we have

$P_2 = P_1 \dfrac{T_2}{T_1} = 39.7 \text{ psia} \cdot \dfrac{309.2 \text{ K}}{293.2 \text{ K}} = 41.87 \text{ psia}$

Subtracting atmospheric pressure, this gives

$P_2 = 27$ psig

14.

$V_2 = 3V_1$

$P_2 = \dfrac{P_1}{2}$

$PV = nRT$

$\dfrac{PV}{T} = nR$

$\dfrac{P_1 V_1}{T_1} = \dfrac{P_2 V_2}{T_2}$

$\dfrac{T_2}{T_1} = \dfrac{P_2 V_2}{P_1 V_1} = \dfrac{3 P_1 V_1}{2 P_1 V_1} = \dfrac{3}{2}$

15.

$P_1 = 775 \text{ kPag} = 876.3 \text{ kPa, abs}$

$P_2 = 1750 \text{ kPag} = 1851.3 \text{ kPa, abs}$

$V_1 = 750.0 \text{ cm}^3$

$T = const$

$PV = NRT$

$P_1 V_1 = P_2 V_2$

$V_2 = V_1 \dfrac{P_1}{P_2} = 750.0 \text{ cm}^3 \cdot \dfrac{876.3 \text{ kPa}}{1851.3 \text{ kPa}} = 355 \text{ cm}^3$

16.

$15.0 \text{ g CO}_2 \cdot \dfrac{1 \text{ mol}}{44.01 \text{ g}} = 0.3408 \text{ mol}$

$V = 2.5 \text{ m}^3$

$P = 2.005 \text{ kPa} = 2005 \text{ Pa}$

$PV = nRT$

$T = \dfrac{PV}{nR} = \dfrac{2005 \text{ Pa} \cdot 2.5 \text{ m}^3}{0.3408 \text{ mol} \cdot 8.314 \ \dfrac{\text{J}}{\text{mol} \cdot \text{K}}} = 1800 \text{ K}$

17.

$T_1 = 28°C = 301.2$ K

$P_1 = 125$ kPa

$V_2 = \dfrac{V_1}{15.7}$

$P_2 = 5150$ kPa

From exercise 14,

$$\dfrac{P_1 V_1}{T_1} = \dfrac{P_2 V_2}{T_2}$$

$T_2 = T_1 \dfrac{P_2 V_2}{P_1 V_1} = 301.2 \text{ K} \cdot \dfrac{5150 \text{ kPa} \cdot \dfrac{V_1}{15.7}}{125 \text{ kPa} \cdot V_1} = 301.2 \text{ K} \cdot \dfrac{5150 \text{ kPa}}{125 \text{ kPa} \cdot 15.7} = 790.4 \text{ K} = 517°C$

18.

$T_1 = 38°C = 311.2$ K

$P_1 = 4250$ kPa

$V_2 = 35.0 V_1$

$P_2 = 95.0$ kPa

From exercise 14,

$$\dfrac{P_1 V_1}{T_1} = \dfrac{P_2 V_2}{T_2}$$

$T_2 = T_1 \dfrac{P_2 V_2}{P_1 V_1} = 311.2 \text{ K} \cdot \dfrac{95.0 \text{ kPa} \cdot 35.0 \cancel{V_1}}{4250 \text{ kPa} \cdot \cancel{V_1}} = 243.5 \text{ K} = -29.7°C$

This must be rounded to the nearest degree, giving $T_2 = -3.0 \times 10^1$ °C.

19.

$T = 0.00°C = 273.15$ K

$P = 100.0$ kPa

$V = 2.00$ L

$PV = nRT$

$n = \dfrac{PV}{RT} = \dfrac{100.0 \text{ kPa} \cdot 2.00 \text{ L}}{8.314 \dfrac{\text{L} \cdot \text{kPa}}{\text{mol} \cdot \text{K}} \cdot 273.15 \text{ K}} = 0.08807$ mol

$0.08807 \text{ mol} \cdot 32.00 \dfrac{\text{g}}{\text{mol}} = 2.818 \text{ g} = 0.002818$ kg

$F_w = mg = 0.002818 \text{ kg} \cdot 9.80 \dfrac{\text{m}}{\text{s}^2} = 0.0276$ N

20.

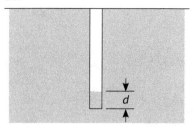

The gauge pressure at the top of the water inside the cylinder is $P = \rho g(0.20000 \text{ m} - d)$, so the absolute pressure is $\rho g(0.20000 \text{ m} - d) + 101{,}325$ Pa. Call the area of the open end of the cylinder A. Thus, the volume of the air space is $(0.20000 \text{ m} - d)A$. From Table A.5, $\rho = 0.9970$ g/cm³.

$T = const$

$\rho = 0.9970 \ \dfrac{\text{g}}{\text{cm}^3} = 997.0 \ \dfrac{\text{kg}}{\text{m}^3}$

$g = 9.800 \ \dfrac{\text{m}}{\text{s}^2}$

$P_1 = 101{,}325$ Pa

$P_2 = \rho g(0.20000 \text{ m} - d) + 101{,}325$ Pa

$V_1 = A \cdot 0.20000$ m

$V_2 = A \cdot (0.20000 \text{ m} - d)$

$PV = nRT$

$P_1 V_1 = P_2 V_2$

$101{,}325 \text{ Pa} \cdot A \cdot 0.20000 \text{ m} = \left(\rho g(0.20000 \text{ m} - d) + 101{,}325 \text{ Pa} \right) \cdot A \cdot (0.20000 \text{ m} - d)$

$20{,}265 \text{ Pa} \cdot \text{m} = \left(997.0 \ \dfrac{\text{kg}}{\text{m}^3} \cdot 9.800 \ \dfrac{\text{m}}{\text{s}^2} \cdot 0.20000 \text{ m} - \rho g d + 101{,}325 \text{ Pa} \right)(0.20000 \text{ m} - d)$

$20{,}265 \text{ Pa} \cdot \text{m} = (1954 \text{ Pa} - \rho g d + 101{,}325 \text{ Pa})(0.20000 \text{ m} - d) = (103{,}279 \text{ Pa} - \rho g d)(0.20000 \text{ m} - d)$

$20{,}265 \text{ Pa} \cdot \text{m} = 20{,}656 \text{ Pa} \cdot \text{m} - 0.20000 \text{ m} \cdot \rho g d - 103{,}279 \text{ Pa} \cdot d + \rho g d^2$

$\rho g d^2 - (0.20000 \text{ m} \cdot \rho g + 103{,}279 \text{ Pa}) d + 391 \text{ Pa} = 0$

$d^2 - \left(0.20000 \text{ m} + \dfrac{103{,}279 \text{ Pa}}{\rho g} \right) d + \dfrac{391 \text{ Pa}}{\rho g} = 0$

$d^2 - \left(0.20000 \text{ m} + \dfrac{103{,}279 \text{ Pa}}{997.0 \ \dfrac{\text{kg}}{\text{m}^3} \cdot 9.800 \ \dfrac{\text{m}}{\text{s}^2}} \right) d + \dfrac{391 \text{ Pa}}{997.0 \ \dfrac{\text{kg}}{\text{m}^3} \cdot 9.800 \ \dfrac{\text{m}}{\text{s}^2}} = 0$

$d^2 - (0.20000 \text{ m} + 10.57 \text{ m}) d + 0.04002 \text{ m}^2 = 0$

$d^2 - 10.77 \text{ m} \cdot d + 0.04002 \text{ m}^2 = 0$

$d = \dfrac{10.77 \text{ m} \pm \sqrt{(10.77 \text{ m})^2 - 4 \cdot 0.04002 \text{ m}^2}}{2} = \dfrac{10.77 \text{ m} \pm 10.76 \text{ m}}{2} = 0.005 \text{ m} = 5 \text{ mm}$

We choose to subtract in the quadratic because adding leads to a nonsensical result of over 10 m. Tracking the sig digs to the end, the 10.77 and 10.76 are both precise to four digits. Subtracting them yields a value with one digit of precision.

22.

$T = 22°C = 295.2$ K

$U_{K,av} = \frac{3}{2}k_B T = 1.5 \cdot 1.3806 \times 10^{-23} \frac{J}{K} \cdot 295.2 \text{ K} = 6.11 \times 10^{-21}$ J

oxygen speed:

$m = 32.00 \frac{g}{mol} \cdot \frac{1 \text{ mol}}{6.022 \times 10^{23} \text{ particles}} = 5.314 \times 10^{-23} \frac{g}{particle} = 5.314 \times 10^{-26} \frac{kg}{particle}$

$v_{rms} = \sqrt{\frac{3k_B T}{m}} = \sqrt{\frac{3 \cdot 1.3806 \times 10^{-23} \frac{J}{K} \cdot 295.2 \text{ K}}{5.314 \times 10^{-26} \text{ kg}}} = 479.7 \frac{m}{s}$

$\boxed{v_{rms} = 4.80 \times 10^2 \frac{m}{s}}$

nitrogen speed:

$m = 28.01 \frac{g}{mol} \cdot \frac{1 \text{ mol}}{6.022 \times 10^{23} \text{ particles}} = 4.652 \times 10^{-23} \frac{g}{particle} = 4.652 \times 10^{-26} \frac{kg}{particle}$

$v_{rms} = \sqrt{\frac{3k_B T}{m}} = \sqrt{\frac{3 \cdot 1.3806 \times 10^{-23} \frac{J}{K} \cdot 295.2 \text{ K}}{4.652 \times 10^{-26} \text{ kg}}} = 513 \frac{m}{s}$

23.

From exercise 22, $m = 4.652 \times 10^{-26}$ kg

$v = 11.2 \frac{km}{s} = 11,200 \frac{m}{s}$

$v_{rms} = \sqrt{\frac{3k_B T}{m}}$

$T = \frac{mv_{rms}^2}{3k_B} = \frac{4.652 \times 10^{-26} \text{ kg} \cdot \left(11,200 \frac{m}{s}\right)^2}{3 \cdot 1.3806 \times 10^{-23} \frac{J}{K}} = 141,000$ K

24.

$T_s = 95°F = 35°C = 308.2$ K

$T_w = 0°F = -18°C = 255.4$ K

$\frac{U_{K,av,s}}{U_{K,av,w}} = \frac{\frac{3}{2}k_B T_s}{\frac{3}{2}k_B T_w} = \frac{T_s}{T_w} = \frac{308.2 \text{ K}}{255.4 \text{ K}} = 1.21$

$\frac{v_{rms,s}}{v_{rms,w}} = \frac{\sqrt{\frac{3k_B T_s}{m}}}{\sqrt{\frac{3k_B T_w}{m}}} = \sqrt{\frac{T_s}{T_w}} = \sqrt{\frac{308.2 \text{ K}}{255.4 \text{ K}}} = 1.10$

Chapter 10

25.

$T = 1.4 \times 10^7$ K

$m = 1.67 \times 10^{-27}$ kg

$$v_{rms} = \sqrt{\frac{3k_B T}{m}} = \sqrt{\frac{3 \cdot 1.3806 \times 10^{-23} \frac{J}{K} \cdot 1.4 \times 10^7 \text{ K}}{1.67 \times 10^{-27} \text{ kg}}} = 590{,}000 \frac{m}{s}$$

26.

$$m_H = 2.1058 \frac{g}{mol} \cdot \frac{1 \text{ mol}}{6.022 \times 10^{23} \text{ particles}} = 3.347 \times 10^{-24} \frac{g}{particle}$$

$T_H = 25°C = 298.2$ K

$$m_O = 32.00 \frac{g}{mol} \cdot \frac{1 \text{ mol}}{6.022 \times 10^{23} \text{ particles}} = 5.314 \times 10^{-23} \frac{g}{particle}$$

$$v_{rms,H} = \sqrt{\frac{3k_B T_H}{m_H}}$$

$$v_{rms,O} = \sqrt{\frac{3k_B T_O}{m_O}}$$

$$\sqrt{\frac{3k_B T_H}{m_H}} = \sqrt{\frac{3k_B T_O}{m_O}}$$

$$\frac{T_H}{m_H} = \frac{T_O}{m_O}$$

$$T_O = T_H \frac{m_O}{m_H} = 298.2 \text{ K} \cdot \frac{5.314 \times 10^{-23} \text{ g}}{3.347 \times 10^{-24} \text{ g}} = 4730 \text{ K}$$

30.

For the second question, the slope of the straight line between the liquid and solid phases is defined by the two points shown on the graph, the lower two points in the sketch below:

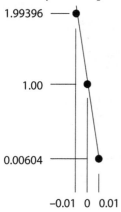

From the two given points, the pressure at −0.01°C is as far above 1.00 as the pressure at 0.01°C is below 1.00. Since the given pressure is not this high, the point lies below the line, in the solid region.

31.

$m = 100.0$ g
$T_0 = 0.00°C$
$T_f = 22.0°C$

$$Q = mH_f + c_p m \Delta T = m(H_f + c_p \Delta T) = 100.0 \text{ g} \cdot \left(79.7 \frac{\text{cal}}{\text{g}} + 1.00 \frac{\text{cal}}{\text{g} \cdot °C} \cdot 22.0°C\right) = 10,200 \text{ cal}$$

32.

$m = 0.0350$ kg
$T_0 = 361$ K
$T_f = 298$ K
$T_b = 78.29°C = 351.44$ K

$Q = c_p m (T_b - T_0) - mH_v + c_p m (T_f - T_b)$

$Q = m \left(c_p (T_b - T_0) - H_v + c_p (T_f - T_b)\right)$

$Q = 0.0350 \text{ kg} \cdot \left(2.440 \frac{\text{kJ}}{\text{kg} \cdot \text{K}} \cdot (351.44 \text{ K} - 361 \text{ K}) - 854 \frac{\text{kJ}}{\text{kg}} + 2.440 \frac{\text{kJ}}{\text{kg} \cdot \text{K}} \cdot (298 \text{ K} - 351.44 \text{ K})\right)$

$Q = -35.3$ kJ

Note that in the main heat summation equation, heat is being removed from the ethanol, so every term must be negative. The $c_p m \Delta T$ terms are negative automatically because the final temperature is lower than the initial temperature in both cases. The mH_v term must be added in with the others as a negative value.

33.

$m_l = 75$ g
$m_w = 125$ g
$T_{0,l} = 150°C$
$T_{0,w} = 25°C$

heat gained by water $= -$(heat lost by lead)

$c_{p,w} m_w (T_f - T_{0,w}) = -c_{p,l} m_l (T_f - T_{0,l})$

$c_{p,w} m_w T_f - c_{p,w} m_w T_{0,w} = c_{p,l} m_l T_{0,l} - c_{p,l} m_l T_f$

$(c_{p,w} m_w + c_{p,l} m_l) T_f = c_{p,l} m_l T_{0,l} + c_{p,w} m_w T_{0,w}$

$$T_f = \frac{c_{p,l} m_l T_{0,l} + c_{p,w} m_w T_{0,w}}{c_{p,w} m_w + c_{p,l} m_l} = \frac{0.031 \frac{\text{cal}}{\text{g} \cdot °C} \cdot 75 \text{ g} \cdot 150°C + 1.00 \frac{\text{cal}}{\text{g} \cdot °C} \cdot 125 \text{ g} \cdot 25°C}{1.00 \frac{\text{cal}}{\text{g} \cdot °C} \cdot 125 \text{ g} + 0.031 \frac{\text{cal}}{\text{g} \cdot °C} \cdot 75 \text{ g}} = 27°C$$

Chapter 10

34.

$m_{i-w} = 54.00$ g

$T_{0,i-w} = -10.0°C$

$V_w = 250.0$ mL

$T_{0,w} = 75.0°C$

$\rho_w = 0.97484 \dfrac{g}{mL}$

$m_w = \rho_w V_w = 0.97484 \dfrac{g}{mL} \cdot 250.0 \text{ mL} = 243.7$ g

heat gained by ice $= -($heat lost by water$)$

$c_{p,i} m_{i-w} (T_{m,i} - T_{0,i-w}) + m_{i-w} H_{f,i} + c_{p,w} m_{i-w} (T_f - T_{m,i}) = -c_{p,w} m_w (T_f - T_{0,w})$

$c_{p,i} m_{i-w} (T_{m,i} - T_{0,i-w}) + m_{i-w} H_{f,i} + c_{p,w} m_{i-w} T_f - c_{p,w} m_{i-w} T_{m,i} = c_{p,w} m_w T_{0,w} - c_{p,w} m_w T_f$

$-c_{p,i} m_{i-w} (T_{m,i} - T_{0,i-w}) - m_{i-w} H_{f,i} + c_{p,w} m_{i-w} T_{m,i} + c_{p,w} m_w T_{0,w} = (c_{p,w} m_w + c_{p,w} m_{i-w}) T_f$

$T_f = \dfrac{c_{p,w} m_{i-w} T_{m,i} + c_{p,w} m_w T_{0,w} - c_{p,i} m_{i-w} (T_{m,i} - T_{0,i-w}) - m_{i-w} H_{f,i}}{c_{p,w} m_w + c_{p,w} m_{i-w}}$

$T_f = \dfrac{0 + 1.00 \dfrac{cal}{g \cdot °C} \cdot 243.7 \text{ g} \cdot 75.0°C - 0.50 \dfrac{cal}{g \cdot °C} \cdot 75.0°C(0 - (-10.0°C)) - 54.00 \text{ g} \cdot 79.7 \dfrac{cal}{g}}{1.00 \dfrac{cal}{g \cdot °C} \cdot 243.7 \text{ g} + 1.00 \dfrac{cal}{g \cdot °C} \cdot 54.00 \text{ g}}$

$T_f = 46°C$

35.

$m = 100.0$ g

$T_0 = 99.974°C$

$T_f = -20.0°C$

$Q = -mH_v + c_{p,w} m(T_m - T_0) - mH_f + c_{p,i} m(T_f - T_m)$

$Q = -100.0 \text{ g} \cdot 539 \dfrac{cal}{g} + 1.00 \dfrac{cal}{g \cdot °C} \cdot 100.0 \text{ g} \cdot (0.00°C - 99.974°C)$

$\qquad - 100.0 \text{ g} \cdot 79.7 \dfrac{cal}{g} + 0.50 \dfrac{cal}{g \cdot °C} \cdot 100.0 \text{ g} \cdot (-20.0°C - 0.00°C)$

$Q = -72,900$ cal

36.

An ice water bath is always at 0.00°C because this is the temperature where ice and water can exist together at atmospheric pressure. Thus, the final temperature in this problem is 0.00°C, the temperature of the ice water bath. When setting up the initial heat equation, we note that the quantity of heat gained by the iron is positive. The quantity of heat removed from the water to form ice must equal the same quantity, but there is no drop in temperature to make the ΔT a negative value. Thus, we forego the usual negative sign and use positive quantities on both sides of the heat equation.

Solutions Manual to Accompany Physics: Modeling Nature

$m_i = 150.0$ g
$T_{0,i} = -50.0°C$
$T_f = 0.00°C$

heat gained by iron = heat lost by water

$$c_{p,i} m_i (T_f - T_{0,i}) = m_w H_{f,w}$$

$$m_w = \frac{c_{p,i} m_i (T_f - T_{0,i})}{H_{f,w}} = \frac{0.11 \frac{\text{cal}}{\text{g·°C}} \cdot 150.0 \text{ g} \cdot (0.00°C - (-50.0°C))}{79.7 \frac{\text{cal}}{\text{g}}} = 10.4 \text{ g}$$

$\boxed{m_w = 1.0 \times 10^1 \text{ g}}$

37.

$$P = 0.138 \frac{W}{\text{cm}^2} \cdot (1 - 0.9990) = 1.38 \times 10^{-4} \frac{W}{\text{cm}^2} = 1.38 \times 10^{-4} \frac{J}{\text{s·cm}^2} \cdot \frac{3600 \text{ s}}{\text{hr}} = 0.4968 \frac{J}{\text{hr·cm}^2}$$

$$H_v = 2260 \frac{\text{kJ}}{\text{kg}} = 2260 \frac{J}{\text{g}}$$

$$0.4968 \frac{J}{\text{hr·cm}^2} \cdot \frac{1 \text{ g}}{2260 \text{ J}} = 0.000220 \frac{\text{g}}{\text{hr·cm}^2}$$

38.

$m_w = 125$ g
$m_a = 42.0$ g
$T_{0,w/a} = 50.0°C$
$T_{0,i} = -15.0°C$
$T_f = 30.0°C$

heat gained by ice = −(heat lost by water and aluminum)

$$c_{p,i} m_{i-w} (T_{m,i} - T_{0,i}) + m_{i-w} H_{f,i} + c_{p,w} m_{i-w} (T_f - T_{m,i}) = -\left(c_{p,w} m_w (T_f - T_{0,w/a}) + c_{p,a} m_a (T_f - T_{0,w/a}) \right)$$

$$m_{i-w} \left(c_{p,i} (T_{m,i} - T_{0,i}) + H_{f,i} + c_{p,w} (T_f - T_{m,i}) \right) = (T_{0,w/a} - T_f)(c_{p,w} m_w + c_{p,a} m_a)$$

$$m_{i-w} = \frac{(T_{0,w/a} - T_f)(c_{p,w} m_w + c_{p,a} m_a)}{c_{p,i} (T_{m,i} - T_{0,i}) + H_{f,i} + c_{p,w} (T_f - T_{m,i})}$$

$$m_{i-w} = \frac{(50.0°C - 30.0°C) \left(1.00 \frac{\text{cal}}{\text{g·°C}} \cdot 125 \text{ g} + 0.21 \frac{\text{cal}}{\text{g·°C}} \cdot 42.0 \text{ g} \right)}{0.50 \frac{\text{cal}}{\text{g·°C}} \cdot (0.00°C - (-15.0°C)) + 79.7 \frac{\text{cal}}{\text{g}} + 1.00 \frac{\text{cal}}{\text{g·°C}} \cdot (30.0°C - 0.00°C)} = 22.8 \text{ g}$$

39.

$U_G = mgh = mH_f$

$H_f = 23 \, \dfrac{\text{kJ}}{\text{kg}} = 23{,}000 \, \dfrac{\text{J}}{\text{kg}}$

$h = \dfrac{H_f}{g} = \dfrac{23{,}000 \, \dfrac{\text{J}}{\text{kg}}}{9.80 \, \dfrac{\text{m}}{\text{s}^2}} = 2300 \text{ m}$

40.

$m_{ac} = 45.0 \text{ g}$

$m_w = 135 \text{ g}$

$T_{0,w/a} = 22.0°\text{C}$

$m_{bf} + m_{af} = 155 \text{ g} = m_F$

$m_{af} = m_F - m_{bf}$

$T_{0,bf/af} = 125°\text{C}$

$T_f = 38.5°\text{C}$

heat gained by water + cup = −(heat lost by brass filings + heat lost by aluminum filings)

$c_{p,w} m_w \left(T_f - T_{0,w/a}\right) + c_{p,a} m_{ac} \left(T_f - T_{0,w/a}\right) = -\left(c_{p,b} m_{bf} \left(T_f - T_{0,bf/af}\right) + c_{p,a} m_{af} \left(T_f - T_{0,bf/af}\right)\right)$

$c_{p,w} m_w \left(T_f - T_{0,w/a}\right) + c_{p,a} m_{ac} \left(T_f - T_{0,w/a}\right) = -\left(c_{p,b} m_{bf} \left(T_f - T_{0,bf/af}\right) + c_{p,a} \left(m_F - m_{bf}\right)\left(T_f - T_{0,bf/af}\right)\right)$

$\left(c_{p,w} m_w + c_{p,a} m_{ac}\right)\left(T_f - T_{0,w/a}\right) = c_{p,b} m_{bf} \left(T_{0,bf/af} - T_f\right) + c_{p,a} \left(m_F - m_{bf}\right)\left(T_{0,bf/af} - T_f\right)$

$\left(c_{p,w} m_w + c_{p,a} m_{ac}\right)\left(T_f - T_{0,w/a}\right) = \left(c_{p,b} m_{bf} + c_{p,a} m_F - c_{p,a} m_{bf}\right)\left(T_{0,bf/af} - T_f\right)$

$c_{p,b} m_{bf} + c_{p,a} m_F - c_{p,a} m_{bf} = \dfrac{\left(c_{p,w} m_w + c_{p,a} m_{ac}\right)\left(T_f - T_{0,w/a}\right)}{T_{0,bf/af} - T_f}$

$m_{bf}\left(c_{p,b} - c_{p,a}\right) = \dfrac{\left(c_{p,w} m_w + c_{p,a} m_{ac}\right)\left(T_f - T_{0,w/a}\right)}{T_{0,bf/af} - T_f} - c_{p,a} m_F$

$m_{bf} = \dfrac{\dfrac{\left(c_{p,w} m_w + c_{p,a} m_{ac}\right)\left(T_f - T_{0,w/a}\right)}{T_{0,bf/af} - T_f} - c_{p,a} m_F}{c_{p,b} - c_{p,a}}$

$m_{bf} = \dfrac{\dfrac{\left(1.00 \, \dfrac{\text{cal}}{\text{g} \cdot °\text{C}} \cdot 135 \text{ g} + 0.21 \, \dfrac{\text{cal}}{\text{g} \cdot °\text{C}} \cdot 45.0 \text{ g}\right) \cdot 16.5°\text{C}}{86.5°\text{C}} - 0.21 \, \dfrac{\text{cal}}{\text{g} \cdot °\text{C}} \cdot 155.0 \text{ g}}{0.09 \, \dfrac{\text{cal}}{\text{g} \cdot °\text{C}} - 0.21 \, \dfrac{\text{cal}}{\text{g} \cdot °\text{C}}} = 41.6 \text{ g}$

$\dfrac{41.6 \text{ g}}{155 \text{ g}} = 0.27$

41.

$v_0 = 224 \, \dfrac{\text{m}}{\text{s}}$

$U_K = \tfrac{1}{2}mv^2 = c_p m \Delta T$

$\Delta T = \dfrac{v^2}{2c_p} = \dfrac{\left(224 \, \dfrac{\text{m}}{\text{s}}\right)^2}{2 \cdot 129 \, \dfrac{\text{J}}{\text{kg} \cdot \text{K}}} = 190 \text{ K}$

42.

$v_0 = 224 \, \dfrac{\text{m}}{\text{s}}$

$m_{bullet} = 14.5 \text{ g} = 0.0145 \text{ kg}$

$m_{block} = 115 \text{ g} = 0.115 \text{ kg}$

$m_{bullet} v_0 = (m_{bullet} + m_{block}) v_f$

$v_f = \dfrac{m_{bullet} v_0}{m_{bullet} + m_{block}}$

$U_{K0} = U_{Kf} + c_p m_{bullet} \Delta T$

$\tfrac{1}{2} m_{bullet} v_0^2 = \tfrac{1}{2}(m_{bullet} + m_{block})\left(\dfrac{m_{bullet} v_0}{m_{bullet} + m_{block}}\right)^2 + c_p m_{bullet} \Delta T$

$v_0^2 = \dfrac{m_{bullet}}{m_{bullet} + m_{block}} v_0^2 + 2 c_p \Delta T$

$\Delta T = \dfrac{v_0^2 \left(1 - \dfrac{m_{bullet}}{m_{bullet} + m_{block}}\right)}{2 c_p} = \dfrac{\left(224 \, \dfrac{\text{m}}{\text{s}}\right)^2 \left(1 - \dfrac{0.0145 \text{ kg}}{0.0145 \text{ kg} + 0.115 \text{ kg}}\right)}{2 \cdot 129 \, \dfrac{\text{J}}{\text{kg} \cdot \text{K}}} = 170 \text{ K}$

43.

$r = \dfrac{25.0 \text{ cm}}{2} = 12.5 \text{ cm} = 0.125 \text{ m}$

$\omega_0 = 10.0 \, \dfrac{\text{rev}}{\text{s}} \cdot \dfrac{2\pi \text{ rad}}{\text{rev}} = 62.83 \, \dfrac{\text{rad}}{\text{s}}$

$0.77 U_{K0} = c_p m \Delta T$

$0.77 \cdot \tfrac{1}{2} I \omega_0^2 = c_p m \Delta T$

$0.77 \cdot \tfrac{1}{2} \cdot \tfrac{1}{2} m r^2 \omega_0^2 = c_p m \Delta T$

$\Delta T = \dfrac{0.77 \, r^2 \omega_0^2}{4 c_p} = \dfrac{0.77 \cdot (0.125 \text{ m})^2 \left(62.83 \, \dfrac{\text{rad}}{\text{s}}\right)^2}{4 \cdot 449 \, \dfrac{\text{J}}{\text{kg} \cdot \text{K}}} = 0.026 \text{ K}$

44.

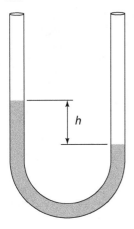

$\rho = 0.8620 \, \frac{\text{g}}{\text{cm}^3} = 862.0 \, \frac{\text{kg}}{\text{m}^3}$

$h = 129.6 \text{ mm} = 0.1296 \text{ m}$

$P_{atm} = 1.000 \text{ atm} = 101,300 \text{ Pa}$

$P_{duct} + \rho g h = P_{atm}$

$P_{duct} = P_{atm} - \rho g h = 101,300 \text{ Pa} - 862.0 \, \frac{\text{kg}}{\text{m}^3} \cdot 9.80 \, \frac{\text{m}}{\text{s}^2} \cdot 0.1296 \text{ m} = 100,200 \text{ Pa}$

45.

$m_b = 650 \text{ g} = 0.65 \text{ kg}$

$r = \frac{5.0 \text{ cm}}{2} = 2.5 \text{ cm} = 0.025 \text{ m}$

$m_w = 110 \text{ g} = 0.11 \text{ kg}$

$m_T = 0.65 \text{ kg} + 4 \cdot 0.11 \text{ kg} = 1.09 \text{ kg}$

$v_0 = 1.5 \, \frac{\text{m}}{\text{s}}$

$U_{K0} = \tfrac{1}{2} m_T v_0^2 + 4 \cdot \tfrac{1}{2} I \omega_0^2$

$I = \tfrac{1}{2} m_w r^2$

$\omega_0 = \frac{v_0}{r}$

$U_{K0} = \tfrac{1}{2} m_T v_0^2 + 4 \cdot \tfrac{1}{2} \cdot \tfrac{1}{2} m_w r^2 \frac{v_0^2}{r^2} = \tfrac{1}{2} m_T v_0^2 + m_w v_0^2 = \left(\tfrac{1}{2} m_T + m_w \right) v_0^2$

$U_{K0} = m_T g h_f$

$h_f = \frac{U_{K0}}{m_T g} = \frac{\left(\tfrac{1}{2} m_T + m_w \right) v_0^2}{m_T g} = \frac{(0.5 \cdot 1.09 \text{ kg} + 0.11 \text{ kg}) \cdot \left(1.5 \, \frac{\text{m}}{\text{s}} \right)^2}{1.09 \text{ kg} \cdot 9.80 \, \frac{\text{m}}{\text{s}^2}} = 0.14 \text{ m}$

46.

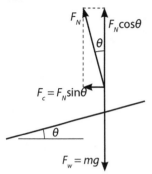

$r = 65$ m
$\theta = 6.50°$

$F_N \cos\theta = mg \Rightarrow F_N = \dfrac{mg}{\cos\theta}$

$F_c = F_N \sin\theta = mg \tan\theta$

$F_c = \dfrac{mv^2}{r}$

$\dfrac{mv^2}{r} = mg \tan\theta$

$v^2 = rg \tan\theta$

$v = \sqrt{rg \tan\theta} = \sqrt{65 \text{ m} \cdot 9.80 \dfrac{\text{m}}{\text{s}^2} \cdot \tan 6.50°} = 8.5 \dfrac{\text{m}}{\text{s}}$

47.

$m_p = 1.673 \times 10^{-27}$ kg

$m_S = 1.989 \times 10^{30}$ kg

$r_S = 6.96342 \times 10^8$ m

$F_{w,S} = G\dfrac{m_p m_S}{r_S^2} = 6.67384 \times 10^{-11} \dfrac{\text{N} \cdot \text{m}^2}{\text{kg}^2} \cdot \dfrac{1.673 \times 10^{-27} \text{ kg} \cdot 1.989 \times 10^{30} \text{ kg}}{\left(6.96342 \times 10^8 \text{ m}\right)^2} = 4.580 \times 10^{-25}$ N

$F_{w,E} = mg = 1.673 \times 10^{-27}$ kg $\cdot 9.80 \dfrac{\text{m}}{\text{s}^2} = 1.640 \times 10^{-26}$ N

$\dfrac{F_{w,S}}{F_{w,E}} = \dfrac{4.580 \times 10^{-25} \text{ N}}{1.640 \times 10^{-26} \text{ N}} = 27.9$

Chapter 11

1.

$m = 75.0 \text{ g} = 0.0750 \text{ kg}$

$c_p = 0.375 \dfrac{\text{kJ}}{\text{kg} \cdot \text{K}}$

$W = 0$

$\Delta U = -1.00 \text{ kJ}$

$Q = \Delta U$

$Q = c_p m \Delta T$

$\Delta T = \dfrac{Q}{c_p m} = \dfrac{\Delta U}{c_p m} = \dfrac{-1.00 \text{ kJ}}{0.375 \dfrac{\text{kJ}}{\text{kg} \cdot \text{K}} \cdot 0.0750 \text{ kg}} = -35.6 \text{ K}$

2. a.

B–C:

$(3.25 \text{ m}^3 - 1.5 \text{ m}^3) \cdot 350{,}000 \text{ Pa} = 6.125 \times 10^5 \text{ J}$

C–D:

$(4.5 \text{ m}^3 - 3.25 \text{ m}^3) \cdot 250{,}000 \text{ Pa} + \tfrac{1}{2}(4.5 \text{ m}^3 - 3.25 \text{ m}^3) \cdot (350{,}000 \text{ Pa} - 250{,}000 \text{ Pa}) = 3.75 \times 10^5 \text{ J}$

$W = 6.125 \times 10^5 \text{ J} + 3.75 \times 10^5 \text{ J} = 9.875 \times 10^5 \text{ J}$

2. b.

Add the work for B–A to the negative of the previous answer.

D–B:

$-9.875 \times 10^5 \text{ J}$

B–A:

$-\left((1.5 \text{ m}^3 - 1 \text{ m}^3) \cdot 100{,}000 \text{ Pa} + \tfrac{1}{2}(1.5 \text{ m}^3 - 1 \text{ m}^3) \cdot (350{,}000 \text{ Pa} - 100{,}000 \text{ Pa})\right) = -1.125 \times 10^5 \text{ J}$

$W = -9.875 \times 10^5 \text{ J} - 1.125 \times 10^5 \text{ J} = 1.1 \times 10^6 \text{ J}$

3. b.

$W = 15.5 \text{ kJ} = 15{,}000 \text{ J}$

$Q = 7500 \text{ J}$

$Q = \Delta U + W$

$\Delta U = Q - W = 7500 \text{ J} - 15{,}000 \text{ J} = -8000 \text{ J}$

$\boxed{\Delta U = -8.0 \times 10^3 \text{ J}}$

7.

$T = 25.0°C = 298.15$ K

$N = 5.00 \text{ g} \cdot \dfrac{1 \text{ mol}}{2.0158 \text{ g}} \cdot \dfrac{6.022 \times 10^{23} \text{ particles}}{\text{mol}} = 1.494 \times 10^{24}$ particles

$U_{K,av} = \tfrac{3}{2} k_B T$

$U_{K,total} = U_{K,av} \cdot N = \tfrac{3}{2} N k_B T = 1.5 \cdot 1.494 \times 10^{24} \cdot 1.3806 \times 10^{-23} \dfrac{\text{J}}{\text{K}} \cdot 298.15 \text{ K} = 9223$ J

$\boxed{U = 9220 \text{ J}}$

8.

$Q = 125$ cal

$W = -125 \text{ J} \cdot \dfrac{1 \text{ cal}}{4.184 \text{ J}} = -29.88$ cal

$Q = \Delta U + W$

$\Delta U = Q - W = 125 \text{ cal} - (-29.88 \text{ cal}) = 155$ cal

(or $\Delta U = 648$ J)

9.

Since the temperature is constant, $\Delta U = 0$.

$P = 155$ kPa $= 155{,}000$ Pa

$V_0 = 5.00$ L $= 0.00500$ m^3

$V_f = 3.00$ L

$PV = nRT = const = P \cdot V_0 = 155{,}000 \text{ Pa} \cdot 0.00500 \text{ m}^3 = 775 \text{ Pa} \cdot \text{m}^3 = 775$ J

$W = nRT \ln \dfrac{V_f}{V_0} = PV \ln \dfrac{V_f}{V_0} = 775 \text{ J} \cdot \ln \dfrac{3}{5} = -396$ J

$\Delta U = 0$

$Q = W = -396$ J

10.

$r = \dfrac{12 \text{ cm}}{2} = 6.0$ cm $= 0.060$ m

$d = 5.7$ cm $= 0.057$ m

$\Delta V = \pi r^2 d$

$P = 2.11$ MPa $= 2.11 \times 10^6$ Pa

$W = P\Delta V = P\pi r^2 d = 2.11 \times 10^6 \text{ Pa} \cdot 3.1416 \cdot (0.060 \text{ m})^2 \cdot 0.057 \text{ m} = 1360$ J

$W = 1400$ J

Chapter 11

11.

$\Delta T = 0$ so $\Delta U = 0$

$Q = 525$ J

$Q = W$

$W = 525$ J

12.

$m = 50.0$ g

$n = 50.0 \text{ g} \cdot \dfrac{1 \text{ mol}}{32.00 \text{ g}} = 1.563$ mol

$V_0 = 275$ L

$V_f = 175$ L

$T = 301$ K

$W = nRT \ln \dfrac{V_f}{V_0} = 1.563 \text{ mol} \cdot 8.314 \dfrac{\text{J}}{\text{mol} \cdot \text{K}} \cdot 301 \text{ K} \cdot \ln \dfrac{175 \text{ L}}{275 \text{ L}} = -1768$ J

$\boxed{W = -1770 \text{ J}}$

13.

Since T is constant, $\Delta U = 0$. Thus, $Q = W = -1770$ J.

14.

Since T is constant, $\Delta U = 0$. Thus $W = Q = -555$ cal.

$T = 757$ K

$V_f = \dfrac{V_0}{4}$

$W = -555 \text{ cal} \cdot \dfrac{4.184 \text{ J}}{\text{cal}} = -2322$ J

$W = nRT \ln \dfrac{V_f}{V_0} = nRT \ln \dfrac{V_0}{4V_0} = nRT \ln \tfrac{1}{4}$

$n = \dfrac{W}{RT \ln \tfrac{1}{4}} = \dfrac{-2322 \text{ J}}{8.314 \dfrac{\text{J}}{\text{mol} \cdot \text{K}} \cdot 757 \text{ K} \cdot \ln \tfrac{1}{4}} = 0.266$ mol

16.

$\gamma = 1.67$
$n = 25.0$ mol
$T_0 = 0.00°C = 273.15$ K
$P_0 = 100$ kPa
$V_f = \dfrac{V_0}{3}$
$P_0 V_0^\gamma = P_f V_f^\gamma$

$P_f = P_0 \left(\dfrac{V_0}{V_f}\right)^\gamma = 100 \text{ kPa} \cdot \left(\dfrac{V_0}{\frac{V_0}{3}}\right)^{1.67} = 100 \text{ kPa} \cdot (3)^{1.67} = 626.3$ kPa

$\boxed{P_f = 626 \text{ kPa}}$

$PV = nRT$

$\dfrac{PV}{T} = nR = \text{const}$

$\dfrac{P_0 V_0}{T_0} = \dfrac{P_f V_f}{T_f}$

$T_f = T_0 \dfrac{P_f V_f}{P_0 V_0} = 273.15 \text{ K} \cdot \dfrac{626.3 \text{ kPa} \cdot \frac{V_0}{3}}{100 \text{ kPa} \cdot V_0} = 273.15 \text{ K} \cdot \dfrac{626.3 \text{ kPa}}{3 \cdot 100 \text{ kPa}} = 570.2$ K

$T_f = 5.70 \times 10^2$ K

17.

$P = 1.50 \text{ atm} \cdot \dfrac{101{,}325 \text{ Pa}}{\text{atm}} = 151{,}988$ Pa

$V_0 = 3.55$ L
$V_f = 1.75 \cdot 3.55 \text{ L} = 6.213$ L
$\Delta V = 2.663 \text{ L} = 0.002663 \text{ m}^3$
$T_0 = 133°C = 406.2$ K
$W = P\Delta V = 151{,}988 \text{ Pa} \cdot 0.002663 \text{ m}^3 = 405$ J
$PV = nRT$

$\dfrac{V}{T} = \dfrac{nR}{P} = \text{const}$

$\dfrac{V_0}{T_0} = \dfrac{V_f}{T_f}$

$T_f = T_0 \dfrac{V_f}{V_0} = 406.2 \text{ K} \cdot \dfrac{6.213 \text{ L}}{3.55 \text{ L}} = 711$ K

18.

$V_f = \dfrac{V_0}{20}$

$P_0 = 101,500$ Pa

$T_0 = 26.50°C = 299.65$ K

$\gamma = 1.4$

$P_0 V_0^\gamma = P_f V_f^\gamma$

$P_f = P_0 \left(\dfrac{V_0}{V_f}\right)^\gamma = 101,500 \text{ Pa} \cdot \left(\dfrac{V_0}{\frac{V_0}{20}}\right)^{1.4} = 101,500 \text{ Pa} \cdot (20)^{1.4} = 6.73 \times 10^6$ Pa

$PV = nRT$

$\dfrac{PV}{T} = nR = \text{const}$

$\dfrac{P_0 V_0}{T_0} = \dfrac{P_f V_f}{T_f}$

$T_f = T_0 \dfrac{P_f V_f}{P_0 V_0} = 299.65 \text{ K} \cdot \dfrac{6.73 \times 10^6 \text{ Pa} \cdot \frac{V_0}{20}}{101,500 \text{ Pa} \cdot V_0} = 299.65 \text{ K} \cdot \dfrac{6.73 \times 10^6 \text{ Pa}}{20 \cdot 101,500 \text{ Pa}} = 990$ K

---

21. a.

Solution note:

There are two basic types of processes to consider.

- The first type is when you are given information about one of the first law variables, and either *T* or *V*. These are straightforward. You can argue logically and directly from the given process definitions to draw conclusions about the other four variables or terms. These problems require six statements.

- The other type occurs when one of the givens applies to a term from the first law and the other given is about *P*. If the given information applies to *T* or *V*, each of these state variables connects logically to one of the terms in the first law (*V* tells you about *W*, *T* tells you about Δ*U*). But definitive information about *P* cannot be obtained from any of the first law terms. To move forward with the proof, one must construct the argument indirectly. Knowing what is going on with *P* (from the givens) you can write $P = nRT/V$. The behavior of the ratio *T*/*V* must be consistent with what one knows about *P*. The ratio *T*/*V* is either constant, increasing or decreasing. (For example, if the process is isobaric, *P* is constant, so *T*/*V* is constant.) Two of the three of these cases must be false. The logic one must use is to assume each of the false cases first and show how they each lead to a conclusion that is inconsistent with the given information. Then you can appeal to the only remaining case to draw conclusions about *T* and *V*.

Fact	Justification
1. T is constant	This follows by definition of the term isothermal.
2. V is decreasing	This follows by definition of the term compression.
3. $\Delta U = 0$; the internal energy does not change	U is directly proportional to T. Since T is constant, U does not change.
4. P is increasing	$PV = nRT$ so $P = nRT/V$. With T const and V decreasing, P increases
5. W is negative; work is done on the system	P is always positive. Since V is decreasing, ΔV is negative. W goes as $P\Delta V$, (even if P is not constant), so W is negative
6. Q is negative; heat is removed from the system	$Q = \Delta U + W$ and $\Delta U = 0$ so $Q = W$. Since W is negative, Q is also.

21. b.

Fact	Justification
1. T is increasing	This is given
2. $Q = 0$; no heat is added or removed	This follows by definition of the term adiabatic.
3. ΔU is positive; the internal energy increases	U is directly proportional to T. Since T is increasing, U increases and ΔU is positive
4. W is negative; work is done on the system	$Q = \Delta U + W$. $Q = 0$, so $W = -\Delta U$. ΔU is positive, so W is negative.
5. V is decreasing	P is always positive. Since W is negative, ΔV is negative, thus V is decreasing
6. P is increasing	$PV = nRT$ so $P = nRT/V$. Since T increases and V decreases, P increases

21. c.

Fact	Justification
7. V is constant	This follows by definition of the term isovolumetric.
8. Q is positive; heat is added	This follows by definition of the term heating.
9. W is 0; no work is done on or by the system	W goes as $P\Delta V$, even if P is not constant. Since V is constant, $\Delta V = 0$ so $W = 0$
10. ΔU is positive; the internal energy increases	$Q = \Delta U + W$. $W = 0$, so $Q = \Delta U$. Q is positive, so ΔU is positive.
11. T is increasing	U is directly proportional to T. ΔU is positive, so U increases, so T increases
12. P is increasing	$PV = nRT$ so $P = nRT/V$. Since T increases and V is constant, P increases

21. d.

Fact	Justification
13. T is constant	This follows by definition of the term isothermal.
14. Q is negative; heat is being removed from the system	This follows by definition of the term cooling.
15. $\Delta U = 0$; the internal energy does not change	U is directly proportional to T. Since T is constant, U does not change.
16. W is negative; work is done on the system	$Q = \Delta U + W$ and $\Delta U = 0$ so $Q = W$. Since Q is negative, W is also.
17. V is decreasing	W goes as $P\Delta V$, even when P is not constant. Since P is always positive and W is negative, ΔV is negative, thus V is decreasing
18. P is increasing	$PV = nRT$ so $P = nRT/V$. Since T is constant and V is decreasing, P increases

21. e.

Fact	Justification
19. P is constant	This follows by definition of the term isobaric.
20. Q is positive; heat is being added to the system	This follows by definition of the term heating.
21. V is increasing	$PV = nRT$ so $P = nRT/V$. Since P is constant, the ratio T/V must be constant. This means T and V must either both increase or both decrease. If they both decrease, then decreasing T means ΔU is negative, since U is directly proportional to T. And if V is decreasing, then W is negative, since decreasing V means ΔV is negative, and P is always positive and $W = P\Delta V$. But $Q = \Delta U + W$ and if ΔU and W are both negative, then Q is negative. But Q is positive, thus both V and T are increasing.
22. T is increasing	
23. W is positive; work is done by the system	For isobaric processes, $W = P\Delta V$. P is always positive and ΔV is positive since V is increasing. Thus, W is positive.
24. ΔU is positive; the internal energy is increasing	T is increasing and U is directly proportional to T so U is increasing and ΔU is positive

25.

$m = 1.00$ kg

$T = 0.00°C = 273.15$ K

$Q = -mH_f$ (negative, since heat is being removed)

$$\Delta S = \frac{Q}{T} = \frac{-mH_f}{T} = \frac{-1.00 \text{ kg} \cdot 335 \frac{\text{kJ}}{\text{kg}}}{273.15 \text{ K}} = -1.23 \frac{\text{kJ}}{\text{K}}$$

26.

$m = 50.0 \text{ g} = 0.0500 \text{ kg}$

$T = 356.62°C = 629.77 \text{ K}$

$Q = mH_v$

$$\Delta S = \frac{Q}{T} = \frac{mH_v}{T} = \frac{0.0500 \text{ kg} \cdot 270 \frac{\text{kJ}}{\text{kg}}}{629.77 \text{ K}} = 0.0214 \frac{\text{kJ}}{\text{K}}$$

$\boxed{\Delta S = 0.021 \frac{\text{kJ}}{\text{K}}}$

27.

$n = 14.00 \text{ mol}$

$V_f = 2.015 V_0$

$W = nRT \ln \frac{V_f}{V_0}$

$Q = \Delta U + W$

$\Delta U = 0$

$Q = W$

$$\Delta S = \frac{Q}{T} = \frac{W}{T} = \frac{nRT \ln \frac{V_f}{V_0}}{T} = nR \ln \frac{2.015 V_0}{V_0} = 14.00 \text{ mol} \cdot 8.314 \frac{\text{J}}{\text{mol} \cdot \text{K}} \cdot \ln 2.015 = 81.55 \frac{\text{J}}{\text{K}}$$

28.

$m = 100.0 \text{ g}$

$T = 50.0°C = 323.15 \text{ K}$

$V_f = 0.180 V_0$

$n = 100.0 \text{ g} \cdot \frac{1 \text{ mol}}{44.01 \text{ g}} = 2.272 \text{ mol}$

$W = nRT \ln \frac{V_f}{V_0}$

$\Delta U = 0$

$Q = \Delta U + W$

$Q = W = nRT \ln \frac{V_f}{V_0} = 2.272 \text{ mol} \cdot 8.314 \frac{\text{J}}{\text{mol} \cdot \text{K}} \cdot 323.15 \text{ K} \cdot \ln 0.180 = -10{,}470 \text{ J}$

$\Delta S = \frac{Q}{T} = \frac{-10{,}470 \text{ J}}{323.15 \text{ K}} = -32.4 \frac{\text{J}}{\text{K}}$

30.

$T_H = 625°C = 898.2$ K

$T_C = 82°C = 355.2$ K

efficiency $= 1 - \dfrac{T_C}{T_H} = 1 - \dfrac{355.2 \text{ K}}{898.2 \text{ K}} = 0.605$

efficiency $= 60.5\%$

31.

efficiency $= 0.66 \cdot 0.605 = 0.399$

$Q_C = 25.5$ MW

$W = 0.399 Q_H \quad \Rightarrow \quad Q_H = \dfrac{W}{0.399}$

$Q_H = Q_C + W$

$\dfrac{W}{0.399} = Q_C + W$

$W\left(\dfrac{1}{0.399} - 1\right) = Q_C$

$W = \dfrac{Q_C}{\dfrac{1}{0.399} - 1} = \dfrac{25.5 \text{ MW}}{\dfrac{1}{0.399} - 1} = 16.9 \text{ MW} = 1.69 \times 10^7 \; \dfrac{\text{J}}{\text{s}}$

$1.69 \times 10^7 \; \dfrac{\text{J}}{\text{s}} \cdot \dfrac{3600 \text{ s}}{\text{hr}} = 6.1 \times 10^{10} \; \dfrac{\text{J}}{\text{hr}}$

32.

$T_H = 355°C = 628.2$ K

$T_C = 25°C = 298.2$ K

$W = 125$ kW

$Q_C = 215$ kW

$Q_H = Q_C + W$

$\text{eff} = \dfrac{W}{Q_H} = \dfrac{W}{Q_C + W} = \dfrac{125 \text{ kW}}{215 \text{ kW} + 125 \text{ kW}} = 0.3676$

$\text{max eff} = 1 - \dfrac{T_C}{T_H} = 1 - \dfrac{298.2 \text{ K}}{628.2 \text{ K}} = 0.5253$

$\dfrac{0.3676}{0.5253} = 0.6999 \quad \Rightarrow \quad 70.0\%$

33.

$Q_H = 12{,}500 \text{ kJ}$

$Q_C = 6980 \text{ kJ}$

$Q_H = Q_C + W$

$W = Q_H - Q_C$

$\text{eff} = \dfrac{W}{Q_H} = \dfrac{Q_H - Q_C}{Q_H} = \dfrac{12{,}500 \text{ kJ} - 6980 \text{ kJ}}{12{,}500 \text{ kJ}} = 0.442$

$\boxed{\text{eff} = 44\%}$

$W = 12{,}500 \dfrac{\text{kJ}}{\text{min}} - 6980 \dfrac{\text{kJ}}{\text{min}} = 5520 \dfrac{\text{kJ}}{\text{min}} = 5{,}520{,}000 \dfrac{\text{J}}{\text{min}} \cdot \dfrac{1 \text{ min}}{60 \text{ s}} \cdot \dfrac{1 \text{ hp}}{746 \text{ W}} = 120 \text{ hp}$

$\boxed{W = 1.20 \times 10^2 \text{ hp}}$

34.

$\text{eff} = 33\%$

$W = 2560 \text{ MW}$

$Q_H = Q_C + W$

$\text{eff} = \dfrac{W}{Q_H} = \dfrac{W}{Q_C + W}$

$0.33(Q_C + W) = W$

$0.33 Q_C = W(1 - 0.33)$

$Q_C = \dfrac{W(1-0.33)}{0.33} = \dfrac{2560 \text{ MW} \cdot (1-0.33)}{0.33} = 5.198 \text{ MW} \times 10^9 \dfrac{\text{J}}{\text{s}}$

In 24 hours:

$Q_C = 5.198 \text{ MW} \times 10^9 \dfrac{\text{J}}{\text{s}} \cdot \dfrac{3600 \text{ s}}{\text{hr}} \cdot 24 \text{ hr} = 4.5 \times 10^{14} \text{ J}$

35.

$\text{eff} = 0.325$

$Q_H = 37.5 \text{ kW}$

$\text{eff} = \dfrac{W}{Q_H}$

$W = \text{eff} \cdot Q_H = 0.325 \cdot 37.5 \text{ kW} = 12.2 \text{ kW}$

$Q_H = Q_C + W$

$Q_C = Q_H - W = 37.5 \text{ kW} - 12.2 \text{ kW} = 25.3 \text{ kW}$

Chapter 11

36.

eff $= 0.25$

$Q_H = 11,500 \dfrac{\text{cal}}{\text{g}} \cdot \dfrac{4.184 \text{ J}}{\text{cal}} = 48,120 \dfrac{\text{J}}{\text{g}}$

$W = 65 \text{ hp} \cdot \dfrac{746 \text{ W}}{\text{hp}} = 48,500 \text{ W}$

$\rho_{fuel} = 750 \dfrac{\text{g}}{\text{L}}$

$\text{eff} = \dfrac{W}{Q_H}$

$Q_H = \dfrac{W}{\text{eff}} = \dfrac{48,500 \text{ W}}{0.25} = 1.94 \times 10^5 \dfrac{\text{J}}{\text{s}}$

Divide the power we need (Q_H) by the energy content of the fuel to find the fuel consumption rate:

$\dfrac{1.94 \times 10^5 \dfrac{\text{J}}{\text{s}}}{48,120 \dfrac{\text{J}}{\text{g}}} = 4.03 \dfrac{\text{g}}{\text{s}}$

$\rho = \dfrac{m}{V} \quad \Rightarrow \quad V = \dfrac{m}{\rho}$

$V = \dfrac{4.03 \dfrac{\text{g}}{\text{s}}}{750 \dfrac{\text{g}}{\text{L}}} = 0.00537 \dfrac{\text{L}}{\text{s}} \cdot \dfrac{3600 \text{ s}}{\text{hr}} = 19 \dfrac{\text{L}}{\text{hr}}$

38.

$m = 2.21 \text{ kg} = 2210 \text{ g}$

$T_0 = 21°\text{C}$

$T_m = -38.829°\text{C}$

$Q = c_p m \Delta T - mH_f = m\left(c_p \Delta T - H_f\right)$

$Q = 2210 \text{ g} \cdot \left(0.033 \dfrac{\text{cal}}{\text{g} \cdot °\text{C}} \cdot (-38.829°\text{C} - 21°\text{C}) - 2.8 \dfrac{\text{cal}}{\text{g}}\right) = -11,000 \text{ cal}$

39.

Using energy principles:

$m = 7.8$ kg

$\mu = 0.45$

$h = 750$ cm $= 7.5$ m

$\theta = 25°$

$L\sin\theta = h \quad \Rightarrow \quad L = \dfrac{h}{\sin\theta}$

$F_N = mg\cos\theta$

$F_f = \mu F_N = \mu mg\cos\theta$

$W_f = F_f L = \dfrac{F_f h}{\sin\theta} = \dfrac{\mu mgh\cos\theta}{\sin\theta} = \dfrac{\mu mgh}{\tan\theta}$

$U_{Gi} = mgh$

$U_{Gi} = U_{Kf} + W_f$

$U_{Kf} = \tfrac{1}{2}mv_f^2 = U_{Gi} - W_f$

$v_f = \sqrt{\dfrac{2(U_{Gi} - W_f)}{m}} = \sqrt{\dfrac{2\left(mgh - \dfrac{\mu mgh}{\tan\theta}\right)}{m}} = \sqrt{2gh\left(1 - \dfrac{\mu}{\tan\theta}\right)}$

$v_f = \sqrt{2 \cdot 9.80\,\dfrac{\text{m}}{\text{s}^2} \cdot 7.5\text{ m} \cdot \left(1 - \dfrac{0.45}{\tan 25°}\right)} = 2.3\,\dfrac{\text{m}}{\text{s}}$

40.

$m = 860$ g $= 0.86$ kg

$r = 75$ cm $= 0.75$ m

$T = 25$ N

$T - mg = F_c = \dfrac{mv^2}{r} = mr\omega^2$

$\omega = \sqrt{\dfrac{T - mg}{mr}} = \sqrt{\dfrac{25\text{ N} - 0.86\text{ kg} \cdot 9.80\,\dfrac{\text{m}}{\text{s}^2}}{0.86\text{ kg} \cdot 0.75\text{ m}}} = 5.1\,\dfrac{\text{rad}}{\text{s}}$

41.

$$A = 6.00 \text{ ft} \cdot 2.00 \text{ ft} = 12.0 \text{ ft}^2 \cdot \left(\frac{0.3048 \text{ m}}{\text{ft}}\right)^2 = 1.115 \text{ m}^2$$

$$h = 2.00 \text{ ft} \cdot \frac{0.3048 \text{ m}}{\text{ft}} = 0.6096 \text{ m}$$

$$\rho_{st} = 55 \frac{\text{kg}}{\text{m}^3}$$

$$m_{man} = 100.0 \text{ kg}$$

$$m_{owl} = 17.00 \text{ kg}$$

$$F_B - (m_{man} + m_{owl} + m_{st})g = 0$$

$$m_{st} = \rho_{st} V_{st} = \rho_{st} Ah$$

$$F_B = m_w g = \rho_w A d g$$

$$\rho_w A d g = (m_{man} + m_{owl} + \rho_{st} Ah)g$$

$$\rho_w A d = m_{man} + m_{owl} + \rho_{st} Ah$$

$$d = \frac{m_{man} + m_{owl} + \rho_{st} Ah}{\rho_w A} = \frac{100.0 \text{ kg} + 17.00 \text{ kg} + 55 \frac{\text{kg}}{\text{m}^3} \cdot 1.115 \text{ m}^2 \cdot 0.6096 \text{ m}}{998 \frac{\text{kg}}{\text{m}^3} \cdot 1.115 \text{ m}^2} = 0.139 \text{ m}$$

$$d = 13.9 \text{ cm}$$

42.

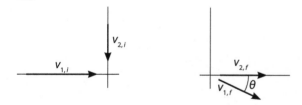

$m_1 = 35.0 \text{ g}$

$m_2 = 20.0 \text{ g}$

$v_{1,i} = 5.75 \dfrac{\text{m}}{\text{s}}$

$v_{2,i} = 3.50 \dfrac{\text{m}}{\text{s}}$

$\theta = 25.0°$

$m_1 v_{1,i} = m_1 v_{1,f} \cos\theta + m_2 v_{2,f}$

$m_2 v_{2,i} = m_1 v_{1,f} \sin\theta$

$v_{1,f} = \dfrac{m_2 v_{2,i}}{m_1 \sin\theta} = \dfrac{20.0 \text{ g} \cdot 3.50 \dfrac{\text{m}}{\text{s}}}{35.0 \text{ g} \cdot \sin 25.0°} = 4.73 \dfrac{\text{m}}{\text{s}}$

$m_1 v_{1,i} = m_1 \dfrac{m_2 v_{2,i}}{m_1 \sin\theta} \cos\theta + m_2 v_{2,f}$

$v_{2,f} = \dfrac{m_1 v_{1,i} - m_1 \dfrac{m_2 v_{2,i}}{m_1 \sin\theta} \cos\theta}{m_2} = \dfrac{m_1}{m_2} v_{1,i} - \dfrac{v_{2,i}}{\tan\theta} = \dfrac{35.0 \text{ g}}{20.0 \text{ g}} \cdot 5.75 \dfrac{\text{m}}{\text{s}} - \dfrac{3.50 \dfrac{\text{m}}{\text{s}}}{\tan 25.0°} = 2.56 \dfrac{\text{m}}{\text{s}}$

Chapter 12

1. a.

Using up for the positive x-direction:

$m = 75.0$ g $= 0.0750$ kg

$k = 122 \, \dfrac{\text{N}}{\text{m}}$

$x_0 = 1.75$ cm $= 0.0175$ m

$$\omega = \sqrt{\dfrac{k}{m}} = \sqrt{\dfrac{122 \, \frac{\text{N}}{\text{m}}}{0.0750 \text{ kg}}} = 40.33 \, \dfrac{\text{rad}}{\text{s}}$$

$$x(t) = x_0 \cos \omega t = 0.0175 \text{ m} \cdot \cos\left(\dfrac{40.33}{\text{s}} \cdot t\right)$$

$$v(t) = -\omega x_0 \sin \omega t = -40.33 \, \dfrac{\text{rad}}{\text{s}} \cdot 0.0175 \text{ m} \cdot \sin\left(\dfrac{40.33}{\text{s}} \cdot t\right) = -0.706 \, \dfrac{\text{m}}{\text{s}} \cdot \sin\left(\dfrac{40.33}{\text{s}} \cdot t\right)$$

$$a(t) = -\omega^2 x_0 \cos \omega t = -\left(40.33 \, \dfrac{\text{rad}}{\text{s}}\right)^2 \cdot 0.0175 \text{ m} \cdot \cos\left(\dfrac{40.33}{\text{s}} \cdot t\right) = -28.5 \, \dfrac{\text{m}}{\text{s}^2} \cdot \cos\left(\dfrac{40.33}{\text{s}} \cdot t\right)$$

1. b.

$t = 5.50$ s

$$x(5.50 \text{ s}) = 0.0175 \text{ m} \cdot \cos\left(\dfrac{40.33}{\text{s}} \cdot 5.50 \text{ s}\right) = -0.00572 \text{ m}$$

$$v(5.50 \text{ s}) = -0.706 \, \dfrac{\text{m}}{\text{s}} \cdot \sin\left(\dfrac{40.33}{\text{s}} \cdot 5.50 \text{ s}\right) = -0.667 \, \dfrac{\text{m}}{\text{s}}$$

$$a(5.50 \text{ s}) = -28.5 \, \dfrac{\text{m}}{\text{s}^2} \cdot \cos\left(\dfrac{40.33}{\text{s}} \cdot 5.50 \text{ s}\right) = 9.31 \, \dfrac{\text{m}}{\text{s}^2}$$

1. c.

amplitude $= x_0 = 1.75$ cm $= 0.0175$ m

frequency $= f = \dfrac{\omega}{2\pi} = \dfrac{40.33 \, \frac{\text{rad}}{\text{s}}}{2 \cdot 3.1416} = 6.42$ Hz

period $= \tau = \dfrac{1}{f} = \dfrac{1}{6.42 \text{ Hz}} = 0.156$ s

2. a.

First, find k:

$m = 2.50$ kg

$F = F_w = mg = 2.50 \text{ kg} \cdot 9.80 \frac{\text{m}}{\text{s}^2} = 24.5$ N

$\Delta x = 4.60$ cm $= 0.0460$ m

$F = k\Delta x$

$k = \dfrac{F}{\Delta x} = \dfrac{24.5 \text{ N}}{0.0460 \text{ m}} = 532.6 \dfrac{\text{N}}{\text{m}}$

Max acceleration is F/m, where $F = kx_0$. This acceleration occurs when $x = \pm x_0$, which is at the endpoints of the oscillation. We will use down for the positive x-direction.

$x_0 = 2.50$ cm $= 0.0250$ m

$a_{max} = \dfrac{kx_0}{m} = \dfrac{532.6 \frac{\text{N}}{\text{m}} \cdot 0.0250 \text{ m}}{2.50 \text{ kg}} = 5.33 \dfrac{\text{m}}{\text{s}^2}$

2. b.

Max velocity occurs when $x = 0$. Here, all initial energy is now kinetic energy.

$U_{Ei} = \tfrac{1}{2} k x_0^2$

$U_{Ei} = U_K = \tfrac{1}{2} m v_{max}^2$

$\tfrac{1}{2} k x_0^2 = \tfrac{1}{2} m v_{max}^2$

$v_{max} = \sqrt{\dfrac{k x_0^2}{m}} = \sqrt{\dfrac{532.6 \frac{\text{N}}{\text{m}} \cdot (0.0250 \text{ m})^2}{2.50 \text{ kg}}} = 0.365 \dfrac{\text{m}}{\text{s}}$

2. c.

Since we defined x to be positive below the equilibrium point, the value of x here is -1.25 cm.

$x = -1.25$ cm $= -0.0125$ m

$F = -kx = -532.6 \dfrac{\text{N}}{\text{m}} \cdot (-0.0125 \text{ m}) = 6.658$ N

$\boxed{F = 6.66 \text{ N}}$

$U_{Ei} = \tfrac{1}{2} k x_0^2 = U_K + U_E = \tfrac{1}{2} m v^2 + \tfrac{1}{2} k x^2$

$\tfrac{1}{2} k x_0^2 = \tfrac{1}{2} m v^2 + \tfrac{1}{2} k x^2$

$k x_0^2 = m v^2 + k x^2$

$v = \sqrt{\dfrac{k(x_0^2 - x^2)}{m}} = \sqrt{\dfrac{532.6 \frac{\text{N}}{\text{m}} \cdot ((0.0250 \text{ m})^2 - (-0.0125 \text{ m})^2)}{2.50 \text{ kg}}} = \pm 0.316 \dfrac{\text{m}}{\text{s}}$

$a = \dfrac{F}{m} = \dfrac{-kx}{m} = \dfrac{-532.6 \frac{\text{N}}{\text{m}} \cdot (-0.0125 \text{ m})}{2.50 \text{ kg}} = 2.66 \dfrac{\text{m}}{\text{s}^2}$

2. d.

$$f = \frac{\omega}{2\pi} = \frac{1}{2\pi}\sqrt{\frac{k}{m}} = \frac{1}{2\pi}\sqrt{\frac{532.6 \ \frac{N}{m}}{2.50 \ kg}} = 2.323 \ Hz$$

$$\boxed{f = 2.32 \ Hz}$$

$$\tau = \frac{1}{f} = \frac{1}{2.323 \ Hz} = 0.430 \ s$$

3.

amplitude $= x_0 = 7.7 \ cm = 0.077 \ m$

$$f = \frac{17 \ cycles}{122 \ s} = 0.139 \ Hz \quad \Rightarrow \quad \boxed{f = 0.14 \ Hz}$$

$$\tau = \frac{1}{f} = \frac{1}{0.139 \ Hz} = 7.2 \ s$$

4.

$m = 2.65 \ kg$

$F = mg$

$\Delta x = 16.0 \ cm = 0.160 \ m$

$F = k\Delta x$

$$k = \frac{F}{\Delta x} = \frac{mg}{\Delta x} = \frac{2.65 \ kg \cdot 9.80 \ \frac{m}{s^2}}{0.160 \ m} = 162.3 \ \frac{N}{m}$$

$x = 5.50 \ cm = 0.0550 \ m$

$$U_E = \tfrac{1}{2}kx^2 = 0.5 \cdot 162.3 \ \frac{N}{m} \cdot (0.0550 \ m)^2 = 0.245 \ J$$

5.

$m = 1525 \ g = 1.525 \ kg$

$k = 260 \ \frac{N}{m}$

$x_0 = 1.75 \ cm = 0.0175 \ m$

$U_{E,i} = \tfrac{1}{2}kx_0^2 = \tfrac{1}{2}mv_{max}^2$

$$v_{max} = \sqrt{\frac{kx_0^2}{m}} = \sqrt{\frac{260 \ \frac{N}{m} \cdot (0.0175 \ m)^2}{1.525 \ kg}} = \pm 0.23 \ \frac{m}{s}$$

$$a_{max} = \pm \frac{kx_0}{m} = \pm \frac{260 \ \frac{N}{m} \cdot 0.0175 \ m}{1.525 \ kg} = \pm 3.0 \ \frac{m}{s^2}$$

The max velocity occurs when $x = 0$. The max acceleration occurs when $x = \pm x_0$.

6.

$m = 1.25$ kg

$k = 75.0 \, \dfrac{N}{m}$

$x_0 = 25.0$ cm $= 0.250$ m

At $x = 25.0$ cm, $a = a_{max}$ and $v = 0$.

$$a_{max} = \dfrac{kx_0}{m} = \dfrac{75.0 \, \dfrac{N}{m} \cdot 0.250 \, m}{1.25 \, kg} = 15.0 \, \dfrac{m}{s^2}$$

$U_{E,i} = U_K + U_E$

$\tfrac{1}{2}kx_0^2 = \tfrac{1}{2}mv^2 + \tfrac{1}{2}kx^2$

$kx_0^2 = mv^2 + kx^2$

At $x = 12.5$ cm $= 0.125$ m:

$$v = \sqrt{\dfrac{k(x_0^2 - x^2)}{m}} = \sqrt{\dfrac{75.0 \, \dfrac{N}{m} \cdot \left((0.250 \, m)^2 - (0.125 \, m)^2\right)}{1.25 \, kg}} = 1.68 \, \dfrac{m}{s}$$

$$a = \dfrac{kx}{m} = \dfrac{75.0 \, \dfrac{N}{m} \cdot 0.125 \, m}{1.25 \, kg} = 7.50 \, \dfrac{m}{s^2}$$

At $x = 0$, $a = 0$ and $v = v_{max}$:

$\tfrac{1}{2}kx_0^2 = \tfrac{1}{2}mv^2$

$$v = \sqrt{\dfrac{kx_0^2}{m}} = \sqrt{\dfrac{75.0 \, \dfrac{N}{m} \cdot (0.250 \, m)^2}{1.25 \, kg}} = 1.94 \, \dfrac{m}{s}$$

---

7. a.

$m = 225$ g $= 0.225$ kg

$v_{max} = 13.6 \, \dfrac{cm}{s} = 0.136 \, \dfrac{m}{s}$

$x_0 = 3.50$ cm $= 0.0350$ m

$U_{E,i} = U_{K,max}$

$\tfrac{1}{2}kx_0^2 = \tfrac{1}{2}mv_{max}^2$

$$k = \dfrac{mv_{max}^2}{x_0^2} = \dfrac{0.225 \, kg \cdot \left(0.136 \, \dfrac{m}{s}\right)^2}{(0.0350 \, m)^2} = 3.397 \, \dfrac{N}{m}$$

$\boxed{k = 3.40 \, \dfrac{N}{m}}$

$$a_{max} = \dfrac{kx_0}{m} = \dfrac{3.397 \, \dfrac{N}{m} \cdot 0.0350 \, m}{0.225 \, kg} = 0.528 \, \dfrac{m}{s^2}$$

7. b.

$x = 1.25 \text{ cm} = 0.0125 \text{ m}$

$U_{E,i} = U_K + U_E$

$\frac{1}{2}kx_0^2 = \frac{1}{2}mv^2 + \frac{1}{2}kx^2$

$kx_0^2 = mv^2 + kx^2$

$v = \sqrt{\frac{k(x_0^2 - x^2)}{m}} = \sqrt{\frac{3.397 \frac{N}{m} \cdot \left((0.0350 \text{ m})^2 - (0.0125 \text{ m})^2\right)}{0.225 \text{ kg}}} = 0.127 \frac{m}{s}$

$a = \frac{kx}{m} = \frac{3.397 \frac{N}{m} \cdot 0.0125 \text{ m}}{0.225 \text{ kg}} = 0.189 \frac{m}{s^2}$

8.

The amplitude is the coefficient, $x_0 = 19.1$ cm.

$\omega = 12.9 \frac{\text{rad}}{\text{s}}$

$f = \frac{\omega}{2\pi} = \frac{12.9 \frac{\text{rad}}{\text{s}}}{2 \cdot 3.1416} = 2.05 \text{ Hz}$

$T = \frac{1}{f} = \frac{1}{2.05 \text{ Hz}} = 0.487 \text{ s}$

---

9. a.

$m = 750 \text{ g} = 0.75 \text{ kg}$

$k = 35 \frac{N}{m}$

$x_0 = 7.0 \text{ cm} = 0.070 \text{ m}$

$\omega = \sqrt{\frac{k}{m}} = \sqrt{\frac{35 \frac{N}{m}}{0.75 \text{ kg}}} = 6.83 \frac{\text{rad}}{\text{s}}$

$x(t) = x_0 \cos \omega t = 0.070 \text{ m} \cdot \cos\left(\frac{6.83}{s} \cdot t\right)$

$v(t) = -\omega x_0 \sin \omega t = -6.83 \frac{\text{rad}}{\text{s}} \cdot 0.070 \text{ m} \cdot \sin\left(\frac{6.83}{s} \cdot t\right) = -0.478 \frac{m}{s} \cdot \sin\left(\frac{6.83}{s} \cdot t\right)$

$a(t) = -\omega^2 x_0 \cos \omega t = -\left(6.83 \frac{\text{rad}}{\text{s}}\right)^2 \cdot 0.070 \text{ m} \cdot \cos\left(\frac{6.83}{s} \cdot t\right) = -3.27 \frac{m}{s^2} \cdot \cos\left(\frac{6.83}{s} \cdot t\right)$

9. b.

At $t = 1.0$ s:

$$x(1.0\text{ s}) = 0.070\text{ m} \cdot \cos\left(\frac{6.83}{\text{s}} \cdot 1.0\text{ s}\right) = 0.060\text{ m}$$

$$v(1.0\text{ s}) = -0.478\,\frac{\text{m}}{\text{s}} \cdot \sin\left(\frac{6.83}{\text{s}} \cdot 1.0\text{ s}\right) = -0.25\,\frac{\text{m}}{\text{s}}$$

$$a(1.0\text{ s}) = -3.27\,\frac{\text{m}}{\text{s}^2} \cdot \cos\left(\frac{6.83}{\text{s}} \cdot 1.0\text{ s}\right) = -2.8\,\frac{\text{m}}{\text{s}^2}$$

At $t = 2.0$ s:

$$x(2.0) = 0.070\text{ m} \cdot \cos\left(\frac{6.83}{\text{s}} \cdot 2.0\right) = 0.032\text{ m}$$

$$v(2.0) = -0.478\,\frac{\text{m}}{\text{s}} \cdot \sin\left(\frac{6.83}{\text{s}} \cdot 2.0\right) = -0.42\,\frac{\text{m}}{\text{s}}$$

$$a(2.0) = -3.27\,\frac{\text{m}}{\text{s}^2} \cdot \cos\left(\frac{6.83}{\text{s}} \cdot 2.0\right) = -1.5\,\frac{\text{m}}{\text{s}^2}$$

9. c.

This occurs at the end of exactly five cycles (five periods).

$$\omega = 6.83\,\frac{\text{rad}}{\text{s}} = \frac{2\pi}{\tau}$$

$$\tau = \frac{2\pi}{\omega} = \frac{2 \cdot 3.1416}{6.83\,\frac{\text{rad}}{\text{s}}} = 0.920\text{ s}$$

$$5\tau = 4.6\text{ s}$$

9. d.

$$x(t) = 0.070\text{ m} \cdot \cos\left(\frac{6.83}{\text{s}} \cdot t\right) = -2.0\text{ cm} = -0.020\text{ m}$$

$$\cos\left(\frac{6.83}{\text{s}} \cdot t\right) = \frac{-0.020\text{ m}}{0.070\text{ m}} = -0.286$$

$$\frac{6.83}{\text{s}} \cdot t = \cos^{-1}(-0.286) = 1.86$$

$$t = \frac{1.86}{6.83\,\frac{1}{\text{s}}} = 0.27\text{ s}$$

10.

The coin's downward acceleration is $a \leq g$. When the piston's acceleration is greater than g, separation will occur. Thus, $a = 9.80$ m/s^2.

$x_0 = 23.2 \text{ cm} = 0.232 \text{ m}$

$a = \dfrac{kx_0}{m} = g$

$\dfrac{k}{m} = \dfrac{g}{x_0}$

$\sqrt{\dfrac{k}{m}} = \sqrt{\dfrac{g}{x_0}}$

$\omega = \sqrt{\dfrac{g}{x_0}} = 2\pi f$

$f = \dfrac{1}{2\pi}\sqrt{\dfrac{g}{x_0}} = \dfrac{1}{2 \cdot 3.1416} \cdot \sqrt{\dfrac{9.80 \,\tfrac{m}{s^2}}{0.232 \text{ m}}} = 1.03 \text{ Hz}$

11.

The energy to heat the water comes from the mass-spring system.

$m_w = 150.0 \text{ g} = 0.150 \text{ kg}$

$T_0 = 22.00°C$

$T_f = 22.12°C$

$Q = c_p m \Delta T = 4182 \, \dfrac{J}{kg \cdot K} \cdot 0.150 \text{ kg} \cdot 0.12°C = 75.3 \text{ J}$

$\boxed{Q = 75 \text{ J}}$

$x_0 = 3.35 \text{ cm} = 0.0335 \text{ m}$

$U_{E,i} = \tfrac{1}{2}kx_0^2 = Q$

$k = \dfrac{2Q}{x_0^2} = \dfrac{2 \cdot 75.3 \text{ J}}{(0.0335 \text{ m})^2} = 130,000 \, \dfrac{N}{m}$

12.

$L = 36.0 \text{ cm} = 0.360 \text{ m}$

$t = 10.0 \text{ s}$

$\tau = 2\pi \sqrt{\dfrac{L}{g}} = 2 \cdot 3.1416 \cdot \sqrt{\dfrac{0.360 \text{ m}}{9.80 \, \tfrac{m}{s^2}}} = 1.204 \text{ s}$

$\dfrac{10.00 \text{ s}}{1.204 \text{ s}} = 8.31 \text{ cycles}$

13.

The full period is equal to the sum of a half period with the full length and a half period at the short length.

$L_{full} = 10.5 \text{ cm} = 0.105 \text{ m}$

$L_{short} = 10.5 \text{ cm} - 7.5 \text{ cm} = 3.0 \text{ cm} = 0.030 \text{ m}$

$\tau_{full} = 2\pi \sqrt{\dfrac{L_{full}}{g}} = 2\pi \sqrt{\dfrac{0.105 \text{ m}}{9.80 \dfrac{\text{m}}{\text{s}^2}}} = 0.6504 \text{ s}$

$\tau_{short} = 2\pi \sqrt{\dfrac{L_{short}}{g}} = 2\pi \sqrt{\dfrac{0.030 \text{ m}}{9.80 \dfrac{\text{m}}{\text{s}^2}}} = 0.3476 \text{ s}$

$\tau = \dfrac{\tau_{full}}{2} + \dfrac{\tau_{short}}{2} = \dfrac{0.6504 \text{ s}}{2} + \dfrac{0.3476 \text{ s}}{2} = 0.4990 \text{ s}$

$f = \dfrac{1}{\tau} = \dfrac{1}{0.4990 \text{ s}} = 2.0 \text{ Hz}$

14.

$f = 26.0 \text{ kHz} = 26{,}000 \text{ Hz}$

$v = 345 \dfrac{\text{m}}{\text{s}}$

$v = \lambda f$

$\lambda = \dfrac{v}{f} = \dfrac{345 \dfrac{\text{m}}{\text{s}}}{26{,}000 \text{ Hz}} = 0.0133 \text{ m}$

$\tau = \dfrac{1}{f} = \dfrac{1}{26{,}000 \text{ Hz}} = 0.0000385 \text{ s}$

15.

$f = 89.5 \text{ MHz} = 8.95 \times 10^7 \text{ Hz}$

$v = c = 2.9979 \times 10^8 \dfrac{\text{m}}{\text{s}}$

$v = \lambda f$

$\lambda = \dfrac{v}{f} = \dfrac{2.9979 \times 10^8 \dfrac{\text{m}}{\text{s}}}{8.95 \times 10^7 \text{ Hz}} = 3.35 \text{ m}$

$\tau = \dfrac{1}{f} = \dfrac{1}{8.95 \times 10^7 \text{ Hz}} = 1.12 \times 10^{-8} \text{ s}$

$\tau = 0.0112 \text{ μs}$

16.

$f = 1310 \text{ kHz} = 1.31 \times 10^6 \text{ Hz}$

$v = c = 2.9979 \times 10^8 \, \dfrac{\text{m}}{\text{s}}$

$v = \lambda f$

$\lambda = \dfrac{v}{f} = \dfrac{2.9979 \times 10^8 \, \frac{\text{m}}{\text{s}}}{1.31 \times 10^6 \text{ Hz}} = 229 \text{ m}$

$\tau = \dfrac{1}{f} = \dfrac{1}{1.31 \times 10^6 \text{ Hz}} = 7.63 \times 10^{-7} \text{ s}$

$\tau = 0.763 \text{ μs}$

17.

$\lambda = 542 \text{ nm} = 5.42 \times 10^{-7} \text{ m}$

$v = \lambda f$

$f = \dfrac{v}{\lambda} = \dfrac{2.9979 \times 10^8 \, \frac{\text{m}}{\text{s}}}{5.42 \times 10^{-7} \text{ m}} = 5.531 \times 10^{14} \text{ Hz} = 5.53 \times 10^5 \text{ GHz}$

$\tau = \dfrac{1}{f} = \dfrac{1}{5.531 \times 10^{14} \text{ Hz}} 1.808 \times 10^{-15} \text{ s} = 1.81 \times 10^{-6} \text{ ns}$

18.

$\lambda = 10.6 \text{ μm} = 1.06 \times 10^{-5} \text{ m}$

$v = \lambda f$

$f = \dfrac{v}{\lambda} = \dfrac{2.9979 \times 10^8 \, \frac{\text{m}}{\text{s}}}{1.06 \times 10^{-5} \text{ m}} = 2.828 \times 10^{13} \text{ Hz} = 2.83 \times 10^7 \text{ MHz}$

$\tau = \dfrac{1}{f} = \dfrac{1}{2.828 \times 10^7 \text{ Hz}} = 3.54 \times 10^{-14} \text{ s} = 3.54 \times 10^{-8} \text{ μs}$

19.

$f = 33 \text{ kHz} = 33{,}000 \text{ Hz}$

$v = 340 \, \dfrac{\text{m}}{\text{s}}$

$v = \lambda f$

$\lambda = \dfrac{v}{f} = \dfrac{340 \, \frac{\text{m}}{\text{s}}}{33{,}000 \text{ Hz}} = 0.010 \text{ m} = 1.0 \times 10^2 \text{ mm}$

$\tau = \dfrac{1}{f} = \dfrac{1}{33{,}000 \text{ Hz}} = 3.0 \times 10^{-5} \text{ s} = 3.0 \times 10^{-2} \text{ ms}$

20.

$f = 1.00 \text{ kHz} = 1000 \text{ Hz}$

air:

$$\lambda = \frac{v}{f} = \frac{342 \frac{\text{m}}{\text{s}}}{1000 \text{ Hz}} = 0.342 \text{ m}$$

water:

$$\lambda = \frac{v}{f} = \frac{1402 \frac{\text{m}}{\text{s}}}{1000 \text{ Hz}} = 1.40 \text{ m}$$

steel:

$$\lambda = \frac{v}{f} = \frac{5130 \frac{\text{m}}{\text{s}}}{1000 \text{ Hz}} = 5.13 \text{ m}$$

helium:

$$\lambda = \frac{v}{f} = \frac{965 \frac{\text{m}}{\text{s}}}{1000 \text{ Hz}} = 0.965 \text{ m}$$

21. a.

$\lambda = 633 \text{ nm}$

$n_1 = 1.00$

$n_2 = 1.51$ (using the value at 546 nm)

$\theta_1 = 32.5°$

$n_2 = \dfrac{c}{v}$

$$v = \frac{c}{n} = \frac{2.9979 \times 10^8 \frac{\text{m}}{\text{s}}}{1.51} = 1.985 \times 10^8 \frac{\text{m}}{\text{s}}$$

$v = 1.99 \times 10^8 \dfrac{\text{m}}{\text{s}}$

21. b.

$c = \lambda f$

$$f = \frac{c}{\lambda} = \frac{2.9979 \times 10^8 \frac{\text{m}}{\text{s}}}{6.33 \times 10^{-7} \text{ m}} = 4.736 \times 10^{14} \text{ Hz}$$

$$\lambda = \frac{v}{f} = \frac{1.985 \times 10^8 \frac{\text{m}}{\text{s}}}{4.736 \times 10^{14} \text{ Hz}} = 4.19 \times 10^{-7} \text{ m}$$

21. c.

$n_1 \sin\theta_1 = n_2 \sin\theta_2$

$\sin\theta_2 = \sin\theta_1 \dfrac{n_1}{n_2} = \sin 32.5° \cdot \dfrac{1.00}{1.51} = 0.3558$

$\theta_2 = \sin^{-1} 0.3558 = 20.8°$

---

22. a.

$n_1 = 1.00$

$n_2 = 1.46$

$\theta_1 = 30.0°$

$\lambda = 488$ nm

$n = \dfrac{c}{v}$

$v = \dfrac{c}{n} = \dfrac{2.9979 \times 10^8 \,\frac{m}{s}}{1.46} = 2.05 \times 10^8 \,\dfrac{m}{s}$

---

22. b.

$n_1 \sin\theta_1 = n_2 \sin\theta_2$

$\sin\theta_2 = \dfrac{n_1}{n_2} \sin\theta_1$

$\theta_2 = \sin^{-1}\left(\dfrac{n_1}{n_2} \sin\theta_1\right) = \sin^{-1}\left(\dfrac{1.00}{1.46} \sin 30.0°\right) = 20.03°$

The angle where the two normal lines intersect is 120°. Thus

$\theta_3 = 180° - 120° - \theta_2 = 180° - 120° - 20.03° = 39.97°$

$n_2 \sin\theta_3 = n_1 \sin\theta_4$

$\sin\theta_4 = \dfrac{n_2}{n_1} \sin\theta_3$

$\theta_4 = \sin^{-1}\left(\dfrac{n_2}{n_1} \sin\theta_3\right) = \sin^{-1}\left(\dfrac{1.46}{1.00} \sin 39.97°\right) = 69.7°$

23.

$\lambda = 543 \text{ nm} = 5.43 \times 10^{-7} \text{ m}$

$n_1 = 1.00$

$n_2 = 1.33$

$\theta_1 = 53°$

$n_1 \sin\theta_1 = n_2 \sin\theta_2$

$\sin\theta_2 = \dfrac{n_1}{n_2}\sin\theta_1$

$\theta_2 = \sin^{-1}\left(\dfrac{n_1}{n_2}\sin\theta_1\right) = \sin^{-1}\left(\dfrac{1.00}{1.33}\sin 53°\right) = 37°$

$c = \lambda f$

$f = \dfrac{c}{\lambda} = \dfrac{2.9979 \times 10^8 \; \frac{\text{m}}{\text{s}}}{5.43 \times 10^{-7} \text{ m}} = 5.521 \times 10^{14} \text{ Hz}$

$n = \dfrac{c}{v}$

$v = \dfrac{c}{n} = \dfrac{2.9979 \times 10^8 \; \frac{\text{m}}{\text{s}}}{1.33} = 2.254 \times 10^8 \; \dfrac{\text{m}}{\text{s}}$

$v = \lambda f$

$\lambda = \dfrac{v}{f} = \dfrac{2.254 \times 10^8 \; \frac{\text{m}}{\text{s}}}{5.521 \times 10^{14} \text{ Hz}} = 4.08 \times 10^{-7} \text{ m} = 408 \text{ nm}$

24.

$n_1 = 1.00$

$n_2 = 1.61$

$n_3 = 1.33$

$\theta_1 = 37°$

$\theta_2 = \sin^{-1}\left(\dfrac{n_1}{n_2}\sin\theta_1\right) = \sin^{-1}\left(\dfrac{1.00}{1.61}\sin 37°\right) = 21.95°$

$\theta_2 = \theta_3$

$\theta_4 = \sin^{-1}\left(\dfrac{n_2}{n_4}\sin\theta_3\right) = \sin^{-1}\left(\dfrac{1.61}{1.33}\sin 21.95°\right) = 27°$

Chapter 12

25.

$\theta_1 = 35.0°$

$\theta_2 = 25.1°$

$n_1 = 1.33$

$n_1 \sin\theta_1 = n_2 \sin\theta_2$

$n_2 = n_1 \dfrac{\sin\theta_1}{\sin\theta_2}$

$n_2 = \dfrac{c}{v}$

$v = \dfrac{c}{n_2} = \dfrac{c}{n_1 \dfrac{\sin\theta_1}{\sin\theta_2}} = \dfrac{c \sin\theta_2}{n_1 \sin\theta_1} = \dfrac{2.9979 \times 10^8 \; \frac{m}{s}}{1.33} \cdot \dfrac{\sin 25.1°}{\sin 35.0°} = 1.67 \times 10^8 \; \dfrac{m}{s}$

26.

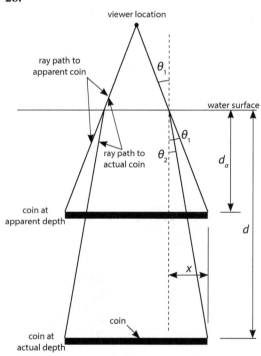

In the diagram above, the diameter of the coin is greatly exaggerated relative to the vertical distances to make it easier to see the angles. The actual depth is d, and the apparent depth given in the problem is d_a.

The ray paths are constructed as follows: The eye locates objects based on the apparent path of light rays, which follows a straight line to the object. The apparent path of the rays coming from the edges of the coin is a straight line from the apparent location of the coin to the viewer's eye. Above the water, the actual path of the rays from the edges of the actual coin follows the same path as the rays from the apparent coin. Below the water, the rays from the actual coin are at smaller angles relative to the normal, because of the index of refraction of water. But at the surface, the two sets of paths must meet. The viewer sees the coin at its apparent location, which is at the end of the straight ray paths. (This is a virtual image because the actual light rays from the edge of the coin do not pass through the edges of this image.) The actual rays refract at the water's surface.

Note that since the diameter of the coin is very small compared to the depth of the pool, we can use the small-angle approximation.

First, we use the law of refraction to relate θ_1 and θ_2 together.

$n_1 = 1.00$

$n_2 = 1.33$

$n_1 \sin\theta_1 = n_2 \sin\theta_2$

$\sin\theta_2 = \dfrac{\sin\theta_1}{n_2}$

Using the small-angle approximation,

$\theta_2 = \dfrac{\theta_1}{n_2}$

Next, we can relate the angles to the depths as follows:

$\tan\theta_1 = \dfrac{x}{d_a}$

$\tan\theta_2 = \dfrac{x}{d}$

Using the small-angle approximation,

$\theta_1 = \dfrac{x}{d_a}$

$\theta_2 = \dfrac{x}{d}$

Solving for x in these two equations and setting them equal to each other we have

$x = \theta_1 d_a$

$x = \theta_2 d$

$\theta_1 d_a = \theta_2 d$

Replacing θ_2 with θ_1 / n_2 we have

$\theta_1 d_a = \dfrac{\theta_1}{n_2} d$

$d = n_2 d_a = 1.33 \cdot 1.75 \text{ m} = 2.33 \text{ m}$

28.

From Table 12.4, the frequency of middle C is 261.6 Hz. The fifth harmonic of this frequency has a frequency five times as great, thus $f_5 = 1{,}308$ Hz.

29.

$\lambda = 488$ nm $= 4.88 \times 10^{-7}$ m

$d = 0.100$ mm $= 1.00 \times 10^{-4}$ m

$x = 1.50$ m

$d \sin\theta = m\lambda$

Using the small-angle approximation, and with $m = 1$,

$d\theta = \lambda \quad \theta = \dfrac{\lambda}{d}$

$\tan\theta = \dfrac{y}{x}$

Using the small-angle approximation,

$\theta = \dfrac{y}{x}$

$\dfrac{\lambda}{d} = \dfrac{y}{x}$

$y = \dfrac{\lambda x}{d} = \dfrac{4.88 \times 10^{-7} \text{ m} \cdot 1.50 \text{ m}}{1.00 \times 10^{-4} \text{ m}} = 7.32 \times 10^{-3}$ m $= 7.32$ mm

30.

$\lambda = 532$ nm $= 5.32 \times 10^{-7}$ m

$x = 2.00$ m

$y = 4.00$ mm $= 4.00 \times 10^{-3}$ m

From the previous solution,

$\dfrac{\lambda}{d} = \dfrac{y}{x}$

$d = \dfrac{\lambda x}{y} = \dfrac{5.32 \times 10^{-7} \text{ m} \cdot 2.00 \text{ m}}{4.00 \times 10^{-3} \text{ m}} = 2.66 \times 10^{-4}$ m $= 0.266$ mm

33.

$r = \dfrac{8.0 \text{ cm}}{2} = 4.0$ cm $= 0.040$ m

$A = \pi(0.040 \text{ m})^2 = 5.03 \times 10^{-3}$ m^2

$P = 0.093$ W

$I = \dfrac{P}{A} = \dfrac{0.093 \text{ W}}{5.03 \times 10^{-3} \text{ m}^2} = 18 \; \dfrac{\text{W}}{\text{m}^2}$

34. a.

$r_1 = 2.50$ m

$r_2 = 7.50$ m

$I_1 = 4.50 \; \dfrac{\text{mW}}{\text{m}^2}$

$I_2 = I_1 \dfrac{r_1^2}{r_2^2} = 4.50 \; \dfrac{\text{mW}}{\text{m}^2} \cdot \dfrac{(2.50 \text{ m})^2}{(7.50 \text{ m})^2} = 0.500 \; \dfrac{\text{mW}}{\text{m}^2}$

34. b.

$t = 1.00$ s

$I_1 = 4.50 \; \dfrac{\text{mW}}{\text{m}^2}$

$A_{at\;r1} = 4\pi r_1^2 = 4\pi (2.50 \text{ m})^2 = 78.54 \text{ m}^2$

$P = IA = 4.50 \; \dfrac{\text{mW}}{\text{m}^2} \cdot 78.54 \text{ m}^2 = 353.4 \text{ mW} = 0.3534 \; \dfrac{\text{J}}{\text{s}}$

$U = Pt = 0.3534 \; \dfrac{\text{J}}{\text{s}} \cdot 1.00 \text{ s} = 0.3534 \text{ J}$

$\boxed{U = 0.353 \text{ J}}$

35. a.

$r_1 = 4.75$ m

$\text{SPL}_1 = 87$ dB(SPL)

$\beta = 10 \log \dfrac{I}{I_0}$

$\dfrac{\beta}{10} = \log \dfrac{I}{I_0}$

$10^{\frac{\beta}{10}} = \dfrac{I}{I_0}$

$I = I_0 \cdot 10^{\frac{\beta}{10}} = 10^{-12} \; \dfrac{\text{W}}{\text{m}^2} \cdot 10^{\frac{87}{10}} = 5.01 \times 10^{-4} \; \dfrac{\text{W}}{\text{m}^2}$

35. b.

$r_2 = 1.50$ m

$I_2 = I_1 \dfrac{r_1^2}{r_2^2} = 5.01 \times 10^{-4} \; \dfrac{\text{W}}{\text{m}^2} \cdot \dfrac{(4.75 \text{ m})^2}{(1.50 \text{ m})^2} = 5.02 \times 10^{-3} \; \dfrac{\text{W}}{\text{m}^2}$

$\beta = 10 \log \dfrac{I}{I_0} = 10 \log \dfrac{5.02 \times 10^{-3} \; \frac{\text{W}}{\text{m}^2}}{10^{-12} \; \frac{\text{W}}{\text{m}^2}} = 97$

$\text{SPL} = 97$ dB(SPL)

36.

63 dB − 40 dB = 23 dB

$23 \text{ dB} = 10 \log \dfrac{x \cdot I}{I}$

$10^{2.3} = x = 199.5$

$x \approx 200$

Increase the SPL by 23 dB requires 200 times as much power.

37.

93 dB − 60 dB = 33 dB

$33 \text{ dB} = 10 \log \dfrac{x \cdot I}{I}$

$10^{3.3} = x = 1995$

$x \approx 2000$

38.

$10 \text{ dB} = 10 \log \dfrac{x \cdot I}{I}$

$10^1 = x = 10$

39.

$\beta = 10 \log \dfrac{10^6 I_0}{I_0}$

$\beta = 60$

SPL = 60 dB(SPL)

40.

Source 1 intensity at 1 m:

$$97 = 10\log\frac{I}{I_0}$$

$$I = 10^{9.7} I_0 = 10^{9.7} \cdot 10^{-12} = 5.01 \times 10^{-3} \ \frac{W}{m^2}$$

Source 2 intensity at 1 m:

$$88 = 10\log\frac{I}{I_0}$$

$$I = 10^{8.8} I_0 = 10^{8.8} \cdot 10^{-12} = 6.31 \times 10^{-4} \ \frac{W}{m^2}$$

Source 1 intensity at location:

$$I_1 = I_{1,\,1\,m} \cdot \frac{1}{r_1^2} = 5.01 \times 10^{-3} \ \frac{W}{m^2} \cdot \frac{1\,m^2}{(25\,m)^2} = 8.02 \times 10^{-6} \ \frac{W}{m^2}$$

Source 2 intensity at location:

$$I_2 = I_{2,\,1\,m} \cdot \frac{1}{r_2^2} = 6.31 \times 10^{-4} \ \frac{W}{m^2} \cdot \frac{1\,m^2}{(17\,m)^2} = 2.18 \times 10^{-6} \ \frac{W}{m^2}$$

$$I_{total} = I_1 + I_2 = 8.02 \times 10^{-6} \ \frac{W}{m^2} + 2.18 \times 10^{-6} \ \frac{W}{m^2} = 1.02 \times 10^{-5} \ \frac{W}{m^2}$$

$$\beta = 10\log\frac{I_{total}}{I_0} = 10\log\frac{1.02 \times 10^{-5} \ \frac{W}{m^2}}{10^{-12} \ \frac{W}{m^2}} = 70.1$$

SPL = 70 dB(SPL)

41.

At 12.0 m:

$$4.0\,dB = 10\log\frac{I_{2,\,12}}{I_{1,\,12}}$$

Relate together the initial intensities at each location.

$$I_{1,\,3} = I_{1,\,12}\frac{(12.0\,m)^2}{(3.0\,m)^2} = 16 I_{1,\,12}$$

Relate together the final intensities at each location.

$$I_{2,\,3} = I_{2,\,12}\frac{(12.0\,m)^2}{(3.0\,m)^2} = 16 I_{2,\,12}$$

The ratio of intensities at 3.0 m is the same as the ratio at 12.0 m:

$$SPL = 10\log\frac{I_{2,\,3}}{I_{1,\,3}} = 10\log\frac{16 I_{2,\,12}}{16 I_{1,\,12}} = 10\log\frac{I_{2,\,12}}{I_{1,\,12}} = 4.0\,dB$$

42.

At the threshold of pain:

$$130 \text{ dB} = 10\log\frac{I_{pain}}{I_0}$$

$$I_{pain} = 10^{13} I_0 = 10^{13} \cdot 10^{-12} = 10 \frac{\text{W}}{\text{m}^2}$$

At the concert:

$$105 \text{ dB} = 10\log\frac{I_{concert}}{I_0}$$

$$I_{concert} = 10^{10.5} I_0 = 10^{10.5} \cdot 10^{-12} = 0.0316 \frac{\text{W}}{\text{m}^2}$$

$$\frac{I_{pain}}{I_{concert}} = \frac{10 \frac{\text{W}}{\text{m}^2}}{0.0316 \frac{\text{W}}{\text{m}^2}} = 316$$

The threshold of pain is 316 times as loud as the concert.

43.

An octave is a doubling of frequency, so two octaves increases the frequency by a factor of four, giving A6 = 1,760 Hz.

45.

$$v = 771 \frac{\text{mi}}{\text{hr}} \cdot \frac{1609 \text{ m}}{\text{mi}} \cdot \frac{1 \text{ hr}}{3600 \text{ s}} = 344.6 \frac{\text{m}}{\text{s}}$$

$$v_s = 42 \frac{\text{mi}}{\text{hr}} \cdot \frac{1609 \text{ m}}{\text{mi}} \cdot \frac{1 \text{ hr}}{3600 \text{ s}} = 18.8 \frac{\text{m}}{\text{s}}$$

$$f = 150 \text{ Hz}$$

$$f_a = f\frac{v}{v+v_s} = 150 \text{ Hz} \cdot \frac{344.6 \frac{\text{m}}{\text{s}}}{344.6 \frac{\text{m}}{\text{s}} - 18.8 \frac{\text{m}}{\text{s}}} = 159 \text{ Hz}$$

46.

$$v_l = 13.4 \frac{\text{m}}{\text{s}}$$

$$f = 296 \text{ Hz}$$

$$v = 346.1 \frac{\text{m}}{\text{s}}$$

$$f_a = f\frac{v+v_l}{v} = 296 \text{ Hz} \cdot \frac{346.1 \frac{\text{m}}{\text{s}} + 13.4 \frac{\text{m}}{\text{s}}}{346.1 \frac{\text{m}}{\text{s}}} = 307 \text{ Hz}$$

Solutions Manual to Accompany Physics: Modeling Nature

47.

For the case when the car is approaching:

$f_a = 1.040 f$

$v = 346.1 \ \dfrac{m}{s}$

$f_a = f \dfrac{v}{v - v_s}$

$1.040 f = f \dfrac{v}{v - v_s}$

$1.040 (v - v_s) = v$

$1.040 v - v = 1.040 v_s$

$v(1.040 - 1) = 1.040 v_s$

$v_s = \dfrac{0.040 v}{1.040} = \dfrac{0.040 \cdot 346.1 \ \dfrac{m}{s}}{1.040} = 13 \ \dfrac{m}{s}$

For the case when the car is receding:

$f_a = 0.96 f$

$v = 346.1 \ \dfrac{m}{s}$

$f_a = f \dfrac{v}{v + v_s}$

$0.96 f = f \dfrac{v}{v + v_s}$

$0.96 (v + v_s) = v$

$0.96 v_s = v - 0.96 v$

$v_s = \dfrac{0.040 v}{0.96} = \dfrac{0.040 \cdot 346.1 \ \dfrac{m}{s}}{0.96} = 14 \ \dfrac{m}{s}$

48.

$v = 337.3 \ \dfrac{m}{s}$

$f = 3200 \ \text{Hz}$

$v_s = 10.0 \ \dfrac{m}{s}$

$f_a = f \dfrac{v}{v - v_s} = 3200 \ \text{Hz} \cdot \dfrac{337.3 \ \dfrac{m}{s}}{337.3 \ \dfrac{m}{s} - 10.0 \ \dfrac{m}{s}} = 3298 \ \text{Hz}$

$f_a = 3300 \ \text{Hz}$

Chapter 12

49.

$v = 343.2 \, \dfrac{\text{m}}{\text{s}}$

$f_{a,\,\text{approach}} = 250 \text{ Hz}$

$f_{a,\,\text{recede}} = 230 \text{ Hz}$

$f_{a,\,\text{approach}} = f\dfrac{v}{v-v_s}$

$f_{a,\,\text{recede}} = f\dfrac{v}{v+v_s}$

Divide the two equations to cancel f:

$\dfrac{f_{a,\,\text{approach}}}{f_{a,\,\text{recede}}} = \dfrac{f\dfrac{v}{v-v_s}}{f\dfrac{v}{v+v_s}} = \dfrac{v+v_s}{v-v_s}$

$f_{a,\,\text{approach}}(v-v_s) = f_{a,\,\text{recede}}(v+v_s)$

$v(f_{a,\,\text{approach}} - f_{a,\,\text{recede}}) = v_s(f_{a,\,\text{recede}} + f_{a,\,\text{approach}})$

$v_s = v\dfrac{f_{a,\,\text{approach}} - f_{a,\,\text{recede}}}{f_{a,\,\text{recede}} + f_{a,\,\text{approach}}} = 343.2 \, \dfrac{\text{m}}{\text{s}} \cdot \dfrac{250 \text{ Hz} - 230 \text{ Hz}}{250 \text{ Hz} + 230 \text{ Hz}} = 14 \, \dfrac{\text{m}}{\text{s}}$

51.

$m = 100.0 \text{ g}$

$n = 100.0 \text{ g} \cdot \dfrac{1 \text{ mol}}{44.01 \text{ g}} = 2.272 \text{ mol}$

$V = 2.00 \text{ L}$

$T = 10.0°\text{C} = 283.15 \text{ K}$

$PV = nRT$

$P = \dfrac{nRT}{V} = \dfrac{2.272 \text{ mol} \cdot 8314 \, \dfrac{\text{L} \cdot \text{Pa}}{\text{mol} \cdot \text{K}} \cdot 283.15 \text{ K}}{2.00 \text{ L}} = 2{,}670{,}000 \text{ Pa}$

52.

$m = 22.0 \text{ g}$

$T_0 = 1749°\text{C}$

$Q = mH_v - c_p m \Delta T_l + mH_f$

$Q = 22.0 \text{ g} \cdot 205 \, \dfrac{\text{cal}}{\text{g}} - 0.031 \, \dfrac{\text{cal}}{\text{g} \cdot °\text{C}} \cdot 22.0 \text{ g} \cdot (327.5°\text{C} - 1749°\text{C}) + 22.0 \text{ g} \cdot 5.9 \, \dfrac{\text{cal}}{\text{g}}$

$Q = 4510 \text{ cal} + 969 \text{ cal} + 130 \text{ cal} = 5610 \text{ cal}$

53.

eff $= 0.45$

$Q_c = 230$ kW

$t = 1$ hr $= 3600$ s

$Q_h = Q_c + W$

$\dfrac{W}{Q_c + W} = 0.45$

$W = 0.45(Q_c + W)$

$W - 0.45W = 0.45 Q_c$

$W = \dfrac{0.45 Q_c}{1 - 0.45} = 0.818 \cdot 230$ kW $= 188$ kW

This is the power, and thus 188,000 J/s are produced.

Over a 1-hr period, we have

$188{,}000 \; \dfrac{J}{s} \cdot 3600 \; s = 6.8 \times 10^8$ J

54.

$T = 35°C = 308.2$ K

$U_K = \tfrac{3}{2} k_B T = 1.5 \cdot 1.3806 \times 10^{-23} \; \dfrac{J}{K} \cdot 308.2 \; K = 6.38 \times 10^{-21}$ J

To double this energy, we have to double the temperature, giving $T = 616$ K.

Or, solve for T:

$T = \dfrac{2 U_K}{\tfrac{3}{2} k_B} = \dfrac{4 U_K}{3 k_B} = \dfrac{4 \cdot 6.38 \times 10^{-21} \; J}{3 \cdot 1.3806 \times 10^{-23} \; \dfrac{J}{K}} = 616$ K

55.

The spheres are rotating are rotating around the center axis, and not around their own centers. Thus, they are treated like orbiting points, and the radius used for calculating I is the distance from their centers to the axis of rotation.

$r_{cyl} = 0.50$ cm $= 0.0050$ m
$L_{cyl} = 3.5$ cm
$r_s = 0.50$ cm
$r_{s,1} = 1.0$ cm
$r_{s,2} = 2.3$ cm

$\rho = 7.58 \dfrac{\text{g}}{\text{cm}^3}$

$V_{cyl} = \pi r_{cyl}^2 L_{cyl} = \pi \cdot (0.50 \text{ cm})^2 \cdot 3.5 \text{ cm} = 2.75 \text{ cm}^3$

$m_{cyl} = \rho V_{cyl} = 7.58 \dfrac{\text{g}}{\text{cm}^3} \cdot 2.75 \text{ cm}^3 = 20.8 \text{ g} = 0.0208 \text{ kg}$

$V_s = \tfrac{4}{3}\pi r_s^3 = \tfrac{4}{3}\pi (0.50 \text{ cm})^3 = 0.524 \text{ cm}^3$

$m_s = \rho V_s = 7.58 \dfrac{\text{g}}{\text{cm}^3} \cdot 0.524 \text{ cm}^3 = 3.97 \text{ g}$

Initial State:

$I_1 = 2 I_{s,1} + I_{cyl} = 2 m_s r_{s,1}^2 + \tfrac{1}{2} m_{cyl} r_{cyl}^2 = 2 \cdot 3.97 \text{ g} \cdot (1.0 \text{ cm})^2 + 0.5 \cdot 20.8 \text{ g} \cdot (0.50 \text{ cm})^2 = 10.5 \text{ g} \cdot \text{cm}^2$

Final State:

$I_2 = 2 I_{s,2} + I_{cyl} = 2 m_s r_{s,2}^2 + \tfrac{1}{2} m_{cyl} r_{cyl}^2 = 2 \cdot 3.97 \text{ g} \cdot (2.3 \text{ cm})^2 + 0.5 \cdot 20.8 \text{ g} \cdot (0.50 \text{ cm})^2 = 44.6 \text{ g} \cdot \text{cm}^2$

$I_1 \omega_1 = I_2 \omega_2$

$\dfrac{\omega_2}{\omega_1} = \dfrac{I_1}{I_2} = \dfrac{10.5 \text{ g} \cdot \text{cm}^2}{44.6 \text{ g} \cdot \text{cm}^2} = 0.24$

Or, $\omega_2 = 0.24 \omega_1$

Chapter 13

5.

$q_1 = q_2 = 1.602 \times 10^{-19}$ C

$r = 0.0200$ pm $= 2.00 \times 10^{-14}$ m

$$F = \frac{1}{4\pi\varepsilon_0} \frac{q_1 q_2}{r^2} = \frac{1}{4\pi \cdot 8.854 \times 10^{-12} \frac{C^2}{N \cdot m^2}} \cdot \frac{(1.602 \times 10^{-19} \text{ C})^2}{(2.00 \times 10^{-14} \text{ m})^2} = 0.577 \text{ N}$$

Weight is $mg = 1.672 \times 10^{-27}$ kg $\cdot 9.80$ m/s² $= 1.64 \times 10^{-26}$ N

$F_E/F_w = 0.577$ N$/1.64 \times 10^{-26}$ N $= 3.52 \times 10^{25}$

6.

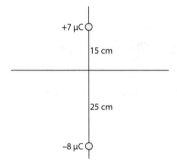

$q_1 = 7.00$ μC $= 7.00 \times 10^{-6}$ C

$q_2 = 8.00$ μC $= 8.00 \times 10^{-6}$ C

$r = 40.0$ cm $= 0.400$ m

$$F = \frac{1}{4\pi\varepsilon_0} \frac{q_1 q_2}{r^2} = \frac{1}{4\pi \cdot 8.854 \times 10^{-12} \frac{C^2}{N \cdot m^2}} \cdot \frac{7.00 \times 10^{-6} \text{ C} \cdot 8.00 \times 10^{-6} \text{ C}}{(0.400 \text{ m})^2} = 3.15 \text{ N}$$

Since opposite charges attract, this force points down (negative y-direction).

7.

$F = 4.75 \times 10^{-5}$ N

$r = 17.7$ nm $= 1.77 \times 10^{-8}$ m

$$F = \frac{1}{4\pi\varepsilon_0} \frac{q^2}{r^2}$$

$$q = \sqrt{4\pi\varepsilon_0 F r^2} = \sqrt{4\pi \cdot 8.854 \times 10^{-12} \frac{C^2}{N \cdot m^2} \cdot 4.75 \times 10^{-5} \text{ N} \cdot (1.77 \times 10^{-8} \text{ m})^2} = 1.29 \times 10^{-15} \text{ C}$$

8.

$m = 5.10 \text{ g} = 0.00510 \text{ kg}$

$r = 5.00 \text{ cm} = 0.0500 \text{ m}$

$q_1 = 5.00 \text{ μC} = 5.00 \times 10^{-6} \text{ C}$

$q_1 = 15.0 \text{ μC} = 1.50 \times 10^{-5} \text{ C}$

$F = \dfrac{1}{4\pi\varepsilon_0} \dfrac{q_1 q_2}{r^2} = \dfrac{1}{4\pi \cdot 8.854 \times 10^{-12} \, \frac{C^2}{N \cdot m^2}} \cdot \dfrac{1.50 \times 10^{-5} \text{ C} \cdot 5.00 \times 10^{-6} \text{ C}}{(0.0500 \text{ m})^2} = 269.6 \text{ N}$

$a = \dfrac{F}{m} = \dfrac{269.6 \text{ N}}{0.00510 \text{ kg}} = 52{,}900 \, \dfrac{\text{m}}{\text{s}^2}$

9.

Force on q_1 from q_2, which is to the right:

$q_1 = q_2 = 12.0 \text{ μC} = 1.20 \times 10^{-5} \text{ C}$

$r = 45.0 \text{ cm} = 0.450 \text{ m}$

$F = \dfrac{1}{4\pi\varepsilon_0} \dfrac{q_1 q_2}{r^2} = \dfrac{1}{4\pi \cdot 8.854 \times 10^{-12} \, \frac{C^2}{N \cdot m^2}} \cdot \dfrac{(1.20 \times 10^{-5} \text{ C})^2}{(0.450 \text{ m})^2} = 6.391 \text{ N}$

Distance between q_3 and q_1:

$\cos 35.0° = \dfrac{0.450 \text{ m}}{r} \Rightarrow r = \dfrac{0.450 \text{ m}}{\cos 35.0°} = 0.5493 \text{ m}$

Force on q_1 from q_3:

$q_1 = q_2 = 12.0 \text{ μC} = 1.20 \times 10^{-5} \text{ C}$

$r = 0.5493 \text{ m}$

$F = \dfrac{1}{4\pi\varepsilon_0} \dfrac{q_1 q_2}{r^2} = \dfrac{1}{4\pi \cdot 8.854 \times 10^{-12} \, \frac{C^2}{N \cdot m^2}} \cdot \dfrac{(1.20 \times 10^{-5} \text{ C})^2}{(0.5493 \text{ m})^2} = 4.289 \text{ N}$

Rectangular components of force on q_1 due to q_3:

$F_{3-1,h} = 4.289 \text{ N} \cdot \cos 35.0° = 3.513 \text{ N}$

$F_{3-1,v} = 4.289 \text{ N} \cdot \sin 35.0° = 2.460 \text{ N}$

Total horizontal force on q_1:

$F_h = 6.391 \text{ N} + 3.513 \text{ N} = 9.904 \text{ N}$

Magnitude of force on q_1:

$F = \sqrt{(9.904 \text{ N})^2 + (2.460 \text{ N})^2} = 10.20 \text{ N}$

Angle relative to coordinate system centered at q_1:

$\theta = \tan^{-1} \dfrac{2.460 \text{ N}}{9.904 \text{ N}} = 13.9°$

10.

All horizontal forces cancel. The vertical force component computed in the previous problem is now present from both q_1 and q_3, so we double it.

$F = 2 \cdot 2.460 \text{ N} = 4.92 \text{ N}$

This force is vertical (up).

11.

$T\cos(\theta/2) = mg$

$T = \dfrac{mg}{\cos(\theta/2)}$

$F_h = T\sin(\theta/2) = mg\tan(\theta/2)$

$\dfrac{r}{2} = L\sin(\theta/2) \quad \Rightarrow \quad r = 2L\sin(\theta/2)$

$F_h = \dfrac{1}{4\pi\varepsilon_0}\dfrac{q^2}{r^2} = \dfrac{1}{4\pi\varepsilon_0}\dfrac{q^2}{4L^2\sin^2(\theta/2)}$

$mg\tan(\theta/2) = \dfrac{1}{4\pi\varepsilon_0}\dfrac{q^2}{4L^2\sin^2(\theta/2)}$

$q^2 = 16\pi\varepsilon_0 mg\tan(\theta/2)L^2\sin^2(\theta/2)$

$q = 4L\sin(\theta/2)\sqrt{\pi\varepsilon_0 mg\tan(\theta/2)}$

13.

$d = 15.00 \text{ cm} = 0.1500 \text{ m}$

$q = 1.602 \times 10^{-19} \text{ C}$

$E = \dfrac{1}{4\pi\varepsilon_0}\dfrac{q}{r^2} = \dfrac{1}{4\pi \cdot 8.854 \times 10^{-12} \dfrac{C^2}{N \cdot m^2}} \cdot \dfrac{1.602 \times 10^{-19} \text{ C}}{(0.1500 \text{ m})^2} = 6.399 \times 10^{-8} \dfrac{N}{C}$

14.

$\lambda = 13.5 \dfrac{nC}{m} = 1.35 \times 10^{-8} \dfrac{C}{m}$

$r = 1.00 \text{ mm} = 0.00100 \text{ m}$

$E = \dfrac{1}{2\pi\varepsilon_0}\dfrac{\lambda}{r} = \dfrac{1}{2\pi \cdot 8.854 \times 10^{-12} \dfrac{C^2}{N \cdot m^2}} \cdot \dfrac{1.35 \times 10^{-8} \dfrac{C}{m}}{0.00100 \text{ m}} = 2.43 \times 10^{5} \dfrac{N}{C}$

15.

$R = 12 \text{ cm} = 0.12 \text{ m}$

$E = 3 \times 10^6 \; \dfrac{\text{N}}{\text{C}}$

$E = \dfrac{1}{4\pi\varepsilon_0} \dfrac{q}{r^2}$

$q = 4\pi\varepsilon_0 r^2 E = 4\pi \cdot 8.854 \times 10^{-12} \; \dfrac{\text{C}^2}{\text{N}\cdot\text{m}^2} \cdot (0.12 \text{ m})^2 \cdot 3 \times 10^6 \; \dfrac{\text{N}}{\text{C}} = 5 \times 10^{-6} \text{ C} = 5 \; \mu\text{C}$

16.

$\sigma = \dfrac{1.0 \text{ C}}{9.0 \text{ m}^2} = 0.111 \; \dfrac{\text{C}}{\text{m}^2}$

$q = 2 \cdot 1.602 \times 10^{-19} \text{ C} = 3.204 \times 10^{-19} \text{ C}$

$E = \dfrac{\sigma}{2\varepsilon_0}$

$F = qE = \dfrac{q\sigma}{2\varepsilon_0} = \dfrac{3.204 \times 10^{-19} \text{ C} \cdot 0.111 \; \dfrac{\text{C}}{\text{m}^2}}{2 \cdot 8.854 \times 10^{-12} \; \dfrac{\text{C}^2}{\text{N}\cdot\text{m}^2}} = 2.0 \times 10^{-9} \text{ N}$

The charge on the sheet is positive and the oxygen ion is negative, so the force on the ion is directed toward the sheet.

17.

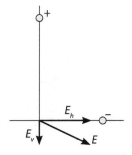

$q_y = +5.0\ \mu C = 5.0 \times 10^{-6}\ C$

$q_x = -8.0\ \mu C = 8.0 \times 10^{-6}\ C$

$r_y = 9.00\ mm = 0.00900\ m$

$r_x = 5.00\ mm = 0.00500\ m$

$$E_y = -\frac{1}{4\pi\varepsilon_0}\frac{q}{r^2} = -\frac{1}{4\pi \cdot 8.854\times 10^{-12}\ \frac{C^2}{N\cdot m^2}} \cdot \frac{5.0\times 10^{-6}\ C}{(0.00900\ m)^2} = -5.55\times 10^8\ \frac{N}{C}$$

$$E_x = \frac{1}{4\pi\varepsilon_0}\frac{q}{r^2} = \frac{1}{4\pi \cdot 8.854\times 10^{-12}\ \frac{C^2}{N\cdot m^2}} \cdot \frac{8.0\times 10^{-6}\ C}{(0.00500\ m)^2} = 2.88\times 10^9\ \frac{N}{C}$$

$$E = \sqrt{E_h^2 + E_v^2} = \sqrt{\left(2.88\times 10^9\ \frac{N}{C}\right)^2 + \left(-5.55\times 10^8\ \frac{N}{C}\right)^2} = 2.9\times 10^9\ \frac{N}{C}$$

$$\theta = \tan^{-1}\frac{E_y}{E_x} = \tan^{-1}\frac{-5.55\times 10^8\ \frac{N}{C}}{2.88\times 10^9\ \frac{N}{C}} = -11°$$

18.

$\sigma = 6.00\times 10^{-12}\ \frac{C}{m^2}$

$$E = \frac{\sigma}{\varepsilon_0} = \frac{6.00\times 10^{-12}\ \frac{C}{m^2}}{8.854\times 10^{-12}\ \frac{C^2}{N\cdot m^2}} = 0.6777\ \frac{N}{C}$$

$\boxed{E = 0.678\ \frac{N}{C}}$

19.

$q = 1.602\times 10^{-19}\ C$

$F = qE = 1.602\times 10^{-19}\ C \cdot 0.6777\ \frac{N}{C} = 1.09\times 10^{-19}\ N$

Chapter 13

20.

$\lambda = 2.5 \times 10^{-4} \dfrac{\mu C}{m} = 2.5 \times 10^{-10} \dfrac{C}{m}$

$q = 1.602 \times 10^{-19}$ C

$r = 1.00 \ \mu m = 1.00 \times 10^{-6}$ m

$E = \dfrac{1}{2\pi\varepsilon_0} \dfrac{\lambda}{r} = \dfrac{1}{2\pi \cdot 8.854 \times 10^{-12} \dfrac{C^2}{N \cdot m^2}} \cdot \dfrac{2.5 \times 10^{-10} \dfrac{C}{m}}{1.00 \times 10^{-6} \ m} = 4.49 \times 10^6 \ \dfrac{N}{C}$

$F = qE = 1.602 \times 10^{-19} \ C \cdot 4.49 \times 10^6 \ \dfrac{N}{C} = 7.2 \times 10^{-13}$ N

21.

$T\cos\theta = mg$

$T = \dfrac{mg}{\cos\theta}$

$T\sin\theta = qE$

$mg\tan\theta = qE$

$E = \dfrac{mg\tan\theta}{q}$

22.

$V = 1250$ V

$W = 3.55 \times 10^{-12}$ J

$W = qV$

$q = \dfrac{W}{V} = \dfrac{3.55 \times 10^{-12} \ J}{1250 \ V} = 2.84 \times 10^{-15}$ C

23.

$v_0 = 0.0010 \cdot 2.9979 \times 10^8 \ \dfrac{m}{s} = 2.9979 \times 10^5 \ \dfrac{m}{s}$

$\Delta U = \tfrac{1}{2} m v_0^2 = qV$

$V = \dfrac{mv_0^2}{2q} = \dfrac{9.109 \times 10^{-31} \ kg \cdot \left(2.9979 \times 10^5 \ \dfrac{m}{s}\right)^2}{2 \cdot 1.602 \times 10^{-19} \ C} = 0.26$ V

24.

$E = 12{,}000 \ \dfrac{\text{V}}{\text{m}}$

$q = 1.602 \times 10^{-19} \ \text{C}$

$d = 1.00 \ \text{cm} = 0.0100 \ \text{m}$

$W = qEd = 1.602 \times 10^{-19} \ \text{C} \cdot 12{,}000 \ \dfrac{\text{V}}{\text{m}} \cdot 0.0100 \ \text{m} = 1.9 \times 10^{-17} \ \text{J}$

25.

$V = 63.0 \ \text{V}$

$d = 55.6 \ \mu\text{m} = 5.56 \times 10^{-5} \ \text{m}$

$V = Ed$

$E = \dfrac{V}{d} = \dfrac{63.0 \ \text{V}}{5.56 \times 10^{-5} \ \text{m}} = 1.13 \times 10^{6} \ \dfrac{\text{V}}{\text{m}}$

26.

$\sigma = 2.0 \ \dfrac{\mu\text{C}}{\text{m}^2} = 2.0 \times 10^{-6} \ \dfrac{\text{C}}{\text{m}^2}$

$d = 1.00 \ \text{m}$

$q = 1.602 \times 10^{-19} \ \text{C}$

$E = \dfrac{\sigma}{2\varepsilon_0}$

$W = qEd = \dfrac{q\sigma d}{2\varepsilon_0} = \dfrac{1.602 \times 10^{-19} \ \text{C} \cdot 2.0 \times 10^{-6} \ \dfrac{\text{C}}{\text{m}^2} \cdot 1.00 \ \text{m}}{2 \cdot 8.854 \times 10^{-12} \ \dfrac{\text{C}^2}{\text{N} \cdot \text{m}^2}} = 1.8 \times 10^{-14} \ \text{J}$

27.

$\sigma = 1.75 \, \dfrac{\mu C}{m^2} = 1.75 \times 10^{-6} \, \dfrac{C}{m^2}$

$d = 1.00 \text{ cm} = 0.0100 \text{ m}$

$q = 1.602 \times 10^{-19} \text{ C}$

$m = 9.109 \times 10^{-31} \text{ kg}$

$E = \dfrac{\sigma}{\varepsilon_0}$

$V = Ed = \dfrac{\sigma d}{\varepsilon_0}$

$\Delta U = qV = \dfrac{q\sigma d}{\varepsilon_0} = \tfrac{1}{2} mv^2$

$U = \dfrac{q\sigma d}{\varepsilon_0} = \dfrac{1.602 \times 10^{-19} \text{ C} \cdot 1.75 \times 10^{-6} \, \dfrac{C}{m^2} \cdot 0.0100 \text{ m}}{8.854 \times 10^{-12} \, \dfrac{C^2}{N \cdot m^2}} = 3.166 \times 10^{-16} \text{ J}$

$\boxed{U = 3.17 \times 10^{-16} \text{ J}}$

$v = \sqrt{\dfrac{2q\sigma d}{m\varepsilon_0}} = \sqrt{\dfrac{2U}{m}} = \sqrt{\dfrac{2 \cdot 3.166 \times 10^{-16} \text{ J}}{9.109 \times 10^{-31} \text{ kg}}} = 2.64 \times 10^7 \, \dfrac{m}{s}$

This result is nearly 10% of the speed of light and is therefore only approximate. At relativistic speeds ($v \approx 0.1c$ or higher), the Lorentz transformation must be taken into account.

28.

$\dfrac{W}{q} = 1.5 \times 10^{-5} \, \dfrac{J}{C}$

$d = 2.5 \text{ cm} = 0.025 \text{ m}$

$W = qEd$

$E = \dfrac{W}{qd} = \dfrac{1.5 \times 10^{-5} \, \dfrac{J}{C}}{0.025 \text{ m}} = 6.0 \times 10^{-4} \, \dfrac{N}{C}$

29.

The upward electrical force must equal the weight of the ball. The given distance is irrelevant because the electric field strength is uniform, so with the right charge density the ball will hover wherever it is placed.

$m = 2.7 \text{ g} = 0.0027 \text{ kg}$

$q = 23 \text{ μC} = 2.3\times10^{-5} \text{ C}$

$E = \dfrac{\sigma}{2\varepsilon_0}$

$F = qE = \dfrac{q\sigma}{2\varepsilon_0} = mg$

$\sigma = \dfrac{2mg\varepsilon_0}{q} = \dfrac{2\cdot 0.0027 \text{ kg}\cdot 9.80\,\frac{\text{m}}{\text{s}^2}\cdot 8.854\times10^{-12}\,\frac{\text{C}^2}{\text{N}\cdot\text{m}^2}}{2.3\times10^{-5}\text{ C}} = 2.0\times10^{-8}\,\dfrac{\text{C}}{\text{m}^2}$

30.

The net charge on a chlorine ion is the same as the net charge on an electron. Since 1 eV is the energy gained by this charge when accelerated through a potential difference of 1 V, acceleration through a potential difference of 8600 V will result in an energy change of 8600 eV.

$U = 8600 \text{ eV}\cdot\dfrac{1.602\times10^{-19}\text{ J}}{\text{eV}} = 1.38\times10^{-15}\text{ J}$

$\boxed{U = 1.4\times10^{-15}\text{ J}}$

$m = 35.45\,\dfrac{\text{g}}{\text{mol}}\cdot\dfrac{\text{mol}}{6.022\times10^{23}} = 5.89\times10^{-23}\text{ g} = 5.89\times10^{-26}\text{ kg}$

$U = \tfrac{1}{2}mv^2$

$v = \sqrt{\dfrac{2U}{m}} = \sqrt{\dfrac{2\cdot 1.38\times10^{-15}\text{ J}}{5.89\times10^{-26}\text{ kg}}} = 2.2\times10^{5}\,\dfrac{\text{m}}{\text{s}}$

32.

$q = 1.87\text{ μC} = 1.87\times10^{-6}\text{ C}$

$V = 6.75 \text{ V}$

$C = \dfrac{q}{V} = \dfrac{1.87\times10^{-6}\text{ C}}{6.75\text{ V}} = 2.77\times10^{-7}\text{ F} = 0.277\text{ μF}$

33.

The problem can be solved algebraically as shown below. Alternatively, we can reason as follows. The ratio q/V is the capacitance, so it is a constant. The increase in voltage was three times the original voltage, so the charge must increase by three times the original charge. Since the charge increased by 15 μC, the original charge was 5 μC. The ratio of this value and the original voltage is the capacitance, which is 5 μC /10 V = 0.5 μF.

$V_1 = 10.0 \text{ V}$

$V_2 = 40.0 \text{ V}$

$q_2 - q_1 = 15.0 \text{ μC} = 1.50 \times 10^{-5} \text{ C}$

$q_2 = q_1 + 1.50 \times 10^{-5} \text{ C}$

$C = \dfrac{q_1}{V_1} = \dfrac{q_2}{V_2} = \dfrac{q_1 + 1.50 \times 10^{-5} \text{ C}}{V_2}$

$\dfrac{q_1}{V_1} = \dfrac{q_1 + 1.50 \times 10^{-5} \text{ C}}{V_2}$

$q_1 V_2 = \left(q_1 + 1.50 \times 10^{-5} \text{ C}\right) V_1$

$q_1 V_2 = q_1 V_1 + 1.50 \times 10^{-5} \text{ C} \cdot V_1$

$q_1 (V_2 - V_1) = 1.50 \times 10^{-5} \text{ C} \cdot V_1$

$q_1 = \dfrac{1.50 \times 10^{-5} \text{ C} \cdot V_1}{V_2 - V_1} = \dfrac{1.50 \times 10^{-5} \text{ C} \cdot 10.0 \text{ V}}{40.0 \text{ V} - 10.0 \text{ V}} = 5.00 \times 10^{-6} \text{ C}$

$C = \dfrac{q}{V} = \dfrac{5.00 \times 10^{-6} \text{ C}}{10.0 \text{ V}} = 5.00 \times 10^{-7} \text{ F} = 0.500 \text{ μF}$

34.

$A = (15.0 \text{ mm})^2 = (0.0150 \text{ m})^2 = 2.25 \times 10^{-4} \text{ m}^2$

$q = 1.20 \times 10^{-4} \text{ μC} = 1.20 \times 10^{-10} \text{ C}$

$C = \dfrac{\varepsilon_0 A}{d} = \dfrac{q}{V}$

$V = \dfrac{qd}{\varepsilon_0 A}$

$V = Ed$

$E = \dfrac{V}{d} = \dfrac{qd}{\varepsilon_0 A d} = \dfrac{q}{\varepsilon_0 A} = \dfrac{1.20 \times 10^{-10} \text{ C}}{8.854 \times 10^{-12} \dfrac{\text{C}^2}{\text{N} \cdot \text{m}^2} \cdot 2.25 \times 10^{-4} \text{ m}^2} = 60{,}200 \dfrac{\text{N}}{\text{C}}$

35.

$C = 1.00 \text{ F}$

$A = (1.00 \text{ cm})^2 = (0.0100 \text{ m})^2 = 1.00 \times 10^{-4} \text{ m}^2$

$\varepsilon_r = 7$

$C = \dfrac{\varepsilon_r \varepsilon_0 A}{d}$

$d = \dfrac{\varepsilon_r \varepsilon_0 A}{C} = \dfrac{7 \cdot 8.85 \times 10^{-12} \dfrac{\text{C}^2}{\text{N} \cdot \text{m}^2} \cdot 1.00 \times 10^{-4} \text{ m}^2}{1.00 \text{ F}} = 6 \times 10^{-15} \text{ m}$

This thickness is approximately 1/16,000 the diameter of an atom, and thus this design is not possible.

36.

$V = 50.0$ V
$U = 0.0037$ J
$U = \tfrac{1}{2}CV^2$
$C = \dfrac{2U}{V^2} = \dfrac{2 \cdot 0.0037 \text{ J}}{(50.0 \text{ V})^2} = 2.96 \times 10^{-6}$ F

$\boxed{C = 3.0 \text{ μF}}$

$C = \dfrac{q}{V}$
$q = CV = 2.96 \times 10^{-6}$ F $\cdot 50.0$ V $= 1.5 \times 10^{-4}$ C

37.

$V = 9.0$ V
$q = 4.23 \times 10^{-4}$ C
$C = \dfrac{q}{V} = \dfrac{4.23 \times 10^{-4} \text{ C}}{9.0 \text{ V}} = 4.70 \times 10^{-5}$ F

$\boxed{C = 47 \text{ μF}}$

$V = 25.0$ V
$U = \tfrac{1}{2}CV^2 = 0.5 \cdot 4.70 \times 10^{-5}$ F $\cdot (25.0 \text{ V})^2 = 0.015$ J

38.

The capacitance is inversely proportional to the distance between the plates. If d is doubled, C is halved. The energy stored is directly proportional to C. If C is halved, U is halved.

39.

$V = 25.0$ V
$I = 22.1$ mA $= 0.0221$ A
$V = IR$
$R = \dfrac{V}{I} = \dfrac{25.0 \text{ V}}{0.0221 \text{ A}} = 1130 \text{ Ω} = 1.13$ kΩ

40.

$I = 75.1$ μA $= 7.51 \times 10^{-5}$ A
$R = 1.09$ MΩ $= 1.09 \times 10^{6}$ Ω
$V = IR = 7.51 \times 10^{-5}$ A $\cdot 1.09 \times 10^{6}$ Ω $= 81.9$ V

41. a.

$R_4 + R_5 = 0.99 \text{ k} + 4.7 \text{ k} = 5.69 \text{ k}$

$R_2 + R_3 = 1 \text{ k} + 3.3 \text{ k} = 4.3 \text{ k}$

$5.69 \text{ k} \| 4.3 \text{ k} = \dfrac{5.69 \text{ k} \cdot 4.3 \text{ k}}{5.69 \text{ k} + 4.3 \text{ k}} = 2.4492 \text{ k}$

$R_1 + 2.4492 \text{ k} = 1 \text{ k} + 2.4492 \text{ k} = 3.4492 \text{ k}\Omega$

41. b.

$R_2 \| R_3 = \dfrac{550 \text{ k} \cdot 470 \text{ k}}{550 \text{ k} + 470 \text{ k}} = 253.4314 \text{ k}$

$R_1 + 253.4314 \text{ k} + R_4 = 5.5 \text{ M} + 0.2534 \text{ M} + 1.2 \text{ M} = 6.9534 \text{ M}\Omega$

41. c.

$R_6 \| R_7 = 80 \| 90 = \dfrac{80 \cdot 90}{80 + 90} = 42.3529$

$R_5 + 42.3529 = 80 + 42.3529 = 122.3529$

$R_3 + R_4 = 40 + 40 = 80$

$80 \| 122.3529 = \dfrac{80 \cdot 122.3529}{80 + 122.3529} = 48.3721$

$R_1 + R_2 + 48.3721 = 50 + 25 + 48.3721 = 123.3721 \text{ }\Omega$

41. d.

$R_7 + R_8 = 33 \text{ K} + 67 \text{ k} = 100 \text{ k}$

$100 \text{ k} \| 100 \text{ k} = 50 \text{ k}$

$R_4 + 50 \text{ k} + R_5 = 37 \text{ k} + 50 \text{ k} + 37 \text{ k} = 124 \text{ k}$

$2.2 \text{ k} \| 124 \text{ k} = \dfrac{2.2 \text{ k} \cdot 124 \text{ k}}{2.2 \text{ k} + 124 \text{ k}} = 2.1616 \text{ k}$

$220 \text{ k} \| 2.1616 \text{ k} = \dfrac{220 \text{ k} \cdot 2.1616 \text{ k}}{220 \text{ k} + 2.1616 \text{ k}} = 2.1406 \text{ k}$

$91 \text{ k} \| 2.1406 \text{ k} = \dfrac{91 \text{ k} \cdot 2.1406 \text{ k}}{91 \text{ k} + 2.1406 \text{ k}} = 2.0914 \text{ k}\Omega$

42.

$R_{EQ} = 1.5 \text{ k} + 3.7 \text{ k} = 5.2 \text{ k}$

$I = \dfrac{V_B}{R_{EQ}} = \dfrac{6 \text{ V}}{5.2 \text{ k}} = 1.1538 \text{ mA}$

$V_1 = IR_1 = 1.1538 \text{ mA} \cdot 1.5 \text{ k} = 1.7307 \text{ V}$

43.

$I = \dfrac{V_B}{R_2} = \dfrac{9 \text{ V}}{8.7 \text{ k}} = 1.0345 \text{ mA}$

44.

$R_2 \| R_3 = 2.2 \text{ k} \| 2.2 \text{ k} = 1.1 \text{ k}$

$R_{EQ} = R_1 + 1.1 \text{ k} = 5.1 \text{ k} + 1.1 \text{ k} = 6.2 \text{ k}$

$I_1 = \dfrac{V_B}{R_{EQ}} = \dfrac{8.2 \text{ V}}{6.2 \text{ k}} = 1.3226 \text{ mA}$

$V_1 = I_1 R_1 = 1.3226 \text{ mA} \cdot 5.1 \text{ k} = 6.7453 \text{ V}$

$V_3 = 8.2 \text{ V} - V_1 = 8.2 \text{ V} - 6.7453 \text{ V} = 1.4547 \text{ V}$

$P_{R3} = \dfrac{V_3^2}{R_3} = \dfrac{(1.4547 \text{ V})^2}{2.2 \text{ k}} = 0.9619 \text{ mW}$

45.

$R_2 \| R_3 = \dfrac{3.7 \text{ M} \cdot 4.7 \text{ M}}{3.7 \text{ M} + 4.7 \text{ M}} = 2.0702 \text{ M}$

$R_{EQ} = R_1 + 2.0702 \text{ M} + R_2 = 0.091 \text{ M} + 2.0702 \text{ M} + 1.3 \text{ M} = 3.4612 \text{ M}\Omega$

$I_1 = \dfrac{V_B}{R_{EQ}} = \dfrac{22 \text{ V}}{3.4612 \text{ M}\Omega} = 6.3562 \text{ μA}$

$V_1 = I_1 R_1 = 6.3562 \text{ μA} \cdot 0.091 \text{ M}\Omega = 0.5784 \text{ V}$

$V_4 = I_1 R_4 = 6.3562 \text{ μA} \cdot 1.3 \text{ M}\Omega = 8.2631 \text{ V}$

$V_B = V_1 + V_2 + V_4$

$V_2 = V_B - V_1 - V_4 = 22 \text{ V} - 0.5784 \text{ V} - 8.2631 \text{ V} = 13.1585 \text{ V}$

$V_2 = V_3$

$P_{R2} = \dfrac{V_2^2}{R_2} = \dfrac{(13.1585 \text{ V})^2}{3.7 \text{ M}} = 46.7962 \text{ μW}$

$P_{R3} = \dfrac{V_3^2}{R_3} = \dfrac{(13.1585 \text{ V})^2}{4.7 \text{ M}} = 36.8374 \text{ μW}$

46.

$R_2 \| R_3 = \dfrac{2.2 \text{ k} \cdot 4.5 \text{ k}}{2.2 \text{ k} + 4.5 \text{ k}} = 1.4776 \text{ k}$

$R_{EQ} = R_1 + 1.4776 \text{ k} = 1.5 \text{ k} + 1.4776 \text{ k} = 2.9776 \text{ k}\Omega$

$I_1 = \dfrac{V_B}{R_{EQ}} = \dfrac{5 \text{ V}}{2.9776 \text{ k}} = 1.6792 \text{ mA}$

$V_1 = I_1 R_1 = 1.6792 \text{ mA} \cdot 1.5 \text{ k} = 2.5188 \text{ V}$

$V_2 = V_B - V_1 = 5 \text{ V} - 2.5188 \text{ V} = 2.4812 \text{ V}$

$I_{R2} = \dfrac{V_2}{R_2} = \dfrac{2.4812 \text{ V}}{2.2 \text{ k}} = 1.1278 \text{ mA}$

$P_{R2} = V_2 I_{R2} = 2.4812 \text{ V} \cdot 1.1278 \text{ mA} = 2.7983 \text{ mW}$

47.

$R_2 + R_3 + R_4 = 0.9 \text{ k} + 1 \text{ k} + 2.1 \text{ k} = 4 \text{ k}$

$R_{EQ} = 4.3 \text{ k} \| 4 \text{ k} = \dfrac{4.3 \text{ k} \cdot 4 \text{ k}}{4.3 \text{ k} + 4 \text{ k}} = 2.0723 \text{ k}\Omega$

$I_1 = \dfrac{V_B}{R_{EQ}} = \dfrac{9 \text{ V}}{2.0723 \text{ k}\Omega} = 4.3430 \text{ mA}$

$I_{R1} = \dfrac{V_B}{R_1} = \dfrac{9 \text{ V}}{4.3 \text{ k}} = 2.0930 \text{ mA}$

$I_{R2} = I_1 - I_{R1} = 4.3430 \text{ mA} - 2.0930 \text{ mA} = 2.2500 \text{ mA}$

$V_3 = I_{R2} R_3 = 2.2500 \text{ mA} \cdot 1.0 \text{ k} = 2.2500 \text{ V}$

48.

$R_3 + R_4 = 3.3 \text{ k} + 4.7 \text{ k} = 8 \text{ k}$

$R_2 \| 8 \text{ k} = \dfrac{2 \text{ k} \cdot 8 \text{ k}}{2 \text{ k} + 8 \text{ k}} = 1.6 \text{ k}$

$R_{EQ} = R_1 + 1.6 \text{ k} = 0.51 \text{ k} + 1.6 \text{ k} = 2.1100 \text{ k}\Omega$

$I_1 = \dfrac{V_B}{R_{EQ}} = \dfrac{12 \text{ V}}{2.11 \text{ k}} = 5.6872 \text{ mA}$

$V_1 = I_1 R_1 = 5.6872 \text{ mA} \cdot 0.51 \text{ k} = 2.9005 \text{ V}$

$V_2 = V_B - V_1 = 12 \text{ V} - 2.9005 \text{ V} = 9.0995 \text{ V}$

$I_{R2} = \dfrac{V_2}{R_2} = \dfrac{9.0995 \text{ V}}{2 \text{ k}} = 4.5498 \text{ mA}$

$I_{R3} = I_1 - I_{R2} = 5.6872 \text{ mA} - 4.5498 \text{ mA} = 1.1374 \text{ mA}$

$P_B = V_B I_1 = 12 \text{ V} \cdot 5.6872 \text{ mA} = 68.2464 \text{ mW}$

$P_{R1} = V_1 I_1 = 2.9005 \text{ V} \cdot 5.6872 \text{ mA} = 16.4957 \text{ mW}$

$P_{R2} = V_2 I_{R2} = 9.0995 \text{ V} \cdot 4.5498 \text{ mA} = 41.4009 \text{ mW}$

$P_{R3} = I_{R3}^2 R_3 = (1.1374 \text{ mA})^2 \cdot 3.3 \text{ k} = 4.2691 \text{ mW}$

$P_{R4} = I_{R3}^2 R_4 = (1.1374 \text{ mA})^2 \cdot 4.7 \text{ k} = 6.0803 \text{ mW}$

Total power consumed:

$16.4957 \text{ mW} + 41.4009 \text{ mW} + 4.2691 \text{ mW} + 6.0803 \text{ mW} = 68.2460 \text{ mW}$

49.

$R_3 + R_4 + R_5 = 1.5 \text{ M} + 1.5 \text{ M} + 3.3 \text{ M} = 6.3 \text{ M}$

$R_2 \| 6.3 \text{ M} = \dfrac{4.7 \text{ M} \cdot 6.3 \text{ M}}{4.7 \text{ M} + 6.3 \text{ M}} = 2.6918 \text{ M}$

$R_{EQ} = R_1 + 2.6918 \text{ M} + R_6 = 1.5 \text{ M} + 2.6918 \text{ M} + 3.3 \text{ M} = 7.4918 \text{ M}\Omega$

$I_1 = \dfrac{V_B}{R_{EQ}} = \dfrac{6 \text{ V}}{7.4918 \text{ M}} = 0.8009 \text{ μA}$

$V_1 = I_1 R_1 = 0.8009 \text{ μA} \cdot 1.5 \text{ M} = 1.2014 \text{ V}$

$V_6 = I_1 R_6 = 0.8009 \text{ μA} \cdot 3.3 \text{ M} = 2.6430 \text{ V}$

$V_2 = V_B - V_1 - V_6 = 6 \text{ V} - 1.2014 \text{ V} - 2.6430 \text{ V} = 2.1556 \text{ V}$

$I_{R2} = \dfrac{V_2}{R_2} = \dfrac{2.1556 \text{ V}}{4.7 \text{ M}} = 0.4586 \text{ μA}$

$I_{R3} = I_1 - I_{R2} = 0.8009 \text{ μA} - 0.4586 \text{ μA} = 0.3423 \text{ μA}$

$V_3 = I_{R3} R_3 = 0.3423 \text{ μA} \cdot 1.5 \text{ M} = 0.5135 \text{ V}$

$V_4 = I_{R3} R_4 = 0.3423 \text{ μA} \cdot 1.5 \text{ M} = 0.5135 \text{ V}$

$V_5 = I_{R3} R_5 = 0.3423 \text{ μA} \cdot 3.3 \text{ M} = 1.1296 \text{ V}$

50.

$R_3 \| R_4 = 3 \text{ k} \| 3 \text{ k} = 1.5 \text{ k}$

$R_{EQ} = R_1 + R_2 + 1.5 \text{ k} = 2 \text{ k} + 2 \text{ k} + 1.5 \text{ k} = 5.5 \text{ k}\Omega$

$I_1 = \dfrac{V_B}{R_{EQ}} = \dfrac{5.5 \text{ V}}{5.5 \text{ k}\Omega} = 1.0000 \text{ mA}$

$V_1 = I_1 R_1 = 1.0000 \text{ mA} \cdot 2 \text{ k} = 2.0000 \text{ V}$

$V_2 = I_1 R_2 = 1.0000 \text{ mA} \cdot 2 \text{ k} = 2.0000 \text{ V}$

$V_3 = V_B - V_1 - V_2 = 5.5 \text{ V} - 2.0000 \text{ V} - 2.0000 \text{ V} = 1.5000 \text{ V}$

$I_{R3} = \dfrac{V_3}{R_3} = \dfrac{1.5 \text{ V}}{3.0 \text{ k}\Omega} = 0.5000 \text{ mA}$

51.

$R_3 + R_4 + R_5 = 2.4 \text{ k} + 5.1 \text{ k} + 4.7 \text{ k} = 12.2 \text{ k}$

$R_2 \| 12.2 \text{ k} = \dfrac{1.3 \text{ k} \cdot 12.2 \text{ k}}{1.3 \text{ k} + 12.2 \text{ k}} = 1.1748 \text{ k}$

$R_{EQ} = R_1 \| 1.1748 \text{ k} = \dfrac{3.3 \text{ k} \cdot 1.1748 \text{ k}}{3.3 \text{ k} + 1.1748 \text{ k}} = 0.8664 \text{ k}\Omega$

$I_1 = \dfrac{V_B}{R_{EQ}} = \dfrac{4.7 \text{ V}}{0.8664 \text{ k}\Omega} = 5.4247 \text{ mA}$

$I_{R1} = \dfrac{V_B}{R_1} = \dfrac{4.7 \text{ V}}{3.3 \text{ k}\Omega} = 1.4242 \text{ mA}$

$I_{R2} = \dfrac{V_B}{R_2} = \dfrac{4.7 \text{ V}}{1.3 \text{ k}\Omega} = 3.6154 \text{ mA}$

$I_{R5} = I_1 - I_{R1} - I_{R2} = 5.4247 \text{ mA} - 1.4242 \text{ mA} - 3.6154 \text{ mA} = 0.3851 \text{ mA}$

$V_5 = I_{R5} R_5 = 0.3851 \text{ mA} \cdot 4.7 \text{ k} = 1.8100 \text{ V}$

$P_{R5} = V_5 I_{R5} = 1.8100 \text{ V} \cdot 0.3851 \text{ mA} = 0.6970 \text{ mW}$

52.

$\tau = 1.55 \text{ m} \cdot \text{N}$

$m = 565 \text{ g} = 0.565 \text{ kg}$

$r = 16.5 \text{ cm} = 0.165 \text{ m}$

$\omega_0 = 0$

$\omega_f = 4500 \ \dfrac{\text{rev}}{\text{min}} \cdot \dfrac{2\pi \text{ rad}}{\text{rev}} \cdot \dfrac{1 \text{ min}}{60 \text{ s}} = 471 \ \dfrac{\text{rad}}{\text{s}}$

$I = \tfrac{1}{2} m r^2$

$\tau = I\alpha$

$\alpha = \dfrac{\tau}{I} = \dfrac{2\tau}{mr^2} = \dfrac{2 \cdot 1.55 \text{ m} \cdot \text{N}}{0.565 \text{ kg} \cdot (0.165 \text{ m})^2} = 201.5 \ \dfrac{\text{rad}}{\text{s}^2}$

$\boxed{\alpha = 202 \ \dfrac{\text{rad}}{\text{s}^2}}$

$\omega_f = \cancel{\omega_0} + \alpha t$

$t = \dfrac{\omega_f}{\alpha} = \dfrac{471 \ \dfrac{\text{rad}}{\text{s}}}{201.5 \ \dfrac{\text{rad}}{\text{s}^2}} = 2.3 \text{ s}$

53.

$m_{blk} = 2.000$ kg

$L = 2.50$ m

$m_{bul} = 10.0$ g $= 0.0100$ kg

$\theta_f = 47.0°$

$h_f = L - L\cos\theta$

$U_{Gf} = (m_{blk} + m_{bul})gh_f$

$U_{K_0 blk+bul} = U_{Gf}$

$\tfrac{1}{2}(m_{blk} + m_{bul})v_{blk+bul}^2 = (m_{blk} + m_{bul})gh_f$

$v_{blk+bul} = \sqrt{2gL(1-\cos\theta)}$

$m_{bul}v_{0,bul} = (m_{blk} + m_{bul})v_{blk+bul}$

$v_{0,bul} = \dfrac{(m_{blk} + m_{bul})v_{blk+bul}}{m_{bul}} = \dfrac{(m_{blk} + m_{bul})\sqrt{2gL(1-\cos\theta)}}{m_{bul}}$

$v_{0,bul} = \dfrac{(2.010 \text{ kg})\sqrt{2 \cdot 9.80 \, \tfrac{\text{m}}{\text{s}^2} \cdot 2.50 \text{ m} \cdot (1-\cos 47.0°)}}{0.0100 \text{ kg}} = 793 \, \dfrac{\text{m}}{\text{s}}$

54.

$f = 590.0$ kHz $= 5.900 \times 10^5$ Hz

$v = c = 2.9979 \times 10^8 \, \dfrac{\text{m}}{\text{s}}$

$v = \lambda f$

$\lambda = \dfrac{v}{f} = \dfrac{2.9979 \times 10^8 \, \tfrac{\text{m}}{\text{s}}}{5.900 \times 10^5 \text{ Hz}} = 508.1$ m

$\tau = \dfrac{1}{f} = \dfrac{1}{5.900 \times 10^5 \text{ Hz}} = 1.695 \times 10^{-6}$ s $= 1.695$ μs

55.

$r_1 = 5.0$ m

$\text{SPL}_1 = \beta_1 = 66$ dB(SPL)

$r_2 = 1.5$ m

$\beta_1 = 10\log\dfrac{I_1}{I_0}$

$\dfrac{\beta_1}{10} = \log\dfrac{I_1}{I_0}$

$10^{\frac{\beta_1}{10}} = \dfrac{I_1}{I_0}$

$I_1 = 10^{\frac{\beta_1}{10}} \cdot 10^{-12} \; \dfrac{\text{W}}{\text{m}^2} = 10^{\frac{66}{10}} \cdot 10^{-12} \; \dfrac{\text{W}}{\text{m}^2} = 3.98\times 10^{-6} \; \dfrac{\text{W}}{\text{m}^2}$

$I_2 = I_1 \dfrac{r_1^2}{r_2^2} = 3.98\times 10^{-6} \; \dfrac{\text{W}}{\text{m}^2} \cdot \dfrac{(5.0 \text{ m})^2}{(1.5 \text{ m})^2} = 4.42\times 10^{-5} \; \dfrac{\text{W}}{\text{m}^2}$

$\text{SPL}_2 = \beta_2 = 10\log\dfrac{I_2}{I_0} = 10\log\dfrac{4.42\times 10^{-5} \; \dfrac{\text{W}}{\text{m}^2}}{10^{-12} \; \dfrac{\text{W}}{\text{m}^2}} = 76$ dB(SPL)

56.

$h = 29.5$ m

$P_0 = 185$ kPa $= 185{,}000$ Pa

$P = \rho g h + P_0 = 997 \; \dfrac{\text{kg}}{\text{m}^3} \cdot 9.80 \; \dfrac{\text{m}}{\text{s}^2} \cdot 29.5 \text{ m} + 185{,}000 \text{ Pa} = 473{,}000 \text{ Pa} = 473$ kPa

---

57.

$\rho_{pl} = 0.035 \; \dfrac{\text{g}}{\text{cm}^3} = 35 \; \dfrac{\text{kg}}{\text{m}^3}$

$m_{pl} g = F_B$

$F_B = m_w g = \rho_w V_w g$

$\rho_w V_w g = m_{pl} g$

$m_{pl} = \rho_{pl} V_{pl}$

$\rho_w V_w g = \rho_{pl} V_{pl} g$

$\rho_w V_w = \rho_{pl} V_{pl}$

$\dfrac{V_w}{V_{pl}} = \dfrac{\rho_{pl}}{\rho_w} = \dfrac{35 \; \dfrac{\text{kg}}{\text{m}^3}}{998 \; \dfrac{\text{kg}}{\text{m}^3}} = 0.035$

$1 - 0.035 = 0.965 \;\Rightarrow\; 97\%$

Solutions Manual to Accompany Physics: Modeling Nature

Chapter 14

2.

$A = 20.0 \text{ cm} \cdot 30.0 \text{ cm} = 600 \text{ cm}^2 = 0.0600 \text{ m}^2$

$B = 23 \text{ mT} = 0.023 \text{ T}$

$\Phi_B = BA = 0.023 \text{ T} \cdot 0.0600 \text{ m}^2 = 1.4 \times 10^{-3} \text{ Wb} = 1.4 \text{ mWb}$

3.

The plane of the loop makes an angle of 30° with the B-field, so the line through the center of the loop makes a 60° angle with the B-field. The flux through the loop requires the component of B that is perpendicular to the loop, which is $B\cos 60°$.

$A = 20.0 \text{ cm} \cdot 30.0 \text{ cm} = 600 \text{ cm}^2 = 0.0600 \text{ m}^2$

$B = 23 \text{ mT} = 0.023 \text{ T}$

$\theta = 90° - 30.0° = 60°$

$\Phi_B = BA\cos\theta = 0.023 \text{ T} \cdot 0.0600 \text{ m}^2 \cdot \cos 60° = 6.9 \times 10^{-4} \text{ Wb} = 0.69 \text{ mWb}$

4.

$I = 5 \text{ A}$

$B = 5 \times 10^{-5} \text{ T}$

$B = \dfrac{\mu_0 I}{2\pi r}$

$r = \dfrac{\mu_0 I}{2\pi B} = \dfrac{4\pi \times 10^{-7} \frac{\text{N}}{\text{A}^2} \cdot 5 \text{ A}}{2\pi \cdot 5 \times 10^{-5} \text{ T}} = \dfrac{2 \times 10^{-7} \frac{\text{N}}{\text{A}^2} \cdot 5 \text{ A}}{5 \times 10^{-5} \text{ T}} = 0.02 \text{ m} = 2 \text{ cm}$

5.

$r = 25 \text{ cm} = 0.25 \text{ m}$

$l = 125 \text{ cm} = 1.25 \text{ m}$

$I_1 = I_2 = 8.0 \text{ A}$

$F = \dfrac{\mu_0 l I_1 I_2}{2\pi r} = \dfrac{4\pi \times 10^{-7} \frac{\text{N}}{\text{A}^2} \cdot 1.25 \text{ m} \cdot (8.0 \text{ A})^2}{2\pi \cdot 0.25 \text{ m}} = \dfrac{2 \times 10^{-7} \frac{\text{N}}{\text{A}^2} \cdot 1.25 \text{ m} \cdot (8.0 \text{ A})^2}{0.25 \text{ m}} = 6.4 \times 10^{-5} \text{ N}$

6.

$r = \dfrac{25 \text{ cm}}{2} = 12.5 \text{ cm} = 0.125 \text{ m}$

$I_1 = I_2 = 8.0 \text{ A}$

$B_1 = B_2 = \dfrac{\mu_0 I_1}{2\pi r} = \dfrac{4\pi \times 10^{-7} \frac{\text{N}}{\text{A}^2} \cdot 8.0 \text{ A}}{2\pi \cdot 0.125 \text{ m}} = \dfrac{2 \times 10^{-7} \frac{\text{N}}{\text{A}^2} \cdot 8.0 \text{ A}}{0.125 \text{ m}} = 1.3 \times 10^{-5} \text{ T}$

When the currents flow in the same direction, the B-fields in between the wires point in opposite directions. Since they are equal in magnitude, they cancel out. When the currents flow in opposite directions the B-fields point in the same direction, so they add together. Since they are the same magnitude, the B-field strength is double the magnitude of the B-field from one of the wires.

(a) $B = 0$

(b) $B = 2.6 \times 10^{-5}$ T

7. a.

From the previous problem, the B-fields cancel so $B = 0$.

7. b.

The fields point in opposite directions, the total field strength is the difference between their individual strengths.

$r_1 = 5.0$ cm $= 0.05$ m

$r_2 = 20.0$ cm $= 0.200$ m

$I_1 = I_2 = 8.0$ A

$$B_1 = \frac{\mu_0 I_1}{2\pi r_1} = \frac{4\pi \times 10^{-7} \frac{\text{N}}{\text{A}^2} \cdot 8.0 \text{ A}}{2\pi \cdot 0.05 \text{ m}} = \frac{2 \times 10^{-7} \frac{\text{N}}{\text{A}^2} \cdot 8.0 \text{ A}}{0.05 \text{ m}} = 3.2 \times 10^{-5} \text{ T}$$

$$B_2 = \frac{\mu_0 I_2}{2\pi r_2} = \frac{4\pi \times 10^{-7} \frac{\text{N}}{\text{A}^2} \cdot 8.0 \text{ A}}{2\pi \cdot 0.200 \text{ m}} = \frac{2 \times 10^{-7} \frac{\text{N}}{\text{A}^2} \cdot 8.0 \text{ A}}{0.200 \text{ m}} = 8.0 \times 10^{-6} \text{ T}$$

$B_1 - B_2 = 3.2 \times 10^{-5}$ T $- 8.0 \times 10^{-6}$ T $= 2.4 \times 10^{-5}$ T

7. c.

Here the fields point in the same direction, so the total field strength is the sum of the individual strengths.

$r_1 = 15$ cm $= 0.15$ m

$r_2 = 40.0$ cm $= 0.400$ m

$I_1 = I_2 = 8.0$ A

$$B_1 = \frac{\mu_0 I_1}{2\pi r_1} = \frac{4\pi \times 10^{-7} \frac{\text{N}}{\text{A}^2} \cdot 8.0 \text{ A}}{2\pi \cdot 0.15 \text{ m}} = \frac{2 \times 10^{-7} \frac{\text{N}}{\text{A}^2} \cdot 8.0 \text{ A}}{0.15 \text{ m}} = 1.07 \times 10^{-5} \text{ T}$$

$$B_2 = \frac{\mu_0 I_2}{2\pi r_2} = \frac{4\pi \times 10^{-7} \frac{\text{N}}{\text{A}^2} \cdot 8.0 \text{ A}}{2\pi \cdot 0.400 \text{ m}} = \frac{2 \times 10^{-7} \frac{\text{N}}{\text{A}^2} \cdot 8.0 \text{ A}}{0.400 \text{ m}} = 4.0 \times 10^{-6} \text{ T}$$

$B_1 + B_2 = 1.07 \times 10^{-5}$ T $+ 4.0 \times 10^{-6}$ T $= 1.5 \times 10^{-5}$ T

8.

$l = 6.0 \text{ cm} = 0.06 \text{ m}$
$N = 100$
$B = 0.010 \text{ T}$

$B = \dfrac{\mu_0 N I}{l} =$

$I = \dfrac{Bl}{\mu_0 N} = \dfrac{0.010 \text{ T} \cdot 0.06 \text{ m}}{4\pi \times 10^{-7} \cdot 100} = 4.8 \text{ A}$

9. a.

$l = 1.0 \text{ m}$
$N = 2500$
$I = 6.5 \text{ A}$

$B = \dfrac{\mu_0 N I}{l} = \dfrac{4\pi \times 10^{-7} \, \frac{N}{A^2} \cdot 2500 \cdot 6.5 \text{ A}}{1.0 \text{ m}} = 0.0204 \text{ T}$

$\boxed{B = 0.020 \text{ T}}$

9. b.

$r = \dfrac{75 \text{ cm}}{2} = 37.5 \text{ cm} = 0.375 \text{ m}$

$A = \pi r^2 = \pi \cdot (0.375 \text{ m})^2 = 0.442 \text{ m}^2$

$\Phi_B = B \cdot A = 0.0204 \text{ T} \cdot 0.442 \text{ m}^2 = 0.0090 \text{ Wb} = 9.0 \text{ mWb}$

10.

B-field inside the solenoid:

$l = 7.5 \text{ cm} = 0.075 \text{ m}$
$I = 2.0 \text{ A}$
$N = 550$

$B = \dfrac{\mu_0 N I}{l} = \dfrac{4\pi \times 10^{-7} \, \frac{N}{A^2} \cdot 550 \cdot 2.0 \text{ A}}{0.075 \text{ m}} = 1.84 \times 10^{-2} \text{ T}$

Flux through the loop:

$r = \dfrac{1.0 \text{ cm}}{2} = 0.50 \text{ cm} = 0.0050 \text{ m}$

$A = \pi r^2 = \pi \cdot (0.0050 \text{ m})^2 = 7.85 \times 10^{-5} \text{ m}^2$

$\Phi_B = B \cdot A \cos\theta = 1.84 \times 10^{-2} \text{ T} \cdot 7.85 \times 10^{-5} \text{ m}^2 \cdot \cos 55° = 8.3 \times 10^{-7} \text{ Wb} = 0.83 \text{ μWb}$

11.

$I_1 = 2.0$ A

$I_2 = 10.0$ A

$r = 2.00$ cm $= 0.0200$ m

$$\frac{F}{l} = \frac{\mu_0 I_1 I_2}{2\pi r} = \frac{4\pi \times 10^{-7} \frac{\text{N}}{\text{A}^2} \cdot 2.0 \text{ A} \cdot 10.0 \text{ A}}{2\pi \cdot 0.0200 \text{ m}} = \frac{2 \times 10^{-7} \frac{\text{N}}{\text{A}^2} \cdot 2.0 \text{ A} \cdot 10.0 \text{ A}}{0.0200 \text{ m}} = 2.0 \times 10^{-4} \frac{\text{N}}{\text{m}}$$

12. a.

Proton curves toward wall 5, thus rotates in vertical plane, parallel to left wall, CCW as viewed from wall 1.

12. b.

A proton would curve up, thus an electron curves down, toward floor. Thus, curvature is in a vertical plane parallel to wall 5. As viewed from wall 5, rotation is CCW.

12. c.

A proton would curve in a horizontal plane toward wall 2, thus an electron curves toward wall 1. Rotation is in a plane parallel to ceiling, CCW as viewed from ceiling.

12. d.

Proton curves toward wall 2, thus rotates in vertical plane parallel to wall 5. As viewed from wall 5 rotation is CW.

13. a.

$B = 1.1$ T

$q = 3.0$ μC $= 3.0 \times 10^{-6}$ C

$v = 345 \, \frac{\text{m}}{\text{s}}$

$\theta = 45°$

$F = qvB\sin\theta = 3.0 \times 10^{-6} \text{ C} \cdot 345 \, \frac{\text{m}}{\text{s}} \cdot 1.1 \text{ T} \cdot \sin 45° = 8.1 \times 10^{-4}$ N

Direction is into the page.

13. b.

$B = 4.5$ mT $= 0.0045$ T

$q = 35.5$ mC $= 0.0355$ C

$v = 17{,}500 \, \frac{\text{m}}{\text{s}}$

$\theta = 70°$

$F = qvB\sin\theta = 0.0355 \text{ C} \cdot 17{,}500 \, \frac{\text{m}}{\text{s}} \cdot 0.0045 \text{ T} \cdot \sin 70° = 2.6$ N

For a positive charge, direction would be out of the page. Since charge is negative, direction is into the page.

Solutions Manual to Accompany Physics: Modeling Nature

13. c.

$B = 2.75 \times 10^{-4}$ T

$q = 25.0 \ \mu C = 2.50 \times 10^{-5}$ C

$v = 1.5 \times 10^5 \ \dfrac{m}{s}$

$\theta = 150°$

$F = qvB\sin\theta = 2.50 \times 10^{-5} \ C \cdot 1.5 \times 10^5 \ \dfrac{m}{s} \cdot 2.75 \times 10^{-4} \ T \cdot \sin 150° = 5.2 \times 10^{-4}$ N

Direction is out of the page.

14.

$\theta = 90°$

$q = -1.6 \times 10^{-19}$ C

$v = 0.0100 \cdot 2.9979 \times 10^8 \ \dfrac{m}{s} = 2.998 \times 10^6 \ \dfrac{m}{s}$

$F = 2.3 \times 10^{-12}$ N

$F = qvB$

$B = \dfrac{F}{qv} = \dfrac{2.3 \times 10^{-12} \ N}{1.6 \times 10^{-19} \ C \cdot 2.998 \times 10^6 \ \dfrac{m}{s}} = 4.8$ T

15.

$v = 1.05 \times 10^5 \ \dfrac{m}{s}$

$r = \dfrac{67.5 \ cm}{2} = 33.75 \ cm = 0.3375 \ m$

$B = 0.575$ T

$qvB = \dfrac{mv^2}{r}$

$\dfrac{q}{m} = \dfrac{v}{Br} = \dfrac{1.05 \times 10^5 \ \dfrac{m}{s}}{0.575 \ T \cdot 0.3375 \ m} = 5.41 \times 10^5 \ \dfrac{C}{kg}$

16.

$r = \dfrac{6.0 \text{ cm}}{2} = 3.0 \text{ cm} = 0.030 \text{ m}$

$A = \pi r^2 = \pi \cdot (0.030 \text{ m})^2 = 2.83 \times 10^{-3} \text{ m}^2$

$N = 125$

$I = 3.5 \text{ A}$

$B = 1.0 \text{ T}$

For $\theta = 0°$

$\tau = ANIB \sin 0° = 0$

For $\theta = 45°$

$\tau = ANIB \sin 45° = 2.83 \times 10^{-3} \text{ m}^2 \cdot 125 \cdot 3.5 \text{ A} \cdot 1.0 \text{ T} \cdot \sin 45° = 0.88 \text{ m} \cdot \text{N}$

For $\theta = 90°$

$\tau = ANIB \sin 90° = 2.83 \times 10^{-3} \text{ m}^2 \cdot 125 \cdot 3.5 \text{ A} \cdot 1.0 \text{ T} \cdot \sin 90° = 1.24 \text{ m} \cdot \text{N}$

17.

$\mu = 2.0 \dfrac{\text{m} \cdot \text{N}}{\text{T}}$

$B = 0.25 \text{ T}$

$\theta = 35°$

$\tau = \mu B \sin \theta = 2.0 \dfrac{\text{m} \cdot \text{N}}{\text{T}} \cdot 0.25 \text{ T} \cdot \sin 35° = 0.29 \text{ m} \cdot \text{N}$

18.

$r = \dfrac{15.0 \text{ cm}}{2} = 7.50 \text{ cm} = 0.0750 \text{ m}$

$A = \pi r^2 = \pi \cdot (0.0750 \text{ m})^2 = 0.0177 \text{ m}^2$

$I = 3.0 \text{ A}$

$B = 0.25 \text{ T}$

$N = 1$

$\theta = 90°$

$\tau = ANIB \sin \theta = 0.0177 \text{ m}^2 \cdot 1 \cdot 3.0 \text{ A} \cdot 0.25 \text{ T} \cdot \sin 90° = 0.013 \text{ m} \cdot \text{N}$

19.

$I = 25 \text{ A}$

$B = 9.1 \times 10^{-4} \text{ T}$

$l = 5.0 \text{ m}$

$F = BIl = 9.1 \times 10^{-4} \text{ T} \cdot 25 \text{ A} \cdot 5.0 \text{ m} = 0.11 \text{ N}$

22. a.

$N = 5$

$r = \dfrac{10.0 \text{ cm}}{2} = 5.00 \text{ cm} = 0.0500 \text{ m}$

$A = \pi r^2 = \pi \cdot (0.0500 \text{ m})^2 = 0.00785 \text{ m}^2$

$B_0 = 55 \text{ mT} = 0.055 \text{ T}$

$B_f = 10.0 \text{ mT} = 0.010 \text{ T}$

$\Delta t = 2.0 \text{ s}$

$\Phi_{B,0} = B_0 \cdot A = 0.055 \text{ T} \cdot 0.00785 \text{ m}^2 = 4.32 \times 10^{-4} \text{ Wb}$

$\Phi_{B,f} = B_f \cdot A = 0.010 \text{ T} \cdot 0.00785 \text{ m}^2 = 7.85 \times 10^{-5} \text{ Wb}$

$\text{EMF} = -N \dfrac{\Delta \Phi_B}{\Delta t} = -5 \cdot \dfrac{7.85 \times 10^{-5} \text{ Wb} - 4.32 \times 10^{-4} \text{ Wb}}{2.0 \text{ s}} = 8.8 \times 10^{-4} \text{ V}$

22. b.

$\Delta t = 0.0167 \text{ s}$

$\text{EMF} = -N \dfrac{\Delta \Phi_B}{\Delta t} = -5 \cdot \dfrac{7.85 \times 10^{-5} \text{ Wb} - 4.32 \times 10^{-4} \text{ Wb}}{0.0167 \text{ s}} = 0.11 \text{ V}$

23.

$N = 5$

$r = \dfrac{10.0 \text{ cm}}{2} = 5.00 \text{ cm} = 0.0500 \text{ m}$

$A = \pi r^2 = \pi \cdot (0.0500 \text{ m})^2 = 0.00785 \text{ m}^2$

$B_0 = 55 \text{ mT} = 0.055 \text{ T}$

$B_f = 0 \text{ T}$

$\Delta t = 0.25 \text{ s}$

$\Phi_{B,0} = B_0 \cdot A = 0.055 \text{ T} \cdot 0.00785 \text{ m}^2 = 4.32 \times 10^{-4} \text{ Wb}$

$\Phi_{B,f} = 0 \text{ Wb}$

$\text{EMF} = -N \dfrac{\Delta \Phi_B}{\Delta t} = -5 \cdot \dfrac{0 \text{ Wb} - 4.32 \times 10^{-4} \text{ Wb}}{0.25 \text{ s}} = 8.6 \times 10^{-3} \text{ V}$

24.

$N = 425$

$A = 25.0 \text{ cm} \cdot 25.0 \text{ cm} = 625 \text{ cm}^2 = 0.0625 \text{ m}^2$

$\Delta t = 0.150 \text{ s}$

EMF $= 2.50$ mV $= 0.00250$ V

$\text{EMF} = -N \dfrac{\Delta \Phi_B}{\Delta t}$

$\Delta \Phi_B = \Phi_B = \dfrac{\text{EMF} \cdot \Delta t}{N} = \dfrac{0.00250 \text{ V} \cdot 0.150 \text{ s}}{425} = 8.824 \times 10^{-7} \text{ Wb}$

$B = \dfrac{\Phi_B}{A} = \dfrac{8.824 \times 10^{-7} \text{ Wb}}{0.0625 \text{ m}^2} = 1.41 \times 10^{-5} \text{ T}$

25.

$N = 1$

$r = \dfrac{35.0 \text{ cm}}{2} = 17.5 \text{ cm} = 0.175 \text{ m}$

$A = \pi r^2 = \pi \cdot (0.175 \text{ m})^2 = 0.0962 \text{ m}^2$

$\Delta t = 0.10 \text{ s}$

EMF $= 25$ μV $= 2.5 \times 10^{-5}$ V

$\text{EMF} = -N \dfrac{\Delta \Phi_B}{\Delta t}$

$\Delta \Phi_B = \Phi_B = \dfrac{\text{EMF} \cdot \Delta t}{N} = \dfrac{2.5 \times 10^{-5} \text{ V} \cdot 0.10 \text{ s}}{1} = 2.50 \times 10^{-6} \text{ Wb}$

$B = \dfrac{\Phi_B}{A} = \dfrac{2.50 \times 10^{-6} \text{ Wb}}{0.0962 \text{ m}^2} = 2.6 \times 10^{-5} \text{ T}$

28.

$V_P = 120 \text{ V}$

$V_S = 13.5 \text{ kV} = 13{,}500 \text{ V}$

$\dfrac{V_S}{V_P} = \dfrac{N_S}{N_P}$

$\dfrac{N_S}{N_P} = \dfrac{V_S}{V_P} = \dfrac{13{,}500 \text{ V}}{120 \text{ V}} = 112.5$

$\boxed{\dfrac{N_S}{N_P} = 110}$

29.

$V_P = 5.55 \text{ mV} = 0.00555 \text{ V}$

$V_S = 1.10 \text{ V}$

$N_P = 325$

$\dfrac{V_S}{V_P} = \dfrac{N_S}{N_P}$

$\dfrac{N_S}{N_P} = \dfrac{V_S}{V_P} = \dfrac{1.10 \text{ V}}{0.00555 \text{ V}} = 198.2$

$\boxed{\dfrac{N_S}{N_P} = 198}$

$N_S = N_P \dfrac{N_S}{N_P} = 325 \cdot 198.2 = 64,400$

30.

$V_P = 25 \text{ V}$

$I_P = 1.5 \text{ A}$

$I_S = 225 \text{ mA} = 0.225 \text{ A}$

$\dfrac{V_S}{V_P} = \dfrac{I_P}{I_S}$

$V_S = V_P \dfrac{I_P}{I_S} = 25 \text{ V} \cdot \dfrac{1.5 \text{ A}}{0.225 \text{ A}} = 170 \text{ V}$

31.

eff $= 0.98$

$P_S = 825 \text{ kW} = 825,000 \text{ W}$

$V_S = 240 \text{ V}$

$V_P = 6.2 \text{ kV} = 6200 \text{ V}$

$N_S = 456$

$P_P \cdot 0.98 = P_S$

$P_P = \dfrac{P_S}{0.98} = \dfrac{825,000 \text{ W}}{0.98} = 841,800 \text{ W}$

$P_P = V_P I_P$

$I_P = \dfrac{P_P}{V_P} = \dfrac{841,800 \text{ W}}{6200 \text{ V}} = 136 \text{ A}$

$\boxed{I_P = 140 \text{ A}}$

$\dfrac{V_S}{V_P} = \dfrac{N_S}{N_P}$

$N_P = N_S \dfrac{V_P}{V_S} = 456 \cdot \dfrac{6200 \text{ V}}{240 \text{ V}} = 11,780$

$\boxed{N_P = 12,000}$

32.

$\dfrac{N_S}{N_P} = 27$

eff $= 0.99$

$V_P = 12.0$ V

$I_P = 67$ mA $= 0.067$ A

$\dfrac{V_S}{V_P} = \dfrac{N_S}{N_P}$

$V_S = V_P \dfrac{N_S}{N_P} = 12.0 \text{ V} \cdot 27 = 324$ V

$\boxed{V_S = 320 \text{ V}}$

$P_P = V_P I_P$

$P_S = 0.99 P_P = 0.99 V_P I_P$

$I_S = \dfrac{P_S}{V_S} = \dfrac{0.99 V_P I_P}{V_S} = \dfrac{0.99 \cdot 12.0 \text{ V} \cdot 0.067 \text{ A}}{324 \text{ V}} = 0.0025$ A $= 2.5$ mA

---

33. a.

$A = 491 \text{ cm}^2 = 0.0491 \text{ m}^2$

$N = 1250$

$l = 5.00 \text{ cm} = 0.0500 \text{ m}$

$L = \dfrac{\mu_0 N^2 A}{l} = \dfrac{4\pi \times 10^{-7} \; \dfrac{\text{N}}{\text{A}^2} \cdot 1250^2 \cdot 0.0491 \text{ m}^2}{0.0500 \text{ m}} = 1.928$ H

$\boxed{L = 1.93 \text{ H}}$

---

33. b.

$I = 50.0 \text{ mA} = 0.0500 \text{ A}$

$U_L = \tfrac{1}{2} L I^2 = 0.5 \cdot 1.928 \text{ H} \cdot (0.0500 \text{ A})^2 = 2.41 \times 10^{-3}$ J $= 2.41$ mJ

34.

$$r = \frac{10.0 \text{ cm}}{2} = 5.00 \text{ cm} = 0.0500 \text{ m}$$
$$A = \pi r^2 = \pi \cdot (0.0500 \text{ m})^2 = 7.85 \times 10^{-3} \text{ m}^2$$
$$l = 1.0 \text{ cm} = 0.010 \text{ m}$$
$$L = 15 \text{ mH} = 0.015 \text{ H}$$
$$L = \frac{\mu_0 N^2 A}{l}$$
$$N = \sqrt{\frac{lL}{\mu_0 A}} = \sqrt{\frac{0.010 \text{ m} \cdot 0.015 \text{ H}}{4\pi \times 10^{-7} \frac{\text{N}}{\text{A}^2} \cdot 7.85 \times 10^{-3} \text{ m}^2}} = 123$$
$$\boxed{N = 120}$$

35.

$$U_L = 17 \text{ mJ} = 0.017 \text{ J}$$
$$I = 150 \text{ mA} = 0.150 \text{ A}$$
$$N = 1225$$
$$l = 4.0 \text{ cm} = 0.040 \text{ m}$$
$$L = \frac{\mu_0 N^2 A}{l}$$
$$A = \frac{Ll}{\mu_0 N^2}$$
$$U_L = \tfrac{1}{2} L I^2$$
$$L = \frac{2 U_L}{I^2}$$
$$A = \frac{2 U_L l}{\mu_0 N^2 I^2} = \frac{2 \cdot 0.017 \text{ J} \cdot 0.040 \text{ m}}{4\pi \times 10^{-7} \frac{\text{N}}{\text{A}^2} \cdot 1225^2 \cdot (0.150 \text{ A})^2} = 0.0321 \text{ m}^2$$

$$A = \pi \left(\frac{D}{2}\right)^2 = \frac{\pi}{4} D^2$$
$$D = \sqrt{\frac{4A}{\pi}} = \sqrt{\frac{4 \cdot 0.0312 \text{ m}^2}{\pi}} = 0.20 \text{ m}$$

36.

$f = 50$ Hz
$v_{rms} = 240$ V
$v_0 = \sqrt{2} v_{rms}$
$v(t) = v_{rms} \sin 2\pi f t$
$v(t) = (\sqrt{2} \cdot 240 \text{ V}) \sin(2\pi \cdot 50 t)$
$v(t) = (\sqrt{2} \cdot 240 \text{ V}) \sin 100\pi t$

37.

$v_{rms} = 4.5$ V
$f = 1.2$ kHz $= 1200$ Hz
$i_{rms} = 13$ μA $= 1.3 \times 10^{-5}$ A
$v(t) = (\sqrt{2} \cdot 4.5 \text{ V}) \sin(2\pi \cdot 1200 \cdot t) = (\sqrt{2} \cdot 4.5 \text{ V}) \sin 2400\pi t$
$i(t) = (\sqrt{2} \cdot 1.3 \times 10^{-5} \text{ A}) \cos 2400\pi t$

38.

$v_{rms} = 120$ V
$R = 960$ Ω
$v_{peak} = \sqrt{2} \cdot v_{rms} = \sqrt{2} \cdot 120 \text{ V} = 170$ V
$i_{rms} = \dfrac{v_{rms}}{R} = \dfrac{120 \text{ V}}{960 \text{ Ω}} = 0.125$ A
$i_{peak} = \sqrt{2} \cdot i_{rms} = \sqrt{2} \cdot 0.125 \text{ A} = 0.18$ A

39.

$i_{rms} = 0.755$ mA $= 7.55 \times 10^{-4}$ A
$R = 14.4$ kΩ $= 14,400$ Ω
$v_{rms} = i_{rms} R = 7.55 \times 10^{-4}$ A $\cdot 14,400$ Ω $= 10.87$ V
$\boxed{v_{rms} = 10.9 \text{ V}}$
$i_{peak} = \sqrt{2} \cdot i_{rms} = \sqrt{2} \cdot 7.55 \times 10^{-4}$ A $= 1.07 \times 10^{-3}$ A $= 1.07$ mA
$v_{peak} = \sqrt{2} \cdot v_{rms} = \sqrt{2} \cdot 10.87$ V $= 15.4$ V
$P = v_{rms} i_{rms} = 10.87$ V $\cdot 7.55 \times 10^{-4}$ A $= 8.21 \times 10^{-3}$ W $= 8.21$ mW

40.

$\tau = RC = 9.0$ s

$R = 150$ k$\Omega = 1.5 \times 10^5$ Ω

$C = \dfrac{\tau}{R} = \dfrac{9.0 \text{ s}}{1.5 \times 10^5 \text{ }\Omega} = 6.0 \times 10^{-5}$ F $= 60$ μF

$C = 6.0 \times 10^1$ μF

41.

At one time constant, will have dropped to 0.37 of its initial value, which is close to 1/3.

$R = 10$ k$\Omega = 1 \times 10^5$ Ω

$C = 47$ μF $= 4.7 \times 10^{-5}$ F

$\tau = 4.7 \times 10^{-5}$ F $\cdot 1 \times 10^5$ $\Omega = 4.7$ s

---

42. a.

$V_B = 25$ V

$C = 4200$ μF $= 4.2 \times 10^{-3}$ F

$R = 27$ k$\Omega = 2.7 \times 10^4$ Ω

$\tau = RC = 2.7 \times 10^4$ $\Omega \cdot 4.2 \times 10^{-3}$ F $= 113$ s

$v_C(t) = (25 \text{ V})\left(1 - e^{-t/113 \text{ s}}\right)$

$i(t) = \dfrac{V_B}{R} e^{-t/113 \text{ s}} = \dfrac{25 \text{ V}}{2.7 \times 10^4 \text{ }\Omega} e^{-t/113 \text{ s}} = (9.3 \times 10^{-4} \text{ A}) e^{-t/113 \text{ s}} = (0.93 \text{ mA}) e^{-t/113 \text{ s}}$

---

42. b.

$t = 113$ s

$v_C(t) = (25 \text{ V})\left(1 - e^{-113 \text{ s}/113 \text{ s}}\right) = 16$ V

---

42. c.

$t = 255$ s

$i(t) = (0.93 \text{ mA}) e^{-t/113 \text{ s}} = (0.93 \text{ mA}) e^{-255 \text{ s}/113 \text{ s}} = 0.097$ mA

42. d.

$V_C = 23$ V

$v_C(t) = (25 \text{ V})\left(1 - e^{-t/113 \text{ s}}\right)$

$23 \text{ V} = (25 \text{ V})\left(1 - e^{-t/113 \text{ s}}\right)$

$\dfrac{23 \text{ V}}{25 \text{ V}} = 1 - e^{-t/113 \text{ s}}$

$e^{-t/113 \text{ s}} = 1 - 0.920 = 0.080$

$\ln 0.080 = -\dfrac{t}{113 \text{ s}}$

$t = -113 \text{ s} \cdot \ln 0.080 = 285 \text{ s}$

$\boxed{t = 290 \text{ s}}$

42. e.

$i = 0.0010 \cdot \dfrac{25 \text{ V}}{2.7 \times 10^4 \ \Omega} = 9.26 \times 10^{-7} \text{ A}$

$i(t) = (9.27 \times 10^{-4} \text{ A}) e^{-t/113 \text{ s}}$

$9.26 \times 10^{-7} \text{ A} = (9.26 \times 10^{-4} \text{ A}) e^{-t/113 \text{ s}}$

$0.00100 = e^{-t/113 \text{ s}}$

$\ln 0.00100 = -\dfrac{t}{113 \text{ s}}$

$t = -113 \text{ s} \cdot \ln 0.00100 = 780 \text{ s}$

42. f.

$t = 450$ s

$v_C(t) = (25 \text{ V})\left(1 - e^{-t/113 \text{ s}}\right) = (25 \text{ V})\left(1 - e^{-450 \text{ s}/113 \text{ s}}\right) = 24.5 \text{ V}$

$U_C = \tfrac{1}{2}CV^2 = 0.5 \cdot 4.2 \times 10^{-3} \text{ F} \cdot (24.5 \text{ V})^2 = 1.3 \text{ J}$

43. a.

$R = 89 \text{ k}\Omega = 89{,}000 \ \Omega$

$V_0 = 6.5$ V

$i_0 = \dfrac{V_0}{R} = \dfrac{6.5 \text{ V}}{89{,}000 \ \Omega} = 7.3 \times 10^{-5} \text{ A} = 73 \ \mu\text{A}$

43. b.

$C = 62\ \mu\text{F} = 6.2 \times 10^{-5}\ \text{F}$

$\tau = RC = 89{,}000\ \Omega \cdot 6.2 \times 10^{-5}\ \text{F} = 5.518\ \text{s}$

$v_C(t) = (6.5\ \text{V})e^{-t/5.5\ \text{s}}$

$i(t) = -(7.3\ \mu\text{A})e^{-t/5.5\ \text{s}}$

43. c.

$t = 5\tau = 5 \cdot 5.518\ \text{s} = 28\ \text{s}$

43. d.

$v_C = 1.5\ \text{V}$

$v_C(t) = (6.5\ \text{V})e^{-t/5.518\ \text{s}}$

$1.5\ \text{V} = (6.5\ \text{V})e^{-t/5.518\ \text{s}}$

$0.231 = e^{-t/5.518\ \text{s}}$

$\ln 0.231 = -\dfrac{t}{5.518\ \text{s}}$

$t = -5.518\ \text{s} \cdot \ln 0.231 = 8.1\ \text{s}$

43. e.

$v_C = 1.5\ \text{V}$

$C = \dfrac{q}{v_C}$

$q = Cv_C = 6.2 \times 10^{-5}\ \text{F} \cdot 1.5\ \text{V} = 9.5 \times 10^{-5}\ \text{C}$

44.

$1 - e^{-3\tau/\tau} = 1 - e^{-3} = 0.95$

95%

45.

$1 - e^{-t/\tau} = 0.98$

$0.02 = e^{-t/\tau}$

$\ln 0.02 = -\dfrac{t}{\tau}$

$\dfrac{t}{\tau} = -\ln 0.02 = 3.9$

$t = 3.9\tau$

46.

$V_B = 9.0$ V

$R = 890\ \Omega$

$L = 680$ mH $= 0.68$ H

$\tau = \dfrac{L}{R} = \dfrac{0.68\text{ H}}{890\ \Omega} = 7.64 \times 10^{-4}$ s

$t = 2.00$ ms $= 0.00200$ s

$i_0 = \dfrac{V_B}{R} = \dfrac{9.0\text{ V}}{890\ \Omega} = 0.0101$ A

$i(t) = i_0 e^{-t/\tau} = 0.0101\text{ A} \cdot e^{-0.00200\text{ s}/7.64\times 10^{-4}\text{ s}} = 0.00074$ A $= 0.74$ mA

47.

$C = 47.0\ \mu\text{F} = 4.70 \times 10^{-5}$ F

$L = 13.5$ mH $= 0.0135$ H

$\omega_0 = \dfrac{1}{\sqrt{LC}} = \dfrac{1}{\sqrt{0.0135\text{ H} \cdot 4.70 \times 10^{-5}\text{ F}}} = 1255\ \dfrac{\text{rad}}{\text{s}}$

$f = \dfrac{\omega}{2\pi}\text{ Hz} = \dfrac{1255\ \frac{\text{rad}}{\text{s}}}{2\pi}\text{ Hz} = 200$ Hz

$\boxed{f = 2.00 \times 10^2\text{ Hz}}$

48.

$U_{L,\max} = U_{C,\max}$

$\tfrac{1}{2} L I_{\max}^2 = \tfrac{1}{2} C V_0^2$

$L I_{\max}^2 = C V_0^2$

$I_{\max} = \sqrt{\dfrac{C V_0^2}{L}} = V_0 \cdot \sqrt{\dfrac{C}{L}}$

51.

In (A), throwing the switch causes an increasing flux to the right. The secondary flux will thus be to the left. This requires the current to enter the meter from the right, which is positive. Thus, the current goes as

In (B), throwing the switch causes an decreasing flux to the left. The secondary flux will thus be to the left. This requires the current to enter the meter from the right, which is positive. Thus, the current goes as

In (C), both the battery polarity and the direction the primary coil is wound have been reversed from (A), so the situation in the primary coil is the same as (A). Throwing the switch causes an increasing flux to the left. The secondary flux will thus be to the right. The secondary coil winding is also reversed from (A). To get a flux to the right in the secondary coil requires the current to enter the meter from the right, which is positive. Thus, the current goes as

53.

$SPL_1 = 95$ db(SPL)

$SPL_2 = 89$ db(SPL)

$SPL_2 - SPL_1 = -6$ db(SPL)

$-6 = 10 \log \dfrac{I_2}{I_1}$

$-0.6 = \log \dfrac{I_2}{I_1}$

$10^{-0.6} = \dfrac{I_2}{I_1} = 0.25$

$I_2 = 0.25 I_1$

(a 75% reduction)

54.

$R_2 \| R_2 = \dfrac{0.89 \cdot 1.3}{0.89 + 1.3} = 0.5283$ k

$R_{EQ} = R_1 + 0.5283 \text{ k} + R_3 = 3.3 \text{ k} + 0.5283 \text{ k} + 4.3 \text{ k} = 8.1283$ k

$I_1 = \dfrac{V_B}{R_{EQ}} = \dfrac{5.4 \text{ V}}{8.1283 \text{ k}} = 0.6643$ mA

$V_1 = I_1 R_1 = 0.6643 \text{ mA} \cdot 3.3 \text{ k} = 2.1922$ V

$V_4 = I_1 R_4 = 0.6643 \text{ mA} \cdot 4.3 \text{ k} = 2.8565$ V

$V_3 = V_B - V_1 - V_4 = 5.4 \text{ V} - 2.1922 \text{ V} - 2.8565 \text{ V} = \boxed{0.3513 \text{ V}}$

$I = \dfrac{V_3}{R_3} = \dfrac{0.3513 \text{ V}}{1.3 \text{ k}} = \boxed{0.2702 \text{ mA}}$

$P = V_3 I = 0.3513 \text{ V} \cdot 0.2702 \text{ mA} = \boxed{0.0949 \text{ mW}}$

55.

We need to calculate the quantity of heat collected per minute. Then we apply this quantity of heat and the given ΔT to determine the mass of water. Finally, we use the density equation to convert this mass to a volume.

Chapter 14

$A = 1.0 \text{ m} \cdot 3.5 \text{ m} = 3.5 \text{ m}^2$

$U = 625 \dfrac{\text{W}}{\text{m}^2} \cdot 3.5 \text{ m}^2 = 2188 \text{ W} \cdot \dfrac{60 \text{ s}}{1 \text{ min}} = 1.313 \times 10^5 \dfrac{\text{J}}{\text{min}}$

$Q = U$

$Q = c_p m \Delta T$

$m = \dfrac{Q}{c_p \Delta T} = \dfrac{1.313 \times 10^5 \text{ J}}{4182 \dfrac{\text{J}}{\text{kg} \cdot \text{K}} \cdot 36 \text{ K}} = 0.8721 \text{ kg}$

Using the density of water at 50°C from Table A.6 in the text:

$V = \dfrac{m}{\rho} = \dfrac{0.8721 \text{ kg}}{988.0 \dfrac{\text{kg}}{\text{m}^3}} = 8.83 \times 10^{-4} \text{ m}^3 = 0.88 \text{ L}$

56.

We first determine the initial kinetic energy in the disk. Then we use 78% of this value and calculate the temperature rise in the given mass of aluminum.

$\omega_0 = 12.0 \dfrac{\text{rev}}{\text{s}} \cdot \dfrac{2\pi}{\text{rev}} = 75.40 \dfrac{\text{rad}}{\text{s}}$

$\omega_f = 0$

$r = \dfrac{15.0 \text{ cm}}{2} = 7.50 \text{ cm} = 0.0750 \text{ m}$

$m = 36.0 \text{ kg}$

$U_K = \tfrac{1}{2} I \omega_0^2 = \tfrac{1}{2} \cdot \tfrac{1}{2} m r^2 \omega_0^2 = \dfrac{m r^2 \omega_0^2}{4} = \dfrac{36.0 \text{ kg} \cdot (0.0750 \text{ m})^2 \cdot \left(75.40 \dfrac{\text{rad}}{\text{s}}\right)^2}{4} = 287.8 \text{ J}$

$Q = 0.78 U_K = 224.5 \text{ J}$

$Q = c_p m \Delta T$

$\Delta T = \dfrac{Q}{c_p m} = \dfrac{224.5 \text{ J}}{897 \dfrac{\text{J}}{\text{kg} \cdot \text{K}} \cdot 36.0 \text{ kg}} = 0.0070 \text{ K} = 0.0070°\text{C}$

57.

$A = 4.00 \text{ mm} \cdot 4.00 \text{ mm} = 16.0 \text{ mm}^2 = 1.6 \times 10^{-5} \text{ m}^2$

$d = 75.0 \text{ μm} = 7.50 \times 10^{-5} \text{ m}$

$V = 17.0 \text{ V}$

$C = \dfrac{\varepsilon_r \varepsilon_0 A}{d} = \dfrac{2.1 \cdot 8.85 \times 10^{-12} \dfrac{\text{C}^2}{\text{N} \cdot \text{m}^2} \cdot 1.6 \times 10^{-5} \text{ m}^2}{7.50 \times 10^{-5} \text{ m}} = 4.0 \times 10^{-12} \text{ F} = 4.0 \text{ pF}$

$U_C = \tfrac{1}{2} C V^2 = 0.5 \cdot 4.0 \times 10^{-12} \text{ F} \cdot (17.0 \text{ V})^2 = 5.8 \times 10^{-10} \text{ J}$

Chapter 15

8.

Convex mirrors always produce upright, virtual, minified images. Use the mirror equation to solve for d_i and then compute the magnification.

$f = -8.00 \text{ in} \cdot \dfrac{1 \text{ ft}}{12 \text{ in}} = -0.6667 \text{ ft}$

$d_o = 25.0 \text{ ft}$

$y_o = 4.50 \text{ ft}$

$\dfrac{1}{f} = \dfrac{1}{d_o} + \dfrac{1}{d_i}$

$\dfrac{1}{d_i} = \dfrac{1}{f} - \dfrac{1}{d_o} = \dfrac{d_o}{d_o f} - \dfrac{f}{d_o f} = \dfrac{d_o - f}{d_o f}$

$d_i = \dfrac{d_o f}{d_o - f} = \dfrac{25.0 \text{ ft} \cdot (-0.6667 \text{ ft})}{25.0 \text{ ft} + 0.6667 \text{ ft}} = -0.6494 \text{ ft} = -7.79 \text{ in}$

$M = -\dfrac{d_i}{d_o} = -\dfrac{(-0.6494 \text{ ft})}{25.0 \text{ ft}} = 0.02598$

$y_i = My_o = 0.02598 \cdot 4.50 \text{ ft} = 0.1169 \text{ ft} = 1.40 \text{ in}$

Thus, the driver sees an upright image 1.40 in tall.

9.

$d_o = 60.0 \text{ cm}$

$R = 85 \text{ cm}$

$f = -\dfrac{R}{2} = -\dfrac{85 \text{ cm}}{2} = -42.5 \text{ cm}$

$\dfrac{1}{f} = \dfrac{1}{d_o} + \dfrac{1}{d_i}$

$\dfrac{1}{d_i} = \dfrac{1}{f} - \dfrac{1}{d_o} = \dfrac{d_o}{d_o f} - \dfrac{f}{d_o f} = \dfrac{d_o - f}{d_o f}$

$d_i = \dfrac{d_o f}{d_o - f} = \dfrac{60.0 \text{ cm} \cdot (-42.5 \text{ cm})}{60.0 \text{ cm} + 42.5 \text{ cm}} = -24.9 \text{ cm}$

$\boxed{d_i = -25 \text{ cm}}$

$M = -\dfrac{d_i}{d_o} = -\dfrac{(-24.9 \text{ cm})}{60.0 \text{ cm}} = 0.42$

The image is virtual since d_i is negative and upright since M is positive.

Chapter 15

10.

$f = 6.0 \text{ m}$

$y_o = 5.5 \text{ ft} \cdot \dfrac{0.3048 \text{ m}}{\text{ft}} = 1.68 \text{ m}$

$d_o = 2.0 \text{ m}$

$\dfrac{1}{f} = \dfrac{1}{d_o} + \dfrac{1}{d_i}$

$\dfrac{1}{d_i} = \dfrac{1}{f} - \dfrac{1}{d_o} = \dfrac{d_o}{d_o f} - \dfrac{f}{d_o f} = \dfrac{d_o - f}{d_o f}$

$d_i = \dfrac{d_o f}{d_o - f} = \dfrac{2.0 \text{ m} \cdot 6.0 \text{ m}}{2.0 \text{ m} - 6.0 \text{ m}} = -3.0 \text{ m}$

$M = -\dfrac{d_i}{d_o} = -\dfrac{(-3.0 \text{ m})}{2.0 \text{ m}} = 1.5$

$y_i = M y_o = 1.5 \cdot 1.68 \text{ m} = 2.5 \text{ m}$

You will see an upright reflection 2.5 m tall.

11.

$y_o = 3.50 \text{ cm}$

$d_o = 52.0 \text{ cm}$

$R = 13.0 \text{ cm}$

$f = \dfrac{R}{2} = \dfrac{13.0 \text{ cm}}{2} = 6.50 \text{ cm}$

$\dfrac{1}{f} = \dfrac{1}{d_o} + \dfrac{1}{d_i}$

$\dfrac{1}{d_i} = \dfrac{1}{f} - \dfrac{1}{d_o} = \dfrac{d_o}{d_o f} - \dfrac{f}{d_o f} = \dfrac{d_o - f}{d_o f}$

$d_i = \dfrac{d_o f}{d_o - f} = \dfrac{52.0 \text{ cm} \cdot 6.50 \text{ cm}}{52.0 \text{ cm} - 6.50 \text{ cm}} = 7.429 \text{ cm}$

$\boxed{d_i = 7.43 \text{ cm}}$

$M = -\dfrac{d_i}{d_o} = -\dfrac{7.429 \text{ cm}}{52.0 \text{ cm}} = -0.1429$

$y_i = M y_o = -0.1429 \cdot 3.50 \text{ cm} = -0.500 \text{ cm}$

M and y_i are negative, so the image is inverted. Since d_i is positive, the image is real (in front of the mirror).

12.

$f = 52.0$ cm

$d_i = 135$ cm

$$\frac{1}{f} = \frac{1}{d_o} + \frac{1}{d_i}$$

$$\frac{1}{d_o} = \frac{1}{f} - \frac{1}{d_i} = \frac{d_i}{d_i f} - \frac{f}{d_i f} = \frac{d_i - f}{d_i f}$$

$$d_o = \frac{d_i f}{d_i - f} = \frac{135 \text{ cm} \cdot 52.0 \text{ cm}}{135 \text{ cm} - 52.0 \text{ cm}} = 84.5 \text{ cm}$$

15.

$f = -100$ mm $= -0.1$ m

$d_o = 10$ m

$$\frac{1}{f} = \frac{1}{d_o} + \frac{1}{d_i}$$

$$\frac{1}{d_i} = \frac{1}{f} - \frac{1}{d_o} = \frac{d_o}{d_o f} - \frac{f}{d_o f} = \frac{d_o - f}{d_o f}$$

$$d_i = \frac{d_o f}{d_o - f} = \frac{10 \text{ m} \cdot (-0.1 \text{ m})}{10 \text{ m} + 0.1 \text{ m}} = -0.099 \text{ m}$$

$$M = -\frac{d_i}{d_o} = -\frac{-0.099 \text{ m}}{10 \text{ m}} = 0.01$$

The image will be 1% of the size of the tree. The image is upright since M is positive. Since this is a diverging lens, the image is virtual.

16.

$f = 250.0$ mm $= 0.2500$ m

$d_o = 3.88$ m

$$\frac{1}{f} = \frac{1}{d_o} + \frac{1}{d_i}$$

$$\frac{1}{d_i} = \frac{1}{f} - \frac{1}{d_o} = \frac{d_o}{d_o f} - \frac{f}{d_o f} = \frac{d_o - f}{d_o f}$$

$$d_i = \frac{d_o f}{d_o - f} = \frac{3.88 \text{ m} \cdot 0.2500 \text{ m}}{3.88 \text{ m} - 0.2500 \text{ m}} = 0.267 \text{ m}$$

The image is real, behind the lens, and inverted. The object distance is large compared to the focal length, which means the rays entering the lens are nearly parallel, so the image location is close to the focal point.

17.

object height: $y_o = 4.1$ ft $= 49.2$ in

object width: 2.8 ft $= 33.6$ in

$$M = -\frac{d_i}{d_o} = -\frac{0.267 \text{ m}}{3.88 \text{ m}} = -0.0688$$

$y_i = My_o = -0.0688 \cdot 49.2$ in $= -3.4$ in

image width $= M \cdot ($object width$) = -0.0688 \cdot 33.6$ in $= -2.3$ in

The negatives signs on the image dimensions indicated the image is inverted.

18.

$d_o = 8.75$ ft $= 105$ in

$d_i = 15.5$ in

$$\frac{1}{f} = \frac{1}{d_o} + \frac{1}{d_i} = \frac{d_i}{d_i d_o} + \frac{d_o}{d_i d_o} = \frac{d_i + d_o}{d_i d_o}$$

$$f = \frac{d_i d_o}{d_i + d_o} = \frac{15.5 \text{ in} \cdot 105 \text{ in}}{15.5 \text{ in} + 105 \text{ in}} = 13.5 \text{ in}$$

19.

$f = 28.00$ mm

$d_i = 28.20$ mm

$$\frac{1}{f} = \frac{1}{d_o} + \frac{1}{d_i}$$

$$\frac{1}{d_o} = \frac{1}{f} - \frac{1}{d_i} = \frac{d_i}{d_i f} - \frac{f}{d_i f} = \frac{d_i - f}{d_i f}$$

$$d_o = \frac{d_i f}{d_i - f} = \frac{28.20 \text{ mm} \cdot 28.00 \text{ mm}}{28.20 \text{ mm} - 28.00 \text{ mm}} = 3948 \text{ mm} \cdot \frac{1 \text{ m}}{1000 \text{ mm}} \cdot \frac{\text{ft}}{0.3048 \text{ m}} = 12.95 \text{ ft}$$

20.

$f = 12.00$ in

$d_o = 3.00$ in

$$\frac{1}{f} = \frac{1}{d_o} + \frac{1}{d_i}$$

$$\frac{1}{d_i} = \frac{1}{f} - \frac{1}{d_o} = \frac{d_o}{d_o f} - \frac{f}{d_o f} = \frac{d_o - f}{d_o f}$$

$$d_i = \frac{d_o f}{d_o - f} = \frac{3.00 \text{ in} \cdot 12.00 \text{ in}}{3.00 \text{ in} - 12.00 \text{ in}} = -4.00 \text{ in}$$

$$M = -\frac{d_i}{d_o} = -\frac{(-4.00 \text{ in})}{3.00 \text{ in}} = 1.33$$

Since d_i is negative, the image is virtual, 4 inches from the lens on the same side as the object. Since M is positive, the image is upright.

21.

We will use y_o and y_i to represent the film and image widths.

$y_o = 35 \text{ mm} = 3.5 \text{ cm}$

$d_i = 82.5 \text{ ft} \cdot \dfrac{12 \text{ in}}{\text{ft}} \cdot \dfrac{2.54 \text{ cm}}{\text{in}} = 2515 \text{ cm}$

$d_o = 7.50 \text{ in} \cdot \dfrac{2.54 \text{ cm}}{\text{in}} = 19.05 \text{ cm}$

$\dfrac{1}{f} = \dfrac{1}{d_o} + \dfrac{1}{d_i} = \dfrac{d_i}{d_i d_o} + \dfrac{d_o}{d_i d_o} = \dfrac{d_i + d_o}{d_i d_o}$

$f = \dfrac{d_i d_o}{d_i + d_o} = \dfrac{2515 \text{ cm} \cdot 19.05 \text{ cm}}{2515 \text{ cm} + 19.05 \text{ cm}} = 18.9 \text{ cm}$

$\boxed{f = 19 \text{ cm}}$

$M = -\dfrac{d_i}{d_o} = -\dfrac{2515 \text{ cm}}{19.05 \text{ cm}} = -132$

$y_i = M y_o = -132 \cdot 3.5 \text{ cm} = -462 \text{ cm} = -4.62 \text{ m}$

The negative sign indicates that the image is inverted.

22.

$y_o = 0.88 \text{ mm}$

$f_1 = 125 \text{ mm}$

$f_2 = 650 \text{ mm}$

$M = \dfrac{f_2}{f_1} = \dfrac{650 \text{ mm}}{125 \text{ mm}} = 5.2$

$y_i = M y_o = 0.88 \text{ mm} \cdot 5.2 = 4.6 \text{ mm}$

23.

$f = 125.0$ mm

$d_i = 27.0 \text{ ft} \cdot \dfrac{12 \text{ in}}{\text{ft}} \cdot \dfrac{2.54 \text{ cm}}{\text{in}} \cdot \dfrac{10 \text{ mm}}{\text{cm}} = 8229.6$ mm

$\dfrac{1}{f} = \dfrac{1}{d_o} + \dfrac{1}{d_i}$

$\dfrac{1}{d_o} = \dfrac{1}{f} - \dfrac{1}{d_i} = \dfrac{d_i}{d_i f} - \dfrac{f}{d_i f} = \dfrac{d_i - f}{d_i f}$

$d_o = \dfrac{d_i f}{d_i - f} = \dfrac{8229.6 \text{ mm} \cdot 125.0 \text{ mm}}{8229.6 \text{ mm} - 125.0 \text{ mm}} = 126.9$ mm

$\boxed{d_o = 127 \text{ mm}}$

$y_i = 8.00 \text{ ft} = \cdot \dfrac{12 \text{ in}}{\text{ft}} \cdot \dfrac{2.54 \text{ cm}}{\text{in}} \cdot \dfrac{10 \text{ mm}}{\text{cm}} = 2438$ mm

$M = -\dfrac{d_i}{d_o} = -\dfrac{8229.6 \text{ mm}}{126.9 \text{ mm}} = -64.85$

$y_o = \dfrac{y_i}{M} = \dfrac{2438 \text{ mm}}{-64.85} = -37.6$ mm

The height of the LCD device, (37.6 mm) is negative, which means it needs to be installed upside-down so that the inverted image appears upright.

26.

$f = -22$ cm

$d_o = 45$ cm

$\dfrac{1}{f} = \dfrac{1}{d_o} + \dfrac{1}{d_i}$

$\dfrac{1}{d_i} = \dfrac{1}{f} - \dfrac{1}{d_o} = \dfrac{d_o}{d_o f} - \dfrac{f}{d_o f} = \dfrac{d_o - f}{d_o f}$

$d_i = \dfrac{d_o f}{d_o - f} = \dfrac{45 \text{ cm} \cdot (-22 \text{ cm})}{45 \text{ cm} + 22 \text{ cm}} = -15$ cm

$M = -\dfrac{d_i}{d_o} = -\dfrac{-15 \text{ cm}}{45 \text{ cm}} = 0.33$

The image is 15 cm in front of the lens. It is virtual, as indicated by the negative image distance. Because of the negative sign in the magnification equation, the magnification equation is positive, so the image is upright.

27.

The image of the first lens is the object for the second lens. Treat the two lenses one after the other.

Lens 1:

$f = 225$ mm
$d_o = 405$ mm

$$\frac{1}{f} = \frac{1}{d_o} + \frac{1}{d_i}$$

$$\frac{1}{d_i} = \frac{1}{f} - \frac{1}{d_o} = \frac{d_o}{d_o f} - \frac{f}{d_o f} = \frac{d_o - f}{d_o f}$$

$$d_i = \frac{d_o f}{d_o - f} = \frac{405 \text{ mm} \cdot 225 \text{ mm}}{405 \text{ mm} - 225 \text{ mm}} = 506.3 \text{ mm}$$

This image distance places the image 18.7 mm in front of lens 2, since 525 mm − 506.3 mm = 18.7 mm. We use 18.7 mm as the object distance for lens 2.

Lens 2:

$f = 125$ mm
$d_o = 18.7$ mm

$$d_i = \frac{d_o f}{d_o - f} = \frac{18.7 \text{ mm} \cdot 125 \text{ mm}}{18.7 \text{ mm} - 125 \text{ mm}} = -22 \text{ mm}$$

The system image—indicated to be virtual by the negative sign—forms 22 mm in front of lens 2. The system magnification is the product of the individual magnifications for the two lenses.

$$M_1 = -\frac{d_{i1}}{d_{o1}} = -\frac{506.3 \text{ mm}}{405 \text{ mm}} = -1.25$$

$$M_2 = -\frac{d_{i2}}{d_{o2}} = -\frac{(-22 \text{ mm})}{18.7 \text{ mm}} = 1.18$$

$$M_T = M_1 M_2 = (-1.25) \cdot 1.18 = -1.48$$

This value is negative, so the image produced by Lens 2 is inverted relative to the original object. The size of this image is found by multiplying the original object by the system magnification.

$y_o = 2.5$ cm
$y_i = M_T y_o = -1.48 \cdot 2.5 \text{ cm} = -3.7 \text{ cm}$

Again, the negative sign indicates an inverted image.

Chapter 16

1.

8 protons: $8 \cdot 1.007276$ u $= 8.058208$ u

8 neutrons: $8 \cdot 1.008665$ u $= 8.069320$ u

total particle masses: 16.127528 u

oxygen-16 nucleus: 15.994915 u $- 8 \cdot 0.0005486 = 15.990526$ u

mass defect: 16.127528 u $- 15.990526$ u $= 0.137002$ u

binding energy:

$$0.137002 \text{ u} \cdot \frac{931.49 \text{ MeV}}{\text{u}} = 127.62 \text{ MeV}$$

binding energy per nucleon:

$$\frac{127.62 \text{ MeV}}{16} = 7.9763 \text{ MeV}$$

2.

The answer to this question is the total binding energy of the nucleus. The mass for radium-226 is in Table 16.4.

88 protons: $88 \cdot 1.007276$ u $= 88.640288$ u

138 neutrons: $138 \cdot 1.008665$ u $= 139.195770$ u

total particle masses: 227.836058 u

radium-226 nucleus: 226.025410 u $- 88 \cdot 0.0005486 = 225.977133$ u

mass defect: 227.836058 u $- 225.977133$ u $= 1.858925$ u

binding energy:

$$1.858925 \text{ u} \cdot \frac{931.49 \text{ MeV}}{\text{u}} = 1731.6 \text{ MeV}$$

3.

carbon-12:

6 protons: $6 \cdot 1.007276$ u $= 6.043656$ u

6 neutrons: $6 \cdot 1.008665$ u $= 6.051990$ u

total particle masses: 12.095646 u

carbon-12 nucleus: 12.000000 u $- 6 \cdot 0.0005486 = 11.996708$ u

mass defect: 12.095646 u $- 11.996708$ u $= 0.098938$ u

binding energy:

$$0.098938 \text{ u} \cdot \frac{931.49 \text{ MeV}}{\text{u}} = 92.159 \text{ MeV}$$

binding energy per nucleon:

$$\frac{92.159 \text{ MeV}}{12} = 7.6799 \text{ MeV}$$

carbon-14:

6 protons: $6 \cdot 1.007276$ u $= 6.043656$ u

8 neutrons: $8 \cdot 1.008665$ u $= 8.069320$ u

total particle masses: 14.112976 u

carbon-14 nucleus: 14.003242 u $- 6 \cdot 0.0005486 = 13.999950$ u

mass defect: 14.112976 u $- 13.999950$ u $= 0.113026$ u

binding energy:

$$0.113026 \text{ u} \cdot \frac{931.49 \text{ MeV}}{\text{u}} = 105.28 \text{ MeV}$$

binding energy per nucleon:

$$\frac{105.28 \text{ MeV}}{14} = 7.5202 \text{ MeV}$$

4.

6 protons: $6 \cdot 1.007276$ u $= 6.043656$ u

7 neutrons: $7 \cdot 1.008665$ u $= 7.060655$ u

total particle masses: 13.104311 u

carbon-13 nucleus: 13.00335484 u $- 6 \cdot 0.0005486 = 13.000063$ u

mass defect: 13.104311 u $- 13.000063$ u $= 0.103681$ u

binding energy:

$$0.103681 \text{ u} \cdot \frac{931.49 \text{ MeV}}{\text{u}} = 96.578 \text{ MeV}$$

The difference between the toal C-13 binding energy and the total C-12 energy is:

96.578 MeV $- 92.159$ MeV $= 4.419$ MeV

This is the additional energy for the extra neutron.

5.

$A = 27$

$R = A^{1/3} \cdot 1.2 \times 10^{-15}$ m $= 27^{1/3} \cdot 1.2 \times 10^{-15}$ m $= 3.6 \times 10^{-15}$ m $= 3.6$ fm

$V = \frac{4}{3}\pi R^3 = \frac{4}{3}\pi \cdot \left(27^{1/3} \cdot 1.2 \times 10^{-15} \text{ m}\right)^3 = 1.95 \times 10^{-43}$ m^3

$m = 26.98 \text{ u} \cdot \dfrac{1.66 \times 10^{-27} \text{ kg}}{\text{u}} = 4.479 \times 10^{-26}$ kg

$\rho = \dfrac{m}{V} = \dfrac{4.479 \times 10^{-26} \text{ kg}}{1.95 \times 10^{-43} \text{ m}^3} = 2.3 \times 10^{17} \dfrac{\text{kg}}{\text{m}^3}$

6.

$^{14}_{6}\text{C} \rightarrow {}^{14}_{7}\text{N} + e^- + \bar{\nu}_e$

7.

$^{222}_{86}\text{Rn} \rightarrow {}^{218}_{84}\text{Po} + {}^{4}_{2}\text{He}$

Chapter 16

8.

alpha particle mass:

4.00260 u − 2(0.0005486 u) = 4.00150 u

radon-222 mass:

222.017578 u

polonium-218 mass:

218.008973 u

222.017578 u − 218.008973 u − 4.00150 u = 0.007105 u

$0.007105 \text{ u} \cdot \dfrac{931.49 \text{ MeV}}{\text{u}} = 6.62 \text{ MeV}$

9.

a. Thorium-230 undergoes alpha decay to become radium-226.

b. Lead-214 undergoes beta decay to become bismuth-214.

c. Iron-59 remains iron-59 during gamma decay.

10.

a. In beta decay, protactinium-233 becomes uranium-233.

b. The missing item is an alpha particle, helium-4.

c. Neptunium-237 undergoes alpha decay to become protactinium-233.

11.

$T_{1/2} = 7.04 \times 10^8 \text{ yr} \cdot \dfrac{365.25 \text{ dy}}{\text{yr}} \cdot \dfrac{24 \text{ hr}}{\text{dy}} \cdot \dfrac{3600 \text{ s}}{\text{hr}} = 2.222 \times 10^{16} \text{ s}$

$m = 1.00 \text{ kg} = 1000 \text{ g}$

$N = 1000 \text{ g} \cdot \dfrac{1 \text{ mol}}{235 \text{ g}} \cdot \dfrac{6.022 \times 10^{23} \text{ atoms}}{\text{mol}} = 2.563 \times 10^{24} \text{ atoms}$

$N\lambda = N \dfrac{\ln 2}{T_{1/2}} = 2.563 \times 10^{24} \text{ atoms} \cdot \dfrac{\ln 2}{2.222 \times 10^{16} \text{ s}} = 8.00 \ \dfrac{\text{counts}}{\text{s}}$

---

12. a.

$m = 1.00 \text{ g}$

$N = 1.00 \text{ g} \cdot \dfrac{1 \text{ mol}}{214 \text{ g}} \cdot \dfrac{6.022 \times 10^{23} \text{ atoms}}{\text{mol}} = 2.814 \times 10^{21} \text{ atoms}$

$\boxed{N = 2.81 \times 10^{21} \text{ atoms}}$

12. b.

$T_{1/2} = 19.7$ min $= 1182$ s

$t = 45.00$ min $= 2700$ s

$$\lambda = \frac{\ln 2}{T_{1/2}} = \frac{\ln 2}{1182 \text{ s}} = 5.864 \times 10^{-4} \text{ s}^{-1}$$

$$N = N_0 e^{-\lambda t} = 2.814 \times 10^{21} \text{ atoms} \cdot \exp\left[-5.864 \times 10^{-4} \frac{1}{\text{s}} \cdot 2700 \text{ s}\right] = 5.777 \times 10^{20} \text{ atoms}$$

$\boxed{N = 5.78 \times 10^{20} \text{ atoms}}$

12. c.

initially:

$$N\lambda = 2.814 \times 10^{21} \text{ atoms} \cdot 5.864 \times 10^{-4} \frac{1}{\text{s}} = 1.65 \times 10^{18} \frac{\text{counts}}{\text{s}}$$

after 60 min:

$t = 60$ min $= 3600$ s

$$N = N_0 e^{-\lambda t} = 2.814 \times 10^{21} \text{ atoms} \cdot \exp\left[-5.864 \times 10^{-4} \frac{1}{\text{s}} \cdot 3600 \text{ s}\right] = 3.408 \times 10^{20} \text{ atoms}$$

$$N\lambda = 3.408 \times 10^{20} \text{ atoms} \cdot \cdot 5.864 \times 10^{-4} \frac{1}{\text{s}} = 2.00 \times 10^{17} \frac{\text{counts}}{\text{s}}$$

13.

$T_{1/2} = 1.5 \times 10^6$ yr

$$\lambda = \frac{\ln 2}{1.5 \times 10^6 \text{ yr}}$$

$N = 0.10 N_0$

$N = N_0 e^{-\lambda t}$

$0.10 N_0 = N_0 e^{-\lambda t}$

$0.10 = e^{-\lambda t}$

$\ln(0.10) = -\lambda t$

$$t = -\frac{1}{\lambda} \ln(0.10) = -\frac{1.5 \times 10^6 \text{ yr}}{\ln 2} \ln(0.10) = 5.0 \times 10^6 \text{ yr}$$

14.

We calculate the total mass of the reaction products for each reaction and compare to the mass of the parent nucleus. Decay can only occur spontaneously if the mass decreases.

From problem 8, the alpha particle mass is 4.00150 u.

Mass of parent nucleus:

133.90974 u − 53(0.0005486 u) = 133.88066 u

Mass of reaction products for alpha decay:

$[129.91166 \text{ u} - 51(0.0005486 \text{ u})] + 4.00150 \text{ u} = 133.885 \text{ u}$

Alpha decay is not possible.

Mass of reaction products for beta decay:

$[133.905394 \text{ u} - 54(0.0005486 \text{ u})] + 0.0005486 \text{ u} = 133.87632 \text{ u}$

Beta decay occurs. Reaction energy released:

133.88066 u − 133.87632 u = 0.004344 u

$0.004344 \text{ u} \cdot \dfrac{931.49 \text{ MeV}}{\text{u}} = 4.047 \text{ MeV}$

15.

$1.11 \text{ MeV} \cdot \dfrac{1 \text{ u}}{931.49 \text{ MeV}} = 0.001192 \text{ u}$

$\dfrac{0.001192 \text{ u}}{236.0499 \text{ u}} \times 100\% = 5.050 \times 10^{-4}\%$

16.

$T_{1/2} = 12.31 \text{ yr}$

$\lambda = \dfrac{\ln 2}{T_{1/2}}$

$t = 8.00 \text{ yr}$

$N = N_0 e^{-\lambda t}$

$\dfrac{N}{N_0} = e^{-\lambda t} = \exp\left[-\dfrac{\ln 2}{12.31 \text{ yr}} \cdot 8.00 \text{ yr}\right] = 0.637 \rightarrow 63.7\%$

17.

From problem 16, $T_{1/2} = 12.31 \text{ yr}$

$\lambda = \dfrac{\ln 2}{12.31 \text{ yr}}$

$N_0 = 1800$

$N = 50$

$\dfrac{N}{N_0} = e^{-\lambda t}$

$\ln\left(\dfrac{N}{N_0}\right) = -\lambda t$

$t = -\dfrac{1}{\lambda}\ln\left(\dfrac{N}{N_0}\right) = -\dfrac{12.31 \text{ yr}}{\ln 2}\ln\left(\dfrac{50}{1800}\right) = 63.64 \text{ yr}$

18.

$N = 9.25 \times 10^{13}$

$T_{1/2} = 3.82 \text{ dy} \cdot \dfrac{24 \text{ hr}}{\text{dy}} \cdot \dfrac{60 \text{ min}}{1 \text{ hr}} = 5500.8 \text{ min}$

$N\lambda = N\dfrac{\ln 2}{T_{1/2}} = 9.25 \times 10^{13} \cdot \dfrac{\ln 2}{5500.8 \text{ min}} = 1.17 \times 10^{10} \dfrac{\text{decays}}{\text{min}}$

19.

$N_0 \lambda = 752 \dfrac{\text{counts}}{\text{min}}$

$N\lambda = 66 \dfrac{\text{counts}}{\text{min}}$

$t = 48 \text{ hr} \cdot \dfrac{60 \text{ min}}{\text{hr}} = 2880 \text{ min}$

$N = N_0 e^{-\lambda t}$

$\dfrac{N}{N_0} = e^{-\lambda t} = \dfrac{N\lambda}{N_0 \lambda} = \dfrac{66}{752} = 0.08777$

$e^{-\lambda t} = 0.08777$

$-\lambda t = \ln 0.08777$

$\lambda = -\dfrac{\ln 0.08777}{t} = -\dfrac{\ln 0.08777}{2880 \text{ min}} = 8.448 \times 10^{-4} \text{ per min}$

$\lambda = \dfrac{\ln 2}{T_{1/2}}$

$T_{1/2} = \dfrac{\ln 2}{\lambda} = \dfrac{\ln 2}{8.448 \times 10^{-4} \dfrac{1}{\text{min}}} = 820 \text{ min}$

20.

$T_{1/2} = 221 \text{ dy}$

$\lambda = \dfrac{\ln 2}{T_{1/2}}$

$t = 91 \text{ dy}$

$\dfrac{N}{N_0} = e^{-\lambda t} = \exp\left[-\dfrac{\ln 2}{221 \text{ dy}} \cdot 91 \text{ dy}\right] = 0.75$

21.

$N_0\lambda = 15.0 \dfrac{\text{counts}}{\text{min}}$

$T_{1/2} = 5715 \text{ yr}$

$\lambda = \dfrac{\ln 2}{T_{1/2}} = \dfrac{\ln 2}{5715 \text{ yr}}$

$t = 35{,}000 \text{ yr}$

$N = N_0 e^{-\lambda t}$

$N\lambda = N_0 \lambda e^{-\lambda t} = 15.0 \dfrac{\text{counts}}{\text{min}} \cdot \exp\left[-\dfrac{\ln 2}{5715 \text{ yr}} \cdot 35{,}000 \text{ yr}\right] = 0.22 \dfrac{\text{counts}}{\text{min}}$

22.

$T_{1/2} = 5715 \text{ yr}$

$\lambda = \dfrac{\ln 2}{T_{1/2}}$

$N\lambda = 0.050 N_0 \lambda$

$\dfrac{N}{N_0} = \dfrac{N\lambda}{N_0 \lambda} = \dfrac{0.050 N_0 \lambda}{N_0 \lambda} = 0.050 = e^{-\lambda t}$

$0.050 = e^{-\lambda t}$

$\ln 0.050 = -\lambda t$

$t = -\dfrac{1}{\lambda} \ln 0.050 = -\dfrac{T_{1/2}}{\ln 2} \ln 0.050 = -\dfrac{5715 \text{ yr}}{\ln 2} \ln 0.050 = 25{,}000 \text{ yr}$

23.

$t = 50{,}000 \text{ yr}$

$T_{1/2} = 5715 \text{ yr}$

$N = N_0 e^{-\lambda t}$

$\dfrac{N}{N_0} = e^{-\lambda t} = \exp\left[-\dfrac{\ln 2}{5715 \text{ yr}} \cdot 50{,}000 \text{ yr}\right] = 0.002$

24.

$T_{1/2} = 1.40 \times 10^{10}$ yr

$$\lambda = \frac{\ln 2}{1.40 \times 10^{10} \text{ yr}}$$

$$\frac{N_{Pb}}{N_{Th}} = 0.125 \rightarrow N_{Pb} = 0.125 N_{Th}$$

$$\frac{N}{N_0} = \frac{N_{Th}}{N_{Th} + N_{Pb}} = \frac{N_{Th}}{N_{Th} + 0.125 N_{Th}} = \frac{1}{1.125} = e^{-\lambda t}$$

$$\ln\left(\frac{1}{1.125}\right) = -\lambda t$$

$$t = -\frac{1}{\lambda} \ln\left(\frac{1}{1.125}\right) = -\frac{1.40 \times 10^{10} \text{ yr}}{\ln 2} \ln\left(\frac{1}{1.125}\right) = 2.28 \times 10^9 \text{ yr}$$

25. a.

$$T_{1/2} = 8.021 \text{ dy} \cdot \frac{24 \text{ hr}}{\text{dy}} \cdot \frac{3600 \text{ s}}{\text{hr}} = 6.930 \times 10^5 \text{ s}$$

$$\lambda = \frac{\ln 2}{T_{1/2}} = \frac{\ln 2}{6.930 \times 10^5 \text{ s}}$$

$m = 0.65 \text{ µg} = 6.5 \times 10^{-7}$ g

$$N = 6.5 \times 10^{-7} \text{ g} \cdot \frac{1 \text{ mol}}{131 \text{ g}} \cdot \frac{6.022 \times 10^{23} \text{ atoms}}{\text{mol}} = 2.988 \times 10^{15} \text{ atoms}$$

$$N\lambda = 2.988 \times 10^{15} \text{ atoms} \cdot \frac{\ln 2}{6.930 \times 10^5 \text{ s}} = 2.989 \times 10^9 \frac{\text{counts}}{\text{s}} \cdot \frac{1 \text{ µCi}}{3.7 \times 10^4 \frac{\text{counts}}{\text{s}}} = 8.1 \times 10^4 \text{ µCi}$$

25. b.

$$N\lambda = 1.75 \text{ µCi} \cdot \frac{3.7 \times 10^4 \frac{\text{counts}}{\text{s}}}{\text{µCi}} = 6.475 \times 10^4 \frac{\text{counts}}{\text{s}}$$

$$N = \frac{1}{\lambda} \cdot 6.475 \times 10^4 \frac{\text{counts}}{\text{s}} = \frac{6.930 \times 10^5 \text{ s}}{\ln 2} \cdot 6.475 \times 10^4 \frac{\text{counts}}{\text{s}} = 6.474 \times 10^{10} \text{ atoms}$$

$$6.474 \times 10^{10} \text{ atoms} \cdot \frac{\text{mol}}{6.022 \times 10^{23} \text{ particles}} \cdot \frac{131 \text{ g}}{\text{mol}} = 1.41 \times 10^{-11} \text{ g}$$

26.

The average kinetic energy of a particle in a gas:

$U_K = \frac{3}{2} k_B T$

$T = 295$ K

$$U_K = \frac{3}{2} \cdot 1.38 \times 10^{-23} \frac{\text{J}}{\text{K}} \cdot 295 \text{ K} = 6.1 \times 10^{-21} \text{ J} \cdot \frac{1 \text{ eV}}{1.6 \times 10^{-19} \text{ J}} = 0.038 \text{ eV}$$

CPSIA information can be obtained
at www.ICGtesting.com
Printed in the USA
BVHW050125280421
605906BV00002B/3